기계를 설명하는 영어

노자와 요시노부(野澤義延) 저

월드사이언스
worldscience.co.kr

기계를 설명하는 영어

저 자 노자와 요시노부(野澤 義廷)
역 자 편집부 역
감 수 정혜진

인 쇄 2013년 1월 10일
발 행 2013년 1월 20일
발행인 박선진
발행처 (주) 월드사이언스

등록번호 제16-1601호
등록일자 1988년 2월 12일

주 소 서울특별시 서초구 방배동 864-31 월드빌딩 1층
전 화 02) 581 - 5811 ~ 3
F A X 02) 521 - 6418
E-mail worldscience@hanmail.net
U R L http://www.worldscience.co.kr

정가 15,000원
ISBN 978-89-5881-206-7

이 도서의 국립중앙도서관 출판시도서목록(CIP)은 e-CIP홈페이지(http://www.nl.go.kr/ecip)와 국가자료공동목록시스템(http://www.nl.go.kr/kolisnet)에서 이용하실 수 있습니다.(CIP제어번호: CIP2013000015)

머리말

영어에 능숙하지 못하더라도 전문용어라면 리포트는 그림, 수식, 숫자, 기호 등으로 대부분 이해할 수 있고 최신논문에서 우리말로 정착되지 않은 용어를 만나도 큰 불편은 겪지 않는다. 그러나 이는 어디까지나 [영어]→[우리말]인 경우이다.

오늘날은 국산제품을 당연히 영어로 소개해야 하는 시대이며 수출기업에서는 오래 전부터 팸플릿이나 사용설명서를 영어로 제작하였다. [우리말]→[영어]인 경우에는 그림이나 기호만으로는 부족하다. 기계의 조작법이나 특징을 설명하기 위해서는 문장도 꼭 필요하다. 또한 기술자가 직접 영문으로 작성한 사용설명서가 요구되는 경우도 비일비재하다. 이와 같은 경우에는 단순히 전문용어를 영단어로 옮기기만 해서는 부족하다. 제작 · 가공 · 조립방법, 시험 · 조사방법, 올바른 조작을 위한 사용법, 구조와 기능에 대한 설명서 등 영어로 설명이 필요한 경우는 수없이 많다.

공업영어를 다룬 단어집이나 참고서는 많이 나와 있지만 이와 같은 목적에 부합하는 서적은 의외로 찾기 힘들다. 그러므로 이 책의 의의가 있다. 이 책에는 주로 '……한다'나 '……된다'와 같은 작업, 동작, 현상을 나타내는 우리말과 이에 대응하는 영어의 유의어와 사용례를 담았다.

이 책에서는 게재한 영단어의 의미를 [영어]로 인용하여 설명하였다(The Oxford Paperback Dictionary(1879)). 이는 유의어의 유사성을 비롯하여 학술용어와 기본어의 관계를 이해하는 데는 우리말보다 영어로 이해하는 편이 쉽기 때문이다. 학술용어와 기본어의 관련성은 기계공학 분야에서 영어는 26.5%, 우리말(일본어)은 55.5%이다. (카도카와서점 『도해일본어』)

전문용어는 우리말보다 영어가 훨씬 일상어에 가깝고 기술용어를 설명할 때도 특별한 우리말 표현을 사용하지는 않는다. 그렇지만 기계분야의 영어는 한편으로 관용어로 자주 사용되는 경우가 많다. [영어] 예문은 기계분야의 전문서, 논문, 잡지, 카탈로그, 설명서, 광고 등에서 인용하였다.

이 책을 통해 기계용어에 익숙해지고 카탈로그 등을 작성할 때도 편리하게 이용하기를 바라는 바이다.

또한 이 책은 『기계와 공학』 지에 40회에 걸쳐 연재한 기사에 새로운 내용을 더한 재편집판이다. 연재 중에 받은 독자 여러분의 귀중한 의견을 충실하게 반영하였다. 연재할 때 수고한 같은 출판사의 모리나가 키시오 편집장을 비롯해 코야마 히로시, 오자와 류타로 두 편집자와 출판을 도운 신타니 키시 씨와 이누즈카 유키코 씨에게 감사를 전한다.

노자와 요시노부(野澤義延)
1986년 11월

목차

4 기계를 설명하는 영어

파다, 뚫다

boring : to make (a hole or well etc.) with a revolving tool or by digging out soil	보링, 천공, 구멍파기

You will be able to use an offset boring head to bore a hole pattern to the specified dimensions and within the tolerances given.	오프셋보링헤드는 허용오차 내에서 사양과 규격에 맞게 **구멍을 파는** 데 이용할 수 있다.
Twice as fast : Designed to take advantage of today's higher horsepower machine tools and machining centers, Microbore Twin-Bore Tooling can rough **bore** at feed rates twice as fast as conventional tooling. The reason is simple. The use of two cutting edge instead of one.	두 배의 속도 : 최신식 고출력 공작기계나 머시닝센터를 활용하기 위해 설계된 Microbore 트윈보 툴링은 일반 툴링의 두 배의 속도로 **구멍을 팔** 수 있다.
We use this tool to cut oil grooves in bronze bushing in an engine lathe. The basic member is a flanged disc arranged for mounting to the lathe face plate. This disc **is bored out** to take the bushing, and its outside diameter is threaded to accommodate a ring that locks the bushing in place.	이 공구는 보통 선반에서 청동부시에 기름홈을 팔 때 사용한다. 기본부품은 선반 정면에 부착하는 플렌지디스크이다. 이 디스크는 부시를 끌어들이면서 **도려내는데** 외경에는 부시를 정위치에 고정하는 링을 조절할 수 있도록 나사산이 나 있다.
Cutting tool (a) **counterbores** engine blocks, and sensing element (b) of electronic control maintains the required depth.	바이트 (a)로 엔진블록의 **자리를 파고** 전자제어장치 (b)로 필요한 깊이를 유지한다.

Explain the differences between through boring, **counter boring** and **boring** blind holes.

쓰로보링, **카운터보링**, 블라인드 홀보링의 차이점을 설명하시오.

Boring is the process of enlarging and truing an existing or drilled hole. A drilled hole for boring can be form 1/32 to 1/16 in undersize, depending on the situation. Speeds and feeds for **boring** are determined in the same way as they are for external turning. **Boring** to size predictably **is** also **done** in the same way as in external turning except that the cross feed screw is turned counterclockwise to move the tool into the work.

보링이란 이미 판 구멍을 규격에 맞도록 확대하는 공정이다. **보링**용으로 미리 파두는 구멍은, 상황에 따라 다르지만 일반적으로 1/32 ~ 1/16 인치 이하 크기면 충분하다. **보링**속도는 외경선삭과 동일한 방식으로 정한다. 또한 미리 정한 규격에 따라 보링하는 경우에도 바이트를 공작물 안으로 이동시키기 위해 수평이동나사를 반시계 방향으로 돌리는 경우 이외에는 외경선삭과 동일한 방식으로 작업한다.

The most common machining process is boring and is shown in the figure ; **boring is achieved** by rotating the tool, which is mounted on a boring bar connected to the spindle (motion C), and feeding the spindle, boring bar, and tool along the axis of rotation (motion Z).

보링은 가장 일반적인 기계가공법이다. 그림을 살펴보자. : **보링** 작업은 주축에 한쪽이 연결된 스터브형 보링바와 여기에 연결된 바이트를 회전하고(운동 C), 회전축 방향으로 주축, 스터브형 보링바, 바이트를 이동시키면서 (운동 Z) **진행된다**.

<용어예>

boring bar tool 보링바이트
boring head 보링헤드
boring table 보링대
boring bar 보링바
boring tool 보링바이트
counter boring 자리파기
stub boring bar 스터브형 보링바
wood boring lathe 보링선반

counter sinking : counter sink : to dig (a well) or bore (a shaft)	카운터싱킹; 접시머리나사 자리파기

Counter boring is a process related to drilling and is employed to form a cylindrical hole of large diameter at the end of an existing hole—e. g., to receive the head of a screw or bolt. If the enlarged hole is formed with tapered sides, the process is called **countersinking**.

구멍파기와 유사한 가공공정인 자리파기는 기존의 구멍의 끝부분을 나사나 볼트 등의 머리를 집어 넣기 위해 더욱 큰 원통형태로 가공할 때 사용한다. 만일 확대한 구멍이 점점 폭이 좁아지는 형태일 때는 이 가공법을 **카운터싱킹**이라고 한다.

〈용어예〉

countersink	접시머리나사 자리파기
countersniking	접시머리나사 자리파기
counter sunk square head	사각머리나사
counter sunk square neck	사각머리나사
oval counter sunk head	둥근접시머리나사

drilling : to make a hole with a drill **drill** : a pointed tool or machine used for boring holes or sinking wells	구멍파기

With proper attachment and proper adjustments, a lathe can **drill**, ream, tap and thread.

선반을 적절하게 사용하면 **드릴링**, 리밍, 태핑 작업을 할 수 있다.

Deka Drill simultaneously **drills** 14 anchor nut forgings in 15 seconds. A second machine

데카 드릴링머신은 15초 만에 단조품 앵커너트 14개에 동시에

taps the holes in 10 seconds.

구멍을 팔 수 있다. 두 번째 기계는 이 구멍에 10초 만에 태핑 작업을 할 수 있다.

The first **drilling** operations **on** the 11 station drilling machine involve two 6.68mm diameter holes. These **are drilled** to half the required depth at one station and to full depth at the next station. A 6.45mm diameter tumbler hole is then **drilled** to full depth. These three holes **are** subsequently **redrilled** for burr removal.

11스테이션 드릴링머신의 **구멍파기** 작업의 경우에는 처음에 지름 6.68mm의 구멍이 2개 존재한다. 첫 스테이션에서는 규격 깊이의 1/2, 다음 스테이션에서 완전한 깊이로 구멍을 판다. 그리고 지름 6.45mm의 텀블러용 구멍 하나를 완전한 깊이로 판다. 이어서 거친 부분을 제거하기 위해서 이들 구멍 3개에 **다시 구멍을 판다**.

Us a 1/4in. diameter twist drill and **drill** this hole 1½in. deep.

지름이 1/4인치인 트위스트드릴을 사용해서 깊이 1½인치의 **구멍을 판다**.

Center **drill** this hole.

이 구멍의 한가운데를 **파시오**.

One of the conclusions drawn from these tests is that peck **drilled** holes have better surfaces than either STEM or EDM **drilled** holes.

앞선 테스트에서 얻은 결론 중 하나는 펙 드릴로 **가공한** 구멍의 표면이 STEM이나 EDM으로 **가공한** 구멍의 표면보다 우수하다는 점이다.

You can easily **laser drill** all metals as well as ceramics, cermets, sapphire and diamond.

레이저드릴을 사용하면 모든 금속, 세라믹스, 시멘트, 사파이어, 다이아몬드에 간단히 구멍을 팔 수 있다.

Heavy duty **drilling** should **be done** on an upright or radial drill press.

중대한 **구멍파기**는 직립이나 레이디얼 드릴프레스로 **작업한다**.

How is laying out and **drilling** center holes in a drill press a**ccomplished**?

드릴링머신으로 가운데에 구멍을 팔 때 금긋기와 **구멍파기**는 어떻게 **하는가**?

Now, with the Valenite Centre-Dex single or double-flute end mills, plunge **drilling** to a flat bottom **can be accomplished** without primary or secondary operations.

Valenite Centre-Dex의 1줄, 혹은 2줄 엔드밀링 커터를 사용하면 1차, 2차 작업을 거치지 않고 평평한 바닥에 플런지 **드릴 작업을 할 수 있다**.

<용어예>

drilling machine	드릴링머신, 천공기
drill key hole	드릴이 빠져나온 구멍
spot drilling	스폿드릴링; 작은 구멍을 팜

spot : roundish mark or stain, to mark with a spot or spots	얕은 구멍을 파다

A 90° spade drill can take place of different-sized spot drills. It can **spot** holes of many diameters, the diameters always being twice the depth drilled.

90° 스페이드드릴은 기타 규격의 스폿드릴 대신 사용할 수 있다. 다양한 지름의 구멍을 팔 수 있고 그 지름은 항상 구멍 깊이의 2배가 된다.

spot facing : to finish a flat face	스폿페이싱; 자리파기

Now you can economically **perform** an almost endless variety of drilling, reaming, counter-boring, **spot-facing**, chamfering and

N사의 F기계를 사용하면 거의 N사의 F기계를 사용하면 거의 모든 종류의 드릴, 림, 카운터보링,

tapping operations with N's improved F. machines.

스폿페이싱, 챔퍼링, 태핑 작업을 경제적으로 **할 수 있다**.

다루다, 조작하다, 처리하다

control : to manage, to regulate — 제어하다, 조작하다

Tools that **are controlled** by hand…….

손으로 **조작하는** 도구는…….

I found the car a bit difficult to **control** at high speeds, so I took it to the garage to have the steering checked.

고속에서 차를 좀 **조작**하기 어려워서 스티어링을 점검하려고 차를 정비공장에 가져갔다.

This **control** can handle up to 18 axes simultaneously and **control** either a single robot or large, complex work cell with multiple arms of auxiliary sensors.

이 **제어장치**는 최대 18축을 동시에 조작하기 때문에 단일 로봇뿐 아니라 팔과 보조센서가 많이 달린 복잡한 대형 워크셀도 **제어할** 수 있다.

<용어예>

control drum	조작드럼
control input, manipulated variable	조작량
(operator) control panel, key board	조작패널
remote control valve	원격조작밸브

handle : to move with hands, to manage, to deal with : to discuss or write about	다루다, 취급하다, 조작하다, 처리하다, 가공하다, 해결하다

Handle with care.	취급주의
Use care in **handing** parts to avoid possible injury to fingers.	손가락을 다치지 않도록 부품**조작**에 주의하시오.
……, if the rings **are handled** so as to avoid excessive stretching when mounting.	설치할 때 링이 너무 늘어나지 않도록 **조작해서**…….
Handle the movable frame <u>with</u> a string.	줄 하나로 가동프레임을 **조작한다**.
Handling must be done <u>with</u> tweezers.	반드시 핀셋으로 **다루어야** 한다.
<u>Mechanized</u> **handling** between each unit <u>is achieved by</u> robot or conveyor devices of advanced design.	새롭게 설계된 로봇 혹은 컨베이어벨트 <u>덕분에</u> 각 장치 사이의 **조작**이 <u>기계화되었다</u>.
<u>Careful</u> **handling** <u>of</u> the fragile tools, usually with tweezers, is essential to prevent breakage.	부서지기 쉬운 도구는 파손을 방지하기 위해 핀셋 등으로 <u>조심스럽게</u> **다루어야** 한다.
<u>Rough</u> **handling** <u>of</u> chip detector and the electrical connector is the major cause of failure and of false indications in the caution plate.	경보판에 나타나는 고장이나 오작동 표시의 주요 원인은 칩검사기와 커넥터를 <u>함부로</u> **다루기** 때문이다.
The automatic pallet change system will **handle** pallets up to 400mm and weighing as much as 347kg.	이 자동 팔레트 교환시스템은 길이 400mm, 무게 347kg 이하의 팔레트를 **처리할** 수 있다.
The grinding and polishing machine give a clean, smooth finish to small parts made of	이 그라인더 기계는 금속 등 단단한 소재로 만들어진 소형부품을

metal or other rigid materials. **Handles** parts as small as 32mm long, and as thin as 2.3mm.

깨끗하고 부드럽게 연마한다. 길이 32mm, 두께 2.3mm 이하의 소형부품을 **가공할** 수 있다.

Thin materials can **be handled** by using vacuum cups made of an elastic material. The vacuum seals can grip tightly without damaging the material, which is released quickly when the vacuum is broken.

얇은 재료는 탄성이 있는 소재로 만들어진 진공컵으로 **조작할** 수 있다. 이 진공실은 재료를 손상시키지 않고 단단하게 고정이 가능하며 진공상태를 해제하면 즉시 고정이 풀린다.

……. This leaves the operator's hands free part **handling**.

……. 이로써 작업자는 부품을 **취급할** 때 손을 사용하지 않아도 된다.

Loading, unloading, and reversing of disc type and shaft-type parts is fully automated with T's new CNC flexible **handling** system.

원판형이나 축형 부품을 설치, 제거, 반전하는 작업은 T사의 신형 CNC 범용 **제어**시스템을 사용해 완전자동화되었다.

The B pick and place system can perform a variety of material **handling** tasks including machine loading and unloading, assembly, and transfer.

픽앤플레이스 시스템 B는 부품을 기계에 설치, 제거, 조립, 이송하는 등의 다양한 **조작**을 할 수 있다.

One of the greatest problems in realizing the objective of complete computer-controlled manufacturing facilities is the development of general-purpose, programmable **handling** devices.

완전 컴퓨터 제어 제조설비를 실제로 구축할 때 부딪히는 가장 큰 난관은 범용 프로그래머블 **제어**장치 개발 분야이다.

This type of chip will fall into the chip pan and is more easily **handled**.

이런 종류의 칩은 칩팬에 떨어지므로 더욱 쉽게 **조작할** 수 있다.

The cutters can **handle** the exotics, heatresistant alloys, and the ultrahigh-strength steels.

이 커터를 사용하면 신종 내열합금과 초고력강을 **가공할** 수 있다.

The company uses three drillheads to **handle** 75,000 pieces per year.

이 회사는 연간 75,000개를 **처리하는** 세 대의 드릴헤드를 사용한다.

Several workpieces **are handled** in the plant simultaneously.

이 공정에서는 종류가 다양한 공작물을 동시에 **처리한다**.

The system cuts to withing 0.004" (on dia.) so grinders need only **handle** the finishing operations.

이 시스템을 사용하면 지름 0.004 인치 이하로 절삭할 수 있으므로 그라인더는 마감작업을 **할** 때만 사용한다.

The unit can **handle** the extraction of bushing, ……, from holes 1/4 to 25/32 in. in diameter.

이 장치를 사용하면 지름 1/4 ~ 25/32 인치 사이의 구멍에서 부싱, ……, 등을 빼낼 **수 있다**.

General machining can **be handled by** a dilution of 20 : 1, while richer concentrates are recommended for slower speeds and heavier cuts.

일반적인 기계가공에는 20:1로 희석해서 **사용한다**. 그러나 저속, 중절삭 작업을 할 때는 좀더 고농도가 바람직하다.

Manufacturing in the company's Space Systems Division **is handled** in a large facility, which includes more than one million square feet of floor space.

이 회사의 우주시스템 부문의 생산은 면적 백만 평방피트의 거대한 시설에서 **이루어진다**.

Programming is simple and can **be handled by** anyone familiar with machining operations after a brief training period.

프로그램이 간단하기 때문에 기계가공작업에 숙련된 사람이라면 누구든 단기간만 연습하면 **조작할** 수 있다.

The extremely valuable use of the computer is in the **handling** of complex mathematical computations.

컴퓨터의 가장 가치 있는 사용 분야는 복잡한 수학 계산 **처리**이다.

Model M-4 is bullit to **handle** high-speed machining work. 25 hp with spindle speeds

25마력의 M-4 모델은 4000rpm 이하의 고속절단작업을 **처리할** 수

up to 4,000 rpm. Tool changer capacity 40~100 tools.

있도록 제작되었으며 툴체인지 용량은 40 ~ 100 툴이다.

Just add interchangeable tooling and you be **handle** a wide variety of jobs with one D.

호환이 가능한 툴링을 부착하면 1대의 D로 다양한 작업을 **처리할** 수 있다.

Bigger punching and shearing jobs can **be handled** by the Model 9, which has a 90-ton (801-kN) capacity.

이보다 더욱 대규모의 펀칭, 시어링 작업은 90톤(801kN) 용량의 9형 모델로 **처리할** 수 있다.

The C can **handle** most pick and place tasks in the normal industrial environment, or can be used in the laboratory or classroom.

C는 일반작업환경에서 픽앤플레이스 작업을 거의 모두 처리할 수 있고 연구소나 교실에서도 사용할 수 있다.

Standard carbide tooling is now available in a wide variety of types and styles to **handle** most machining applications.

다종다양한 형식과 규격이 존재하는 표준형 카바이드 툴링은 거의 모든 절삭가공 작업을 **처리할** 수 있다.

A wide variety of everyday stamping dies and similar applications **are handled** by low cost, two axis traveling wire electrical discharge machines.

다종다양한 일반 스탬핑다이와 그 유사품은 비용이 저렴한 2축 이동형 와이어 방전가공기로 **처리된다**.

Liquids **handled** throughout all industries are of such volume and importance that can be described as liquid assets.

모든 산업에 **이용되는** 리퀴드는 그 양과 중요성을 감안해서 리퀴드자산이라고 부를 만하다.

This lubricator can **handle** a wide variety of fluid and grease lubricants, including such T products as…….

이 윤활장치에는 T사의 …… 제품 같은 다양한 액체와 그리스 윤활제를 **사용할** 수 있다.

The turning operation is further complicated by an eccentric whipping motion of the part caused by its nonsymmetrical configuration.

이 선삭작업은 부품의 비대칭윤곽형태로 인한 편심궤도운동 때문에 더욱 까다롭다.

On the body for a 10" ID valve, the diamond tool **handle** this condition and heat-hardened chunks of resin and overlapped fiberglass at a speed of 1,900 sfpm.

다이아몬드 툴은 내경 10 인치의 ID밸브를 대상으로, 수지에 유리섬유가 더해져 열경화한 이 두꺼운 덩어리를 1,900 sfpm의 속도로 **가공한다**.

The controller allows to **handle** occasional torque overload during brief periods of the test cycle.

이 제어장치를 사용하면 단시간의 반복시험 동안에 종종 일어나는 토크의 과부하를 **제어할** 수 있다.

In some situations a certain language may **handle** the problem more easily then another.

상황에 따라서는 특정 언어가 다른 언어보다 문제를 쉽게 **해결할** 수 있다.

A manual jig grinder just couldn't **handle** the difficulty of the task.

수동 지그그라인더로는 이 문제를 **해결하지** 못하였다.

Experience has shown that this extrapolation can only **be handled** in a qualitative manner, rather than quantitatively.

알다시피 이 외삽법은 정량적이 아니라 정성적으로만 **다룰** 수 있다.

J. Associates **handles** a number of tooling products, including L reamers, …….

J사는 L사의 리머 등 많은 툴링 제품을 **취급한다**.

A number of measuring devices **are handled by** S. Among them is D digital surface roughness gage.

S사는 다양한 계측기기를 **취급한다**. 그 중에는 D사의 디지털 표면징밀계측기기도 있다.

<용어예>

handling　　핸들링, 하역

handling time　　핸들링타임, 취급시간

manage : to operate (a tool or machinery) effectively ; to deal with, to be able to cope — 다루다, 조작하다, 관리하다

A single operator can **manage** several machines or manufacturing cells.

작업자 한 명이 기계, 혹은 조작셀 여러 대를 **관리할** 수 있다.

……, This appears to be th way towards the full implementation of CAE with its computer **managed** robot-operated factories.

……. 이는 컴퓨터로 관리되는 로봇가동공장에서 CAE가 완전하게 실시되는 길을 제시한다.

manipulate : to handle or manage or use (a thing) skillfully — 다루다, 조작하다

The arm has the capacity to **manipulat**e in six axes, and it has a motor for each axis. With the arm fully extended, it can handle loads of 0.45kg.

이 암은 6개의 축을 **조작**하며 각 축에는 모터가 하나씩 달려 있다. 한계까지 신장된 상태에서 암은 최대 0.45kg의 무게를 감당할 수 있다.

The part is inserted in the wash booth and the robot **manipulates** it through both washing and drying sequences. The workpiece can be manipulated to present several sides to the spindles.

부품이 세정부스에 들어가면 로봇이 연속해서 세정과 건조 작업을 진행하며 부품을 **처리한다**.

The workpiece can be **manipulated** to present sides to the spindles.

공작물이 여러 면을 스핀들로 향하도록 **조작할** 수 있다.

WING NUT, ―A nut which possesses two "wings"or projection which enable it to **be**

윙너트 날개―두 개, 즉 돌출부가 있는 너트 덕분에 스패너터를

manipulated by the fingers instead of with a spanner.

사용하지 않고 손으로 너트를 **다룰** 수 있다.

The question of repair is seldom dealt with in typewriting manuals. It is possible for an experienced typist to make minor adjustments., but when a machine is **manipulated** with care there is usually little need for the services of the typewriter mechanic.

타자기의 사용설명서에 수리에 대한 문제는 거의 인급되지 않는다. 기계를 주의해서 **다루면** 수리기사의 정비는 거의 필요 없을 뿐 아니라 경험 있는 타이피스트라면 사소한 고장은 스스로 해결할 수 있기 때문이다.

It is because an electron carries an electric charge that it is particularly easy to **manipulate** by electrical methods.

전기적인 방법으로 **다루는** 편이 훨씬 손쉬운 까닭은 전자가 전하를 띠기 때문이다.

The screw die cuts an external thread on a rod or bolt and is held in a device called a stock, which has handles for **manipulation**.

나사전조용 다이스는 너트나 볼트에 수나사산을 깎는 도구이며 작업할 때는 **조작**용 핸들이 달린 스톡이라는 도구로 지지된다.

The multi-functional **manipulator** wrist has the ability to change its own hands or fingers and it can automatically take different tools it needs to perform certain tasks.

이 다기능 **머니퓰레이터**의 손은 손이나 손가락 부분을 교환할 수 있고, 다른 특정 작업을 위해 필요한 다양한 툴을 자동으로 집을 수도 있다.

<용어예>

manipulated variable	조작량
manipulation	조작

operate : to control the function of, to be in action — 조종하다, 조작하다, 움직이다

Simple to **operate**—No step watches or thermometer required.

조작간단 - 스톱워치나 온도계는 필요 없음.

Operate the handle carefully.

손잡이**조작**은 주의해서.

Tools can **be operated** by hand.

툴은 손으로 **조작**할 수 있다.

The turret slide can **be operated** manually with the handle provided.

터릿슬라이드는 부착된 손잡이를 사용해서 수동으로 **조작**할 수 있다.

Sensitive drill presses are probably the most common machines used for drilling small holes. They **are** almost always hand **operated** with either a sliding quill to advance the rotating drill into the work, or an elevating table to force the work into the drill.

미동드릴링머신은 작은 구멍을 파기 위해 사용하는 가장 일반적인 기계이다. 이 기계는 회전하는 드릴을 공작물 안으로 진입시키는 데 미끄러지는 퀼이나 승강테이블을 사용하며 이러한 장치는 주로 손으로 **조작**한다.

Small, precision, **hand operated** turrets are used to produce very parts.

정밀한 소형 **수동**터릿은 아주 작은 부품을 가공할 때 사용한다.

Be sure thar ailerons move in the correct direction when **operated** by the control wheel.

조종간으로 **조작**할 때 보조날개가 올바른 방향으로 움직이는지 확인하시오.

Describe safe **operating** procedure for an NC machine tool.

NC공작기계를 안전하게 조작하는 순서를 설명하시오.

Before discussing the **operation** of the lathe, it will be helpful to describe …….

선반을 **조작**하는 방법을 설명하기 전에 ……을 먼저 보는 편이 이해하기 쉬울 것이다.

<용어예>

logical operation — 논리조작

off-line operation	온라인조작
operand	연산수
operating bar	조작막대
operating cost	조업비용
operating device	조종장치
operating fluid, hydraulic fluid	작동유
operating panel	조작패널
operating physical force	조작력
remote sequential operation	원격 시퀀스 조작
operating system	조작시스템
operating time	동작시간, 사용시간, 연산시간
operation	조작, 연산, 운전, 동작
operator(in symbols manipulation)	연산자
solenoid operated	솔레노이드 조작

take : to perform, to deal with — 처리하다, 가공하다

The Model 300 will handle workpieces up to 300mm in diameter while the Model 630 **takes** workpieces up to 630mm.

모델 300은 지름 300mm 이하의 공작물을 가공할 수 있고 모델 630은 지름 630mm 이하의 공작물을 **가공할** 수 있다.

D's A-4 handles 6 or 12 channels, and B's D-2 **take** 24.

D사의 A-4는 6개, 혹은 12개의 채널을 처리할 수 있고 B사의 D-2는 24개의 채널을 **처리할** 수 있다.

이동하다, 움직이다, 옮기다

ease : to move gently and gradually	천천히 이동시키다

Start to fit the edge of type opposite the valve, pushing the edge into the well-base, and gradually **easing** the rest of the edge **into** place.

밸브 반대편의 타이어 가장자리부터 맞물리게 하기 시작해서 가장자리를 웰베이스에 집어넣고 남은 가장자리를 정해진 위치까지 **천천히 이동시킨다**.

go : to pass from one point to another : (of a distance) to be traversed or accomplished	통과하다, 이동하다

The light **goes** from one substance into a less dense substance.

빛은 어떤 물질에서부터 밀도가 더욱 낮은 물질로 **이동한다**.

At the end of an hour, if the trains continued to move uniformly, your train would have travelled 40km North, while the other would **have gone** 50km South.

기차가 같은 속도로 움직이면 1시간 후 그대가 탄 기차는 40km 북쪽으로 이동하지만 다른 기차는 50km 남쪽으로 **이동한다**.

move : to change or cause to change in position or place or posture ; to be or cause to be in motion	움직이다, 옮기다, 이동시키다, 이동하다

The carriage will **move** the distance of the lead of the thread on the lead screw for each revolution of the read screw.

왕복대는 어미나사 1회전 당 어미나사 위에서 어미나사의 리드만큼 **움직인다**.

A distance **moved by** the tool…….

바이드가 **움직인** 거리는 .

Looseness allows the axle to **move** backward and forward for a short distance along the springs.

유연하기 때문에 액슬은 스프링과 함께 짧은 거리를 앞뒤로 **왕복한다**.

If the shock absorbers are correctly balanced each arm should **move** downward through the same distance in the same time.

쇼크업소버의 밸런스가 좋으면 모든 팔은 동시에 아래 방향으로 **반드시** 같은 거리를 **움직일 것이다**.

The lever **moves** through an angle of 100 degrees in a given number of seconds.

레버는 정해진 초수에 100° **움직인다**.

At the opposite end of the lathe bed from the headstock is the tailstock, which can **move** along the guideways and be clamped in any desired position.

선반베드를 중심으로 주축대 반대편에 심압대가 있는데 이것은 안내면을 따라 **움직이면서** 원하는 모든 형태로 고정될 수 있다.

The axle **move** vertically against the resistance of the spring.

액슬은 스프링의 저항에 반발하면서 아래위로 **움직인다**.

The air **moves** from the high pressure region to the low pressure region.

공기는 기압이 높은 곳에서 낮은 곳으로 **이동한다**.

The table **moves** quickly into position for grinding.

테이블은 연삭위치로 신속하게 **움직인다**.

The table and saddle **move on** recirculating, pre-loaded ball cartridges **moving on** hardened and ground ways. **Movement** of table and saddle is by high-powered stepping

테이블과 새들은 경화연마된 안내면 위를 움직이는 순환 · 여압식 볼카트리지를 타고 **움직인다**. 이 **운동**은 강력한 스테핑모터의

motors which provide a rapid traverse rate of 200 ipm.

작용으로 200ipm까지 고속이송이 가능하다.

Each **moves** at a different speed.

각각 다른 속도로 **움직인다**.

A ball of radius, α, **moves** with a velocity, ν, in a field of viscosity, η.

반지름 α인 공이 점도 η인 장소를 속도 ν로 **움직인다**.

The unit can handle workpieces from 3/4" to 8" diameter and up to 11 lbs. per hand by changing the grippers. The system **moves** 800 ipm on each axis and on two axes simultaneously.

이 유닛은 그리퍼를 변경해서 각 핸드 당 지름 3/4 ~ 8 인치, 무게 11 lb 이하의 공작물을 가공할 수 있다. 이 시스템은 각 축과 2개의 축이 동시에 800ipm으로 움직인다.

Punch presses with a basic cycle of 300 one-inch **moves** per minute are incorporating the AC servo.

1분 당 1인치 300 사이클 기본으로 **움직이는** 펀치프레스에는 AC 서보기구가 달려 있다.

Precision ball screws **move** the table and saddle on ball cartridge.

정밀한 볼나사는 볼카트리지 위의 테이블과 새들을 **움직인다**.

The MARC (Multi Axis Robotic Control) system, designed for automated stamping lines, is based on dual micro-processors to **move** and place a variety of metal sheet sizes.

이 MARC(다축로봇제어) 시스템은 자동스탬핑라인용으로 설계되었으며 다양한 규격의 금속판을 **이동하고** 적재하기 위해 주제어장치로 복합마이크로프로세서를 사용한다.

Compress……by **moving** a position by dx.

dx만큼 위치를 **이동해서**, ……를 압축한다.

When a body is **moved** by the action of a force the force is said to do work.

물체가 어떤 힘의 작용으로 **움직였을** 때 힘이 일을 했다고 한다.

The center sleeve in the tailstock can **be moved** in the longitudinal direction of the

심압대의 센터슬리브는 핸드휠과 나사스핀들로 선반의 세로

lathe by means of a handwheel and screw spindle and can thus be brought toward the workpiece.

방향으로 **움직여서** 공작물 방향으로 가져갈 수 있다.

The threading cutter is fed radially toward the workpiece, and either the cutter or the workpiece **is moved** axially in synchronization with the slow motion of the workpiece.

나사산절삭용 커터는 공작물을 향해서 반지름 방향으로 이송되고 커터나 공작물 중 하나는 공작물의 완만한 회전운동과 동조해서 축방향으로 **이동한다**.

When spraying the jet should **be** held about 4 inch from the work and **moved** across the surface in straight lines.

스프레이법으로 도장할 때는 노즐과 공작물 사이의 거리를 4인치로 유지하고 직선적으로 표면을 가로지르듯 **움직인다**.

The saddle can be traversed across the knee, and the work table can **be moved** to and fro in the guideways, by means of handwheels or by power drive.

핸드휠이나 동력구동장치로 새들은 니(knee)를 횡단해서 움직일 수 있고, 워크테이블은 안내면 안쪽을 앞뒤로 **움직일** 수 있다.

The drive screw which **moves** the table in and out is located beneath the center of the table….

테이블을 앞뒤로 **움직이는** 구동나사는 테이블의 중앙 하단에 위치하며…….

A simple test for looseness of the rear shackles is to grip the bumper and **move** the body up and down.

리어섀클의 유연성을 시험하는 간단한 방법은 범퍼를 붙잡고 몸체를 상하로 **흔들어** 보는 것이다.

A head can **be moved** up or down the column of the machine.

헤드는 기계의 칼럼을 위나 아래로 **움직일** 수 있다.

The system uses an articulated arm to **move** pallets from a loading station to a horizontal work station situated on the table.

이 시스템은 로딩스테이션에서 테이블 위의 수평가공스테이션으로 팔레트를 **옮기기** 위해 관절팔을 사용한다.

……no need to **move** the work from machine to machine.	……은 공작물을 한 기계에서 다른 기계로 **옮길** 필요가 전혀 없다.
The overhead cranes **move** large castings and completed machines to various positions along the floor.	이 오버헤드크레인은 대형주조품과 완성된 기계를 바닥을 따라서 다양한 위치로 **이동시킨다**.
The steady rest **may be moved** to any location along the shaft.	스테디레스트는 축을 따라서 어디로든 **이동할** 수 있다.
Move to the first hole location 1.015 inch from the outside edge.	바깥 가장자리에서 1.015인치 거리에 있는 첫 구멍까지 **이동시키도록 한다**.
Move the tool **off** the work and reset the cross feed micrometer to zero.	바이트를 공작물에서 **분리하고** 전후이송 마이크로미터를 0으로 다시 맞춘다.
It is better to have a lamp that can **be** easily **moved** about.	이곳저곳 손쉽게 **옮길** 수 있는 조명도구가 있는 편이 좋다.

<용어예>

moving-coil microphone	가동코일형 마이크로폰
moving coil pickup	가동코일형 픽업
moving column type	칼럼이동형

travel : to go from one place or point to another ; the range or rate or method of movement of a machine part	이동하다, 주행하다

The tool **travels** a distance of 0.07 mm relative to the workpiece.	공구는 공작물과 상대적으로 0.07mm **이동한다**.

The "pitch" of the thread is the distance, measured in the axial direction, between two corresponding points on adjacent turns of the thread ; it is the distance a nut would **travel** in one complete revolution.

나사의 '피치'는 인접한 나사산 사이를 축방향으로 측정한 거리이다; 이는 나사가 1회전해서 **이동하는** 거리이다.

The Y axis spindle slide carrier **travels** along hardened and ground column ways at a rapid traverse rate of 400ipm.

Y축의 스핀들 슬라이드 캐리어는 경화연마된 칼럼면을 따라서 400ipm의 빠른 속도로 **이동한다**.

Machine tables are accurately machined and the table **travels** parallel to its outside surfaces and also parallel to its T-slots.

기계의 테이블은 정확하게 기계가공되어 있고 테이블은 그 겉면이나 T슬롯과 평행하게 **이동한다**.

Unlike the grinding lathes, on this machine the workpiece **travelled** past the wheel instead of the wheel traversing the workpiece.

그라인더와 날리 이 기계에서는 휠이 공작물을 따라서 이동하는 대신 공작물이 휠을 따라서 **이동한다**.

Chips **travel up** the drill flutes.

칩은 드릴의 홈을 **타고 올라간다**.

Longitudinal **travel** is 30 inches per second. The arms **travel** up and down at a rate of 12.5"per second, and swing in and out in 40° per second.

좌우**이동**은 매초 30인치이고 팔은 매초 12.5인치의 속도로 상하로 **움직이며** 매초 40°만큼 안팎으로 흔들린다.

One is moving upwards while the other is **travelling** downwards.

한 쪽은 위로 움직이고 다른 한 쪽은 아래로 **움직인다**.

Vertical and horizontal **travel** of the head is electrically powered.

헤드의 상하 및 수평**이동**은 전동장치로 작동된다.

Maximum horizontal **travel** is 2.25" with adjustable stops. The vertical Z motion, also powered by a double acting pneumatic ram, has a maximum **travel** of 2.5"and is fully adjustable.

수평방향의 최대**이동량**은 2.25인치이다(가변스토퍼 부착). 또한 복동공기압램으로 움직이는 상하방향 Z운동의 최대**이동량**은 2.5인치이고 완벽하게 조절할 수 있다.

Vertical **travel** range is 18"

상하방향의 **이동**범위는 18인치이다.

<용어예>

head travelling mechanism	주축헤드 이동기구
over travel, over run	오버트래블
travel cable crane	주행케이블크레인
travelling cut-off saw	이동식 절단기
travel device, travel gear, travelling equipment	주행장치

traverse : to travel or lie or extend across ; a lateral movement across something — 이동하다

This is not a lead screw for screw cutting but for **traversing** the carriage for ordinary turning.

이것은 나사산을 파는 어미나사가 아니라 일반 선삭용으로 왕복대를 **이동시키는** 기구이다.

Circuit refers to the path which an electric current **traverses**.

회로란 전류가 **이동하는** 통로이다.

The table **traverses** back and forth on accurately machined ways.

테이블은 정밀하게 기계가공된 안내면 위를 앞뒤로 **움직인다**.

The workpiece is rotated at high speed and the tool **is traversed** from the workpiece center line rapidly outwards.

공작물은 고속으로 회전하고 바이트는 공작물의 중심에서 바깥방향으로 신속하게 **움직인다**.

The head and tailstock units were mounted on a **traversing** table. The length of **travel** of the table was automatically controlled by adjusting trips at the front of the machine.

주축대와 심압대는 하나의 **왕복운동** 테이블 위에 설치되어 있고 테이블의 **이동** 길이는 기계 앞쪽의 트립을 조정해서 자동으로 조정된다.

At the end of each **traverse**, table stops momentarily.
매 선회**운동**의 마지막에 테이블은 잠시 정지한다.

<용어예>

rapid traverse mechanism, quick traverse mechanism	고속이송장치
traverse feed	가로이송
traverse grinding	트래버스연삭
traverse mark	이송마크
traverse motion device	트래버스 모션 디바이스
traversing table type	테이블이동형, 테이블왕복형
workhead traversing type	공작물주축대이동형

끝나다, 종료되다(종료, 완료, 완결)

complete : to finish (a piece or work etc.) 종료되다, 완료되다, 완성하다

A final check with a micrometer is made to validate the tool setting, and the cut is **completed**.
툴셋팅을 확인하기 위해 마이크로미터를 마지막으로 검사하고 이 절삭작업을 **완료한다**.

A numerically controlled facing head can **complete** a job like internal threading up to six times faster.
수치제어 페이싱헤드는 암나사 깎기와 같은 작업을 6배나 빨리 **완료할** 수 있다.

The machine **completes** each part in 16 seconds or 225 parts per hour.
이 기계는 각 부품을 16초, 다시 말해 1시간에 225개의 부품을 **완성할** 수 있다.

Almost any combination of turning operations can **be completed** in one setup.

거의 모든 선삭작업을 한 번의 준비만으로 **완료할** 수 있다.

We previously machined our blank molds in two operations. Now with indexing chucks and G&L designed hydraulics and control software, we **complete** both ends in one operation……, and with improved quality!

과거에는 블랭크 몰드를 두 번의 작업으로 절삭했다. 그러나 지금은 계산된 선반척과 G&L이 설계한 유압장치와 제어소프트로 동시에 두 작업을 **완료할** 수 있다. 그것도 더욱 우수한 품질로!

……. The third is to eject the finished part at **the completion of** all operations.

……. 세 번째는 모든 작업이 종료된 시점에서 **완성된** 부품을 배출하는 단계이다.

On some machines the work table can perform an automatic cycle of predetermined movements : e. g. a fast run to the cutting position, a change to slow feed motion during the actual cutting, and a quick return to the initial position on **completion** of the cut after which the cycle is repeated.

어느 기계에서는 워크테이블이 미리 정해진 자동사이클대로 움직인다. : 예를 들어 먼저 절삭 위치까지는 고속으로 움직이고, 다음으로 절삭이송 중에는 천천히 움직이고, 마지막으로 절삭을 **완료하면** 처음 위치로 고속으로 돌아오는 사이클을 반복한다.

end : to bring an finish, come to an finish 완결하다

…… put an **end** to the work within half a year.

…… 반년 이내에 이 작업을 **완결하라**.

<용어예>

end of text character 텍스트종결문자

end of transmission character 전송종료문자

finish : to bring or come to an end, to complete	마무리하다, 완성하다

……, We'll **finish** the job within 30 days, but more often as fast as 10 days.	……. 이 작업은 30일 이내에 **완료할** 예정이지만 대체로 10일이면 마무리된다.

이송하다

feed : to pass a supply of material to	(절삭)이송하다, 이송량, 공급하다, 피드

In any grinding operation where the wheel **is fed** in a direction normal to the work-piece (infeed), the **feed**, which is the depth of the layer of material removed during one cutting stroke, will initially be less than the nominal **feed** setting on the machine.	모든 연삭작업에서 휠은 공작물의 수직방향으로 **이송되고** 가공 스트로크 1회에 깎아내는 재료의 깊이, 즉 **피드**는 처음에는 기계에 설정한 수치상의 **이송량**보다 작다.
A cylindrical surface can be generated by **feeding** the tool parallel to the axis of workpiece rotation.	원통의 표면은 공작물의 회전축과 평행하게 바이트를 **이송해서** 가공할 수 있다
The tool **is fed** along its axis of rotation.	바이트를 회전축을 따라 **이송한다**.
Feed the compound **in** 0.005 inch and reset	복식공구대를 0.005인치 **이송하고**

the cross feed dial to zero.

횡이송 다이얼을 0으로 재설정 한다.

Feed the tool **in** 0.002 inch on the compound dial.

바이트를 복식공구대의 다이얼로 0.002인치 **이송한다**.

Usually the work **is fed** against the teeth, the work-feed direction (in relation to the cutter) being longitudinal, transverse or vertical.

일반적으로 워크는 이에 닿는 방향으로 **이송된다**. 워크의 이송 방향(커터에 대해)은 가로세로, 혹은 상하방향이다.

A tapping head **feeds** the tap into the prepared hole using a screw mechanism.

태핑헤드는 나사기구를 사용해서 미리 만들어진 구멍에 탭을 **이송한다**.

The wheel **is fed into** the workpiece without traverse motion applied to form a groove.

홈을 가공하는데 가로축운동을 하지 않고 휠을 공작물로 **이송한다**.

On many drill presses, the tool **is fed** by the manual operation of a lever to the right of the head.

대부분의 드릴링머신은 헤드 오른쪽의 레버를 수동조작해서 툴을 **이송한다**.

Hand **feeding** is best at first.

처음에는 수동**이송**이 가장 좋다.

If this **infeed** of a thread **is made** with the cross slide, equal size chip will be formed on both cutting edge of the tool.

횡이송대를 사용해서 나사를 **깎아들어 갈** 때는 툴의 양쪽 칼날 위에 모양이 같은 칩이 생성된다.

The **feed** (advancing) and adjustment movements of the slides can be performed by means of crank handle on the saddle.

이송대의 **피드**(전진)와 조정운동은 새들 위의 크랭크핸들로 조작할 수 있다.

Feed is the distance moved by the tool relative to the workpiece in the feed direction for each revolution of the tool or each stroke of the tool or workpiece.

피드는 공구의 각 회전, 혹은 공구나 공작물의 각 스트로크에 대한 이송방향으로 공작물과 공구가 상대적으로 움직인 거리이다.

A roughing **feed** could be from 0.005 to 0.015 inch and a finishing **feed** from 0.003 to 0.005 inch for steel.

황삭의 피드는 철에 따라서 0.005 ~ 0.015인치, 마무리의 피드는 0.003 ~ 0.004인치 정도이다.

Feed ranges from 0.01 to 0.1 ipr.

이송범위는 0.01 ~ 0.1 ipr이다.

A suitable **feed** would be 0.35mm, giving an ideal surface roughness of about 3μm arithmetical mean value.

적절한 **피드는** 0.35mm이며 이로써 산술평균치 약 3μm의 이상적인 표면정밀도를 얻을 수 있다.

Feed is engaged by simple turning the handfeed lever 90° from normal.

보통 위치에서 90° 회전하기만 하면 **이송할 수 있다**.

Disengage the power **feed**.

무단변속이송을 중지한다.

The **feed** should be set at the maximum possible.

피드는 가능한 한 최대로 설정한다.

The **feed is applied** to the workpiece in increments at the end the return stroke of the ram by a rachet and pawl mechanism driving the leadscrew in the cross rail.

피드는 크로스레일의 어미나사를 움직이는 라첫과 펄로, 램의 귀환공정의 마지막에 조금씩 일정하게 공작물에 **적용된다**.

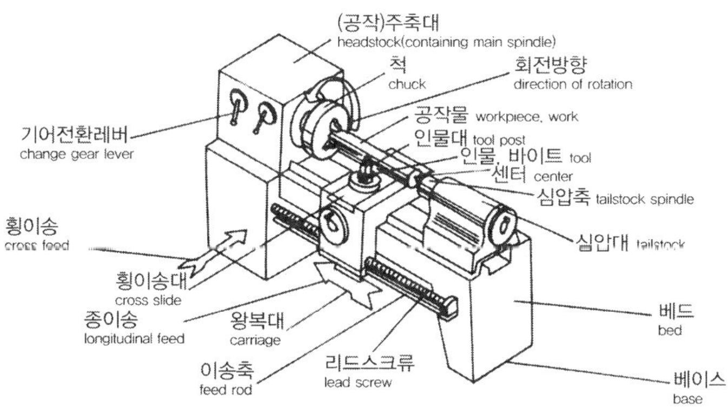

선반
lathe

Finish turning is boring operations are performed at light **feeds** of 0.010 to 0.015 ipr at surface speeds of at least 350 fpm.

마감선삭 혹은 보링작업은 적어도 표면속도 350fpm, 피드 0.010 ~ 0.015ipr로 정밀하게 작업한다.

If the first cut is designed to remove a large amount of material at high **feed** (roughing cut), the forces generated during the operation will probably have caused significant deflections in the machine structure.

최초 절삭에 빠른 피드로(황절삭) 대량의 재료를 절삭하도록 설계하면 작업 중에 발생하는 힘 때문에 기계에 휨현상이 발생할 우려가 있다.

The **feed** in shaping operation was limited to 0.13 mm because of the maximum cutting force the machine could provide.

형삭가공시의 피드는 기계의 최대절삭력의 한계로 0.13mm 이하로 제한된다.

The amount of stock **feed** is quickly and accurately set by means of a knurled knob. The length **being fed** is shown on the scale on the **feed** side guide.

재료의 **이송량**은 너링손잡이로 신속하고 정확하게 설정할 수 있다. **이송**길이는 **이송**슬라이드 안내면의 눈금으로 표시된다.

Depth of **feed** is determined by adjustable depth-stop screws.

피드의 깊이는 깊이조정나사로 정해진다.

All feed controls are located in the pendant.

모든 **피드**조작장치는 매달려 있다.

Automatic control of the **feed motion** may be provided by means of the so-called feed shaft, which receive its rotational motion from the work spindle.

워크 스핀들에서 회전운동을 받는, 소위 **이송**축의 힘으로 **이송**운동은 자동제어된다.

A. has **feed** rate of 0 to 15 ipm on X axis.

A는 X축의 **이송**속도가 0 ~ 15ipm이다.

<용어예>

diagonal feed	경사이송
feed mark	이송마크
in feed	인피드
infeed grinding	인피드 연삭

infeed rate	인피드 속도
jump feed	점프이송
power feed	무단변속이송
radial feed	레이디얼피드
radial feed screw	레이디얼피드 나사
sensitive feed	미동이송
skip feed	스킵피드
through feed	쓰로피드

traverse : moving the workpiece to another place	이송하다

The machine has **rapid traverse** of 240ipm.	이 기계는 240ipm으로 **고속이송**이 가능하다.
High-powered stepping motors provide a **rapid traverse rate** of 200ipm.	강력한 스테핑모터로 200ipm의 **고속이송**이 가능하다.
400ipm **rapid traverse rate**, X and Y axis, 300ipm rapid traverse rate, Z axis.	X축, Y축의 **고속이송속도** 400ipm, Z축의 **고속이송속도** 300ipm.
Traverse. The V-5 has a 400m/min **rapid traverse** in all axis. Its feed rates range 13 to 5,080mm/min in all axis.	**이송**. V-5의 모든 축에서 **고속이송**은 400m/min이고 이송속도 범위는 13~5,080mm/min이다.
Upon reaching a specified depth, the drill is **rapidly traversed** back to the original starting position. Then the tool **makes** another rapid traverse to the previous reprogrammed depth.	정해진 깊이에 도달하면 드릴은 처음에 출발한 위치로 **고속이송된다**. 이어서 툴이 미리 프로그램된 깊이까지 다시 한 번 **고속이송된다**.

성형하다(성형, 조형, 세공)

fashion : to make into a particular form or shape	(재료를 써서 어떤 모양으로) 만들다

He **made** one of his first violins while a prisoner in a Nazi-camp in Germany, **fashioning** tools from tin cans and gluing scraps of spruce for the upper part.

그는 독일의 나치캠프에 포로로 잡혀 있을 때 통조림캔으로 도구를 **만들고** 윗부분에 전나무토막을 붙여서 첫 바이올린을 **제작했다**.

Increasingly, extruded parts are replacing those formerly **shaped** from tubing by the hot swaging method. These large, hollow components such as wheel spindles and axles **are being fashioned by** a combination of forward and backward extrusion.

압출성형부품이 스웨이징법으로 튜브**성형한** 부품으로 대체되고 있다. 휠스핀들이나 악슬 같은 대형 중공부품은 전방, 혹은 후방압출과 조합해서 성형된다.

form : shape of something ; its outward or visible appearance, to shape ; to mould ; to produce or construct to bring into existence	(모양을) 만들다, 형성, 성형

Metal, often aluminum, is condensed onto the wafer, filling these saps and **forming** conducting pathways.

금속, 주로 알루미늄을 웨이퍼 위에 응축시키고 간격을 메워서 전도성이 높은 통로를 **형성한다**.

Developments in tool geometry, in particular, now makes it possible to **form** internal threads in materials harder than 35 Rc and in many different thread **forms**.

특히 툴의 형태가 진보해서 요즘은 35Rc보다 단단한 재료에도 다양한 **형태**의 암나사를 **팔** 수 있다.

When **forming** steel sheet, thickness of 0.045 inch and less an epoxy **form** die can be used, since **forming** pressure will not be excessive.

0.045인치 이하의 연강판을 **성형할** 때는 **성형**압력이 그리 높지 않기 때문에 에폭시 **성형**금형을 사용할 수 있다.

Thus a panel can **be** punched and then **formed** on the one machine, using one or two operators as desired.

이처럼 필요에 따라 작업자 1 ~ 2명이 기계 1대를 사용해서 패널을 펀칭하고 연이어 **성형할** 수 있다.

The machine **forms** parts at 1,200 per hour.

이 기계는 시간당 1200개의 비율로 부품을 **성형한다**.

Crank. ─ A lever or arm **formed** on a shaft, its object being to convert reciprocating motion into rotary motion.

크랭크 ─ 왕복운동을 회전운동으로 변환할 목적으로 축에 **성형한** 레버 혹은 암.

Slots **are formed** in the end of the shaft.

슬롯은 축의 끝부분에 **만들어져 있다**.

Form a small ball at the end of the glass tube.

유리관 끝에 작은 공 모양을 **만든다.**

Form the sample into a cylindrical shape.

샘플을 원통형으로 **만든다**.

Insert geometry also includes an upward sloping surface behind the depression. The purpose of this surface is to **form** the chips into tight curls for efficient chip disposal.

인서트 형태에도 마찬가지로 요면의 뒷부분에 오르막 경사가 있다. 이 표면의 목적은 칩을 간편하게 처리할 수 있도록 단단하게 감은 형태로 **만들기** 위해서이다.

When fitting a new door, some trimming of the door at the edges and some **reforming** with a soft mallet may be necessary to achieve a good fit.

새 문을 설치할 때는 꼭 들어맞도록 문의 가장자리를 트리밍하거나 나무망치로 약간 **모양을 고칠** 필요가 있다.

Forming is accomplished in a 500 ton hydraulic press.

500톤 유압프레스로 **성형한다**.

In general, severe cold **forming**, such as drawing and spinning, **is done** with annealed material of the lowest possible hardness.

일반적으로 드로잉이나 스피닝 같은 강력한 냉간성형은 가능한 한 경도가 낮은 열처리재료를 대상으로 **한다**.

mould(mold) : to cause to have a certain shape, to produce by shaping	(모양을) 만들다, 형성, 성형

The valves consist of a buna-N packing **moulded** about a steel stem.

밸브는 금속스템 주변에 **몰드한** 부나-N 패킹으로 되어 있다.

PTFE has not and cannot **be** successfully **molded into** the precise geometric shape required for most spring-energized seal designs.

테플론은 유연성이 필요한 설계에 요구되는 정밀한 기하학적 형태로 **성형하기** 힘들며, 성공한 사례도 드물다.

shape : an area or form with a definite outline : to develop into a certain shape or condition : to five a certain shape to	(모양을) 만들다

Nozzles **are** specially **shaped** so that the coolant is directed and drawn into the interface between the wheels and blades.

노즐은 냉각제를 휠과 블레이드 사이의 맞닿은 부분으로 주입하기 위해 특수한 **형태로 되어 있다**.

Shape it with a manual pressurized machine under reduced pressure.

수동가압기계를 사용해서 낮은 압력으로 **성형한다**.

주의하다(주의, 유의; 배려, 염려)

attention : applying one's mind to something, mental concentration, awareness, consideration

신경쓰다, 주의하다, 조심하다

Where a torque tube is used between a cross chassis member and the rear axle, see that the center joint is rigidly attached to the cross member and **pay** careful **attention** to the lubrication of the joint.

크로스섀시멤버와 리어액슬 사이에 토크튜브가 사용된 경우에는 센터조인트가 크로스멤버에 확실히 부착되어 있는지 확인하고 조인트의 윤활에 **주의해야** 한다.

Surface damage can be minimized if proper **attention is paid** to the process.

처리에 적절한 **주의를 기울이면** 표면손상을 최소한으로 억제할 수 있다.

Give special **attention to** the oil pump and sump to make sure that there is no leakage at these points.

오일펌프와 탱크에 누수가 없는지 특별히 **주의해야** 한다.

……unless special **attention is given to** lubricating and designing this cone rib/roller-end contact.

이 내륜의 리브/롤러 단면의 윤활과 설계에 특별히 **주의를 기울이지** 않으면…….

The hands should also **receive attention**, otherwise it may be difficult to get them really clean.

손에 **주의해야** 한다. 그렇지 않으면 진정한 청결은 유지할 수 없다.

Like other precision operations, fine-blanking demands more **attention** to derails.

다른 정밀작업과 마찬가지로 파인블랭킹은 세심한 **주의**가 필요하다.

Apart from an occasional drop of oil, these motors need scarcely any **attention**.

가끔 떨어지는 기름 몇 방울을 제외하면 이들 모터는 거의 **신경쓸 필요**가 없다.

The dynamo is in need of **attention**.

다이너모에 **주의**가 필요하다.

…, and there are usually no more than six or seven points which require **attention** with the grease-gun or oil-can.

일반적으로 그리스건과 오일캔을 사용할 때 **신경쓸** 사항은 6 ~ 7 가지 이하이다.

Attention to the piston rings in only necessary at intervals exceeding 30,000 miles.

이 피스톤링은 30,000마일 이상의 간격으로만 **신경쓰면** 된다.

Personnel should be thoroughly trained in handling of fluids and elastomers, with particular **attention** focusing on the proper use of grease and solvents and the elimination of contaminants.

그리스와 용제를 적절히 사용하고 오염원인물질을 제거하는 데 특별히 **주의해서** 액체와 엘라스토머 취급법을 완벽하게 훈련해야 한다.

…without **attention** on the part of the driver.

드라이버 부분은 크게 **신경쓰지** 않고…….

Performance can usually be improved to a fra greater extent by careful **attention** to the efficient working fo all moving parts than

일반적으로, 고도의 기술로 정비하는 것보다도 모든 부품이 효율적으로 작동하도록 **조심하는**

by any "stunt" tuning.

편이 훨씬 성능이 향상된다.

Therefore it is not wise to neglect **attention** to any item that …….

그러므로 ……의 모든 항목에도 **주의**를 게을리 해서는 안 된다.

The faulty engine should be returned to the manufacturers for **attention**, or replaced by a new one.

결함이 있는 엔진은 **수리하기 위해** 메이커에 되돌려보내거나 신품으로 교환하도록 한다.

care : caution to avoid danger or loss　　주의하다, 조심하다

In removing the cylinder-head gasket **care should be taken** that it is not bent or kinked unless it is to be replaced by a new one.

실린더헤드 개스킷을 분리할 때는 새로운 부품으로 교환할 예정이 아닌 한 구부리거나 비틀지 않도록 **조심해야** 한다.

When refitting **care** must **be taken** to see that ……

다시 부착할 때는 ……를 보면서 반드시 **주의해야** 한다.

When dual-row thrust bearings are used, more **care is taken** to vent the bearing housing to ensure equal flow through both rows of bearings.

듀얼 스러스트 베어링이 사용된 경우에는 양쪽 베어링열에 동일한 유량이 흐르도록 베어링하우징의 구멍에 특별히 **주의해야** 한다.

This procedure can be repeated for the other pistons, **taking** the same **care** with each.

각 피스톤마다 똑같이 **주의하고** 다른 피스톤에도 같은 절차를 반복한다.

For these reason, therefore **care** should **be exercised** not to breathe an atmosphere contaminated with the exhaust fumes of car engines.

이상의 이유로 볼 때 자동차 엔진의 매연으로 오염된 공기를 들이마시지 않도록 **주의해야** 한다.

Particular care should therefore **be paid to** the choice of electrode to be used.	그러므로 사용하고자 하는 전극은 특별히 **주의해서** 선택해야 한다.
Even then **care** is needed or the metal may buckle and crack.	이럴 때도 **주의**하지 않으면 자칫 휘어지거나 균열이 생길 우려가 있다.
The synchronism adjustment requires considerable **care**.	싱크로메시는 대단히 **주의해서** 조정해야 한다.
Great **care** is necessary in tightening these head down evenly, to avoid distortion.	이러한 헤드를 균등하게 조일 때는 찌그러지지 않도록 충분히 **주의**할 필요가 있다.
If a new fiber gear wheel is to be fitted to the end of the camshaft, this should be pressed on **with** the greatest **care**.	만일 새로운 파이버 기어휠을 캠샤프트에 부착할 때는 최대한 **주의해서** 압입한다.
After grinding in, **be** very **careful** to wipe away all traces of the grinding material, both in the valve and in the cylinder.	그라인딩 후에는 밸브와 실린더의 모든 연삭재 상흔을 **주의해서** 닦아낸다.

caution : to warn	경고하다, 주의하다

CAUTION : Air will escape from the pipe plug hole while the clutch is set.	**주의**: 클러치를 세트해도 파이프의 플러그홀에서 공기가 새어 나옴.
Caution most **be exercised** when designing fixtures to be sure that neither they nor the part will flex under high thurst loads.	설비를 설계할 때는 높은 스러스트 하중에도 설비와 부품이 휘지 않도록 **주의해야** 한다.

note : to notice, to pay attention to	주의하다

…, It should **be noted** that ……	……, **주의할** 점은…… .
Publishers' **note**.	발행자 **주(註)**.
American readers of this book should **note** that what is termed a valve in the UK is called a tube in the USA.	이 책을 읽는 미국 독자는 영국에서 말하는 밸브가 미국에서는 튜브임에 **주의할** 것.

precaution : something done on advance to avoid a risk	조심하다, 대비

Some **precautions** should **be taken** when clamping finished surfaces.	마감표면을 클램프 작업할 때는 미리 **대비를** 해야 한다.
The life expectancy of these universal joints can be prolonged by using a few **precaution**.	유니버설조인트의 수명은 몇 가지만 **주의**하면 늘어날 수 있다.
The **precautions** are necessary for operator safety.	조작자의 안전을 위한 **예방조치**가 필요하다.

깎다

chip load : cutting the workpiece with tooth	절입하다

chip load of 0.178mm/tooth

한 이 당 0.178mm의 **절입**.

Chip loads per tooth (depths of cut) exceeding about 0.010" (0.25mm) on 319-T5 alloy can cause breakouts on the workpiece edges of more than 1/16" (1.6mm).

319-T5 합금에서 한 이 당 **절입**(절삭깊이)이 약 0.010"를 초과하면 공작물의 가장가리가 1/16 인치 이상 손실된다.

A new K. cutting tool material can cut cast irons and nickel base alloys at higher cutting speeds with **heavier chip loads** than either solid ceramics or ceramic-coated carbides.

새로운 K. 바이트재는 솔리드세라믹이나 세라믹 피복 초경합금보다 빠른 절삭속도와 **중절입** 성능으로 주철 혹은 니켈합금을 절삭할 수 있다.

<용어예>

cross slide	절입대
depth setting [plunge grinding]	절입량
entering angle, entrance angle	절입각
feed cam	절입캠
radial feed screw	절입이송나사

cut into : 절입하다

Cut into core as little as possible.

코어 **절입**은 가능한 한 조금씩.

depth of cut : 절입하다

Feed and **depth of cut** should be as much as the tool, workpiece, or machine can stand without undue stress.

이송 및 **절입**은 바이트, 공작물, 기계가 큰 무리 없이 견딜 수 있는 정도로 한다.

engage : to interlock (parts of gear) so that it transmit power ; to become interlocked in this may	절입하다

In also can **engage** on both inside and outside surfaces.

또한 내외 양면에 **절입할** 수 있다.

The **back engagement** (previously known as depth of cut) be kept small, about equal to the feed.

절입은 조금씩, 이송과 거의 같은 정도로 한다.

In general the **back engagement** determines the depth of metal removed from the workpiece in a single-point cutting operation.

일반적으로 바이트 절삭작업에서 공작물로부터 깎아내는 금속의 깊이는 **절입**으로 결정한다.

In slab milling the **working engagement** was known as depth of cut.

슬라브 밀링에서 말하는 **워킹 인게이지먼트**란 종래의 절입을 말한다.

The wheel-workpiece **engagement** (width of grinding path and feed) will change as cutting proceeds.

휠과 공작물의 **인게이지**(연삭패스와 이송)는 절삭이 진행됨에 따라 변화한다.

From Fig. 1.6, therefore, α_c is given by α_f sin K_r, where α_f is the **feed engagement**, the instantaneous **engagement** of the tool cutting edge with the workpiece measured in the direction of feed motion.

따라서 그림 1.6에서 α_c는 α_f sin K_r로 구할 수 있다. 여기서 α_f는 **이송인게이지**이며 이송운동방향으로 측정한 바이트 날과 공작물의 순간적인 인게이지이다.

자르다, 절삭하다

broaching : broach : to make a hole in and draw out liquid.

브로치가공

Broach a ¼ inch keyway in a 1¼ inch bore.

1¼ 인치 구멍에 ¼ 인치의 홈을 **브로치로 가공한다**.

Broaching is more complex : Parts positioned with precision locators, two sides of each part **are** straddle **broached**, locators are retracted, ends of parts **are broached** flat, plus two chamfers each. 880 parts per hour.

브로치가공은 더 복잡한 작업이다. 여러 개의 부품을 정밀한 위치고정구로 고정하고 각 부품의 양쪽에 걸쳐 **브로치가공한다**. 위치고정구가 물러나면 **브로치가공**으로 부품의 각 끝부분을 평평하게 만들고 두 개의 챔퍼를 가공한다. 1시간에 880개를 가공할 수 있다.

Broaching is mainly employed for machining out holes or other internal surfaces,……. The cut starts with the smaller teeth, with enter the hole, and finishes with larger teeth, which bring the hole to the finished size.

브로치가공은 주로 구멍 등의 안쪽면을 절삭하기 위해 이용된다. 절삭은 구멍에 들어가는 작은 이로 시작해서 구멍을 마감규격으로 마무리하는 큰 이에서 끝난다.

The **broaching** operation is performed by a machine that pulls or pushes the broach through the workpiece.

브로치가공은 공작물을 관통해서 브로치를 밀거나 당기는 기계로 작업한다.

<용어예>

broach sharpener 공구연삭반

internal broaching machine	내면브로치반
pull broaching	당기는 브로치가공
push broaching	미는 브로치가공
surface broaching machine	표면브로치반

contour : an outline — 윤곽가공, 콘타

The Series MVC can be used for simultaneous three-axis **continuous** path linear **contouring** with circular contouring in any plane.

MVC시리즈는 모든 면의 동시 3축연속**윤곽가공**(모든 면의 원호가공 포함)에도 사용할 수 있다.

<용어예>

contour grinding machine	콘타그라인더
contour milling machine	콘타밀링머신
contour sawing machine	콘타소잉머신

cut : to divide or wound or detach with an edged instrument, to shape or make in this way. — 절삭하다, 기계가공하다, 자르다

After a few full threads **are cut**, the die should be removed so that the thread can be tested with a nut or thread ring gauge.

나사를 두세 나사산 **판 다음에는** 그 나사를 너트나 링게이지에서 시험할 수 있도록 다이를 해제한다.

The method is especially suitable for soft metals, such as aluminum, which are difficult to screw-**cut** with a smooth finish.

이 방법은 나사산을 깨끗하게 **파기** 힘든, 알루미늄 같은 부드러운 금속에 특히 유용하다.

A groove of this type should **be cut** with a round nose tool.

이런 홈은 둥근날바이트로 **절삭한다**.

A typical relationship between rake angle and tool life is shown in Fig.4.7, where the optimum rake is approximately 14° when **cutting** high strength steel with a high-speed steel tool.

경사각과 공구수명의 관계를 그림 4.7에 나타냈다. 그림에서 고속도강을 고속도강바이트로 절삭할 때 최적의 각도는 약 14° 이다.

A long screw thread of coarse pitch can suitably **be cut** by means of a disc shaped single cutter.

굵은 피치의 긴 나사산은 디스크형 싱글커터로 효과적으로 **절삭할** 수 있다.

Cut Acme threads on the lathe.

선반으로 애크미나사를 **절삭한다**.

Any given shape, punch and die, cam or gear rachet, in fact, anything than can **be cut** by Agierton's DEM 15/30 machines, can be programmed with the LAMA 25 system in the shortest possible time.

현존하는 모든 형태의 펀치, 다이, 캠, 라쳇 등 실제로 Agietron의 DEM 15/30기로 **가공할** 수 있는 공작물이라면 무엇이든 최단시간내에 LAMA25 시스템으로 프로그램할 수 있다.

Screw threads, both external and internal, can also **be cut** efficiently and economically by milling. This is done on a milling machine, so-called thread milling cutter being used for the purpose.

나사(수나사와 암나사)는 밀링가공으로 효과적이고 경제적으로 **절삭할** 수 있다. 이 작업에는 그라인드와 전용 나사밀링커터가 사용된다.

The gearing enables screws of varying pitch and diameter to **be cut** by varying the speed of rotation of the lead screw.

이 기어장치는 어미나사의 회전속도를 변경해서 피치 혹은 지름이 다른 나사를 **가공할** 수 있다.

The tool is rotated by hand, the workpiece being gripped in a vise. Alternatively, the workpiece be gripped in the chuck of a lathe and rotated, while the tap or die is guided by the tailstock. The screw tap **cuts** an internal thread in a hole drilled beforehand. The screw die cuts an external thread on a

절삭공구를 손에 들고 바이스로 공작물을 잡는 대신 선반의 척에 공작물을 고정하고 회전시켜도 상관없지만 이 때 탭이나 다이는 심압대로 가이드하게 된다. 탭은 미리 파둔 구멍에 암나사를 **깎는다**. 다이스는 로드나 볼트에

rod or bolt and is held in a device called a stock, which has handles for manipulation.

수나사를 **깎는데** 조작용 핸들에 달린 스톡이라는 도구로 지지한다.

II. first **cut** his gear slightly oversize on his gear shaper. Then, after hardening, it was finished to exact size on his gear-cutter grinding machine.

II는 먼저 기어가공선반으로 약간 큰 크기로 기어를 **절삭한** 다음 열처리를 하고 기어그라인더로 정확한 규격으로 완성했다.

Bores of felts should **be** clearly **cut** to the diameter of the shaft.

펠트의 내경은 축의 지름으로 깨끗하게 **절삭된다**.

The fact that the T-Max U carbide drill from Sandvik, Inc., Fair Lawn, NJ, **cuts** to size from solid means that cycle time is cut in half.

샌드빅 사(Fair Lawn, NJ)의 T-MAX U 초경드릴을 사용해서 정해진 규격으로 가공물을 **절삭하면** 사이클타임이 절반으로 **줄어든다**.

Machine a nut blank and **cut** a 1 - 8 UNC internal thread to fit a plug gauge.

너트블랭크를 기계가공하고 플러그게이지에 꼭 알맞게 1-8 UNC의 암나사를 **판다**.

He also made planing machine which could **cut** in both direction of the table.

그는 또한 테이블의 양방향에서 **절삭**할 수 있는 평삭반을 제작했다.

The right-hand tool has the cutting edge on the left side and **cut** to the left or toward the head stock.

오른쪽으로 구부러진 바이트의 절삭날은 왼쪽에 있으며, 오른쪽, 즉 주축대 방향으로 **절삭**한다.

When **cuts are made** at any angle other than right angle to the horizontal or the vertical they are called angular cuts.

수평 혹은 수직에 대해 직각 이외의 각도로 **절삭할** 때 이를 두고 앵귤러컷이라고 한다.

Tools that have special shaped **cutting edges** are called formed tools These tools are plunged

절삭날의 형태가 특수한 바이트를 가리켜 총형바이트라고 한다.

directly into the work, **making the full cut** in one operation.

이러한 바이트는 워크에 플런지 절삭해서 한 번에 **완전히 절삭한다**.

Magnetic chucks are sometimes used for **making** light **cuts** on ferromagnetic materials.

마그네트 척은 가끔 자성이 있는 재료를 가볍게 절삭하는 데 **사용된다**.

Thread cutting on a lath with a single point tool is done by **taking** a series of **cuts** in a helix of the thread.

선반의 바이트로 나사산을 팔 때는 나사의 경사면을 연이어 **절삭해서** 가공한다.

A light **cut is taken** along the length of the test-piece and both ends are measured with a micrometer.

테스트피스를 세로방향으로 가볍게 **절삭하고** 양쪽 끝을 마이크로미터로 측정한다.

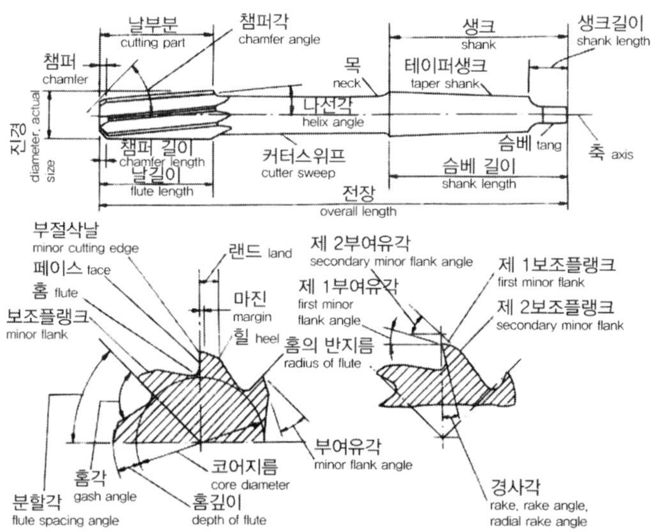

The lands on these reamers are ground cylindrically without radial relief, and all **cutting is done** on the end of the reamer.

이 리머의 랜드는 (반지름 방향) 외주의 여유 없이 원통형으로 절삭한다. **절삭은** 모두 리머의 끝부분에서 **이루어진다**.

Most metal **cutting is** till **performed** with tools manufactured from high-speed steel.

대부분의 금속**절삭**은 요즘도 고속도강제 바이트로 작업한다.

As soon as the **cut is completed**, the tilt arm quick returns to its starting position.

절삭이 완료된 즉시 틸트암은 처음 위치로 신속하게 돌아간다.

A higher degree of precision can be obtained with machine-**cut** screw threads, especially those produced on a lathe.

기계**절삭**, 특히 선반으로 가공된 나사는 정밀도가 높다.

The diameter of the workpiece is checked with a micrometer and the remaining amount **to be cut** is dialed on the cross feed micrometer.

공작물의 지름을 마이크로미터로 확인하고 횡이송 마이크로미터의 눈금을 **절삭할** 잔량에 맞춘다.

the part left **uncut**……

절삭되지 않고 남은 부분은…….

<용어예>

balance cutting	밸런스 절삭
bevel cut	베벨 절삭
combined cutting	복합절삭
cross-cut band saw machine	횡절재단기
cut bolt	절삭볼트
cut-off	컷오프
cut[thread] tap	절삭탭
cut thread	절삭나사
cutting angle	절삭각
cutting fluid	절삭유제, 가공유제
cutting oil	절삭유
cutting speed	절삭속도
cutting stroke	절삭공정

cutting tool	절삭공구
draw cutting	당김절삭
finish cutting	마감절삭
gear cutting	기어절삭
gear cutting machine	기어절삭기
internal gear cutting attachment	내접기어절삭장치
lead screw cutting	어미나사절삭
lead screw cutting lathe	어미나사절삭선반
multitool cutting	다중절삭
plunge-cut mechanism	플런지절삭기구
rack cutting machine, rack shaper	랙커팅머신
rough cutting	황삭
screw cutting lathe	나사절삭선반
thread cutting	나사절삭
thread cutting device	나사절삭장치
thread cutting lathe	나사절삭선반
under cut	언더컷

facing : to shave a right face against an axis	면삭

Correctly set up a workpiece and **face** the ends.

공작물을 바르게 세트하고 끝부분을 **면삭**한다.

After heat treating to RC62~64, the ends of the bushings **are faced** so that identification markings can be read. Following centerless grinding of the O.D. the bushings are chucked and then ground on the ID. Certain sizes and models of bushings are lapped and honed.

RC62~64로 열처리하고 부싱 단면을 식별마크를 읽을 수 있도록 **면삭한다**. 이어서 외경을 무심연삭하고 부싱을 척으로 고정하고 내경을 연삭한다. 특별한 규격이나 형식의 부싱은 랩이나 혼 작업으로 마감한다.

Facing to length may **be accomplished** by trying a cut and measuring with a hook rule or by **facing** to a previously made layout line.

시험삼아 한 번 절삭해서 갈고리형 자로 측정하거나 미리 설계한 선까지 **면삭해서** 지정한 길이로 **면삭**할 수 있다.

A **facing** operation can be carried out by using a special toolholder (Fig. 1.15) that feeds the tool radially as it rotated.

면삭작업은 회전에 따라 바이트를 반지름 방향으로 이송하는 특수한 키홀더(그림 1.15)를 사용해서 이루어진다.

groove : a long narrow channel in the surface of hard material **grooving** : to make a groove or grooves in	홈파기

Special tools (Figure 38) are ground for both external and internal grooves and recesses. Parting tools are sometimes used for external **grooving** and thread relief.

특수한 바이트(그림 38)는 외면 및 내면의 홈과 요철가공을 위해 연삭된다. 파팅툴은 이따금 외면의 **홈파기**와 나사여유 작업에 사용된다.

knuckling : knurl : bead or ridge in metal work	널링

Knurls do not cut, but displace the metal with high pressure.

널링은 절삭하지 않고 고압력으로 금속을 눌러서 작업한다.

machine : to make or produce on (a thing) with a tool

절삭하다, 기계가공하다

One pass of a giant broach equipped with teeth of tungsten carbide can finish **machine** the face of a cylinder head or cylinder block.

절삭날의 재질이 초경합금인 대형 브로치를 1회 통과시켜서 실린더헤드나 실린더블록면을 마감**가공**할 수 있다.

Component is forged and finish **machined**.

부품은 단조해서 마감**절삭**한다.

When a large batch of components are **to be machined**,……

대량의 부품을 **기계가공할** 때는…….

Machine components form bar stocks (work material in bar form).

가공부품은 봉재를 기계가공해서 만든다.

A live center **is** often **machined** from a short piece of soft steel mounted in a chunk.

회전센터는 척에 달린 짧은 연조부품으로 **가공되는** 경우가 많다.

While an average of 10 pieces **were machined** by the cutter coated with A-2, ……

A-2를 코팅한 커터로 평균 10개가 **절삭되는데**…….

Surface finish of the part **machined** with coated and unlocated cutters were measured using a portable surface indicator.

(개체윤활제를) 피복한 커터와 그렇지 않은 커터로 **절삭한** 부품의 마감표면을 이동식 표면검사기로 측정하였다.

Figure 5 indicates the magnitude of the lubricant effect when copper **is machined** with a variety of compounds and two commercial fluids containing chlorinated additives.

그림 5는 다양한 합성제와 염화물 첨가제를 함유한 2종류의 시판(절삭)액을 사용해서 구리를 **절삭할** 때의 윤활제의 중요성을 나타낸다.

Specimens **were machined** with machining parameters shown on Table 2. Combinations of feed, speed and radial depth were selected which would yield a tool life of 30 to 90 minutes.

표본을 표 2의 절삭 파라미터로 **절삭하였다**. 30~90분의 바이트 수명으로 이송, 속도, 반지름방향의 절입깊이 등의 조합을 선택하였다.

Live center **is machined** in a four-jaw chuck. It is then left in place and the workpiece is mounted between it and the tailstock center.

죠가 네 개인 척으로 회전센터를 **절삭한다**. 이어서 가만히 둔 채로 그것과 심압대센터 사이에 공작물을 고정시킨다.

With this new tool steel, John Fowler & Co. turned iron shaft in the lathe at the rate of 75 feet per minute, and when **machining** steel wheels in their boring mill they could make roughing cuts 1/2 inch deep.

존파울러 사는 이 새로운 공구강을 사용해서 선반으로 철샤프트를 75fpm 속도로 선삭하고 철차륜을 **절삭할 때**는 보링선반으로 절삭깊이 1/2인치로 황삭하였다.

This is why shafts that are to be frequently finish-ground between centers must **be machined** between centers on a lathe.

이것이 빈번하게 센터로 지지해서 마감연삭하는 축을 왜 선반의 센터로 지지하고 **절삭**해야 하는지에 대한 이유이다.

Parts which can **be machined** on the Super 10 range from high precision aluminum components to steel configurations requiring a multiplicity of precision operations.

수퍼 10으로 **절삭**할 수 있는 부품의 범위는 고정밀 알루미늄부품을 비롯하여 정밀작업이 필요한 형태의 수많은 철부품까지 아주 다양하다.

The ways of lathe **are** very accurately **machined** by grinding or by milling and hand scraping.

선반의 안내면은 그라인딩, 혹은 밀링과 핸드스크래핑으로 아주 정밀하게 가공된다.

Outer ring seatings **are machined** in two separate operations.

바깥쪽 링시트는 두 종류의 개별작업으로 **기계가공된다**.

The above materials **are rough machined** either in the annealed state or in the normalized condition.

상기재료는 어닐링이나 노멀라이징 상태에서 **황삭한다**.

A gear hardened to 57 H_RC with 25mm module, 250mm face width, 49teeth, and 19° helix angle **was machined** at a speed of 97m/min and feed of 1.5mm. The hob showed a flank wear of 0.27mm after **machining** seven gears.

모듈 25mm, 치폭 250mm, 치수 49, 나사각 19°의 57H_RC로 경화한 기어를 속도 97m/min, 피드 1.5mm로 **절삭**하였다. 이 호브의 기어 7개를 **절삭**한 후의 플랭크 마모는 0.27mm였다.

For short runs or production runs, the low cost M. has the capacity to **machine** part at efficiencies normally associated with machining centers in a much higher price range.

이 저가의 M.은 소량, 혹은 생산가공에서 고가의 머시닝센터와 거의 비슷한 효율로 부품을 **가공할** 수 있다.

A cutter **machines** a shaped slot in the work piece.

커터로 공작물에 특정 형태의 홈을 **절삭한다**.

Machine flat surface on small components.

작은 부품에 평면을 **절삭가공한다**.

The polyimide is purchased in rod form and the bearing manufacturers **machine** the rods into retainers.

이 폴리이미드 재료는 긴 봉 형태를 구입해서, 베어링 제작기로 리테이너로 **가공한다**.

Stub mandrels are also used in chucking operations. These **are** often quickly **machined** for a single job and then discarded.

짤막한 맨드릴은 척킹작업에도 사용한다. 이것들은 종종 단일작업용으로 바로 **기계가공해서** 사용하고 폐기한다.

Machining the bottom or the end of the blind hole to a flat is easier when the drilled center does not need to be cleared up.

천공한 센터를 깨끗하게 마감할 필요가 없는 경우에는 블라인드 홀의 바닥을 평평하게 **깎기**가 더욱 쉽다.

The edges **have been machined** true and square to each other.

가장자리를 올바르게 서로 직각이 되도록 **깎았다**.

machine a bore to a taper of about 5°.

구멍을 약 5°의 테이퍼로 **기계가공한다**.

The molded rods or tubes **are** then **machined** to the precise dimensions on the engineering drawings. A great deal of expertise is required to **machine** a plastic in order to achieve surface finish as well as engineering dimensional tolerances.

다음으로 성형한 봉 혹은 관을 설계제작도의 정밀한 규격대로 **절삭한다**. 마감과 더불어 설계제작규격의 허용오차를 만족시키기 위해서는 플라스틱을 **절삭하는** 많은 전문기술이 필요하다.

For this reason, it is usual to **machine** the workpiece oversize deliberately during the roughing cut, leaving a small amount of material that will subsequently be removed during the finishing.

이런 이유로 인해 황절삭에서는 의도적으로 공작물을 오버사이즈로 **가공하고** 다음 마감에서 깎아낼 소량의 재료를 남겨두는 것이 보통이다.

A massive forging **is machined** on a lathe to exact specifications.

크고 무거운 주조품을 선반으로 규격대로 **절삭한다**.

……can **machine** single piece part up to 12" dia.

……는 단일제품이라면 지름 12인치까지 **절삭할** 수 있다.

B. hydraulically actuated multi-position tables are equipped with 2-or 6-position adjustable stops. This permits you to **machine** up to 6 holes in a line.

B 유압작동 멀티포지션테이블에는 2 혹은 6의 위치조정 스토퍼가 달려 있다. 이로써 한 라인에 최대 6개의 구멍을 **가공할 수 있다**.

Machining shoulder to specific length **could be done** in several ways.

여러 가지 방법으로 숄더를 규격 길이로 **절삭할 수 있다**.

All **machining is done** by the lower end of the tap.

절삭은 모두 탭의 아래쪽 끝부분에서 **작업된다**.

Most production **machining is done** with carbide tools.

대부분의 기계**가공**제품은 초경공구로 **작업해서 제작된다**.

Machining with a single point tool **can be done** anywhere on the workpiece except near or at the location of the lathe dog.	선반의 돌림쇠와 그 주위를 제외하면 공작물의 어느 부분이라도 바이트로 **절삭할 수 있다**.
Finish **machining is performed** after quenching and tempering to a high hardness value.	고경도로 담금질, 뜨임한 후에 마감**가공한다**.
ID machining on a hub for a food industry packaging machine **is performed** on a Warner & Swazey 2AC chucker at the A. Company in Los Angeles.	로스앤젤레스의 A사에서는 W&S 2AC 척으로 식품산업용 포장기 허브의 내경을 **가공**한다.
Some believe that by the end of this decade at least one-half of all steel **machining** will **be carried out** using cemented titanium carbide.	이번 10년대가 끝날 즈음에는 철**절삭** 작업의 절반 이상이 세멘티드 티타늄 카바이드를 사용해서 **이루어지리라고** 생각하는 사람이 있다.
Machining can **be facilitated** by the following methods : ……	다음 방법으로 **더욱 편리하게 절삭할 수 있다.**
Machining the tiles **is accomplished** with computer controlled milling machines. After their upper surfaces are individually **machined**, coated, and water-roofed, the tiles……	타일은 컴퓨터로 제어되는 밀링선반으로 **절삭한다**. 타일 윗면을 하나하나 **절삭**, 도장, 방수가공한 후에…….
We also **machine** our parts to extremely fine tolerance :	또한 우리는 부품을 매우 정밀한 공차로 **절삭가공한다**.
All **machining** of that family of components **can be performe**d in one small area of the machine shop, perhaps with only one or two operators tending the four machines.	이러한 종류의 부품의 모든 **기계가공**은 기계 4대에 작업자 1~2명으로 충분하기 때문에 공장 내부의 공간이 좁더라도 문제가 되지 않는다.

<용어예>

abrasive machining	연마가공
machined bolt	절삭볼트
machined nut	절삭너트
machining ratio	가공비
machined thread	절삭나사
machining	절삭, 기계가공
surface to be machined	피삭면

milling ; mill : to cut or shape (metal) with a rotating tool	밀링, 밀링작업

Mill flat surface to size.

소정의 규격으로 평평한 표면을 **밀링작업한다**.

, and then **mills** the slots in the block.

다음으로 블록에 **밀링으로** 홈을 판다.

……. Their versatile end mills also slot and pocket **mill**, counterbore, spot-face, ramp and peripheral **mill** on a wide variety of materials.

……. 또한 이 범용 엔드밀은 광범위한 종류의 재료에 홈과 포켓을 **밀링작업하고** 카운터보링, 스폿페이싱, 램프, 원주**밀링작업**을 할 수 있다.

The feed (longitudinal motion) of the carriage and the rotation of the workpiece are interlinked by means of a lead screw and gearing so as to obtain the correct pitch of the thread **being milled**.

왕복대의 피드(세로방향 운동)와 공작물의 회전은 **밀링작업으로** 정확한 나사피치를 얻을 수 있도록 어미나사와 기어로 연결된다.

Milling is a machining operation in which a workpiece is given the desired shape by the action of the rotating cutter while the workpiece

밀링은 공작물이 직선운동을 하는 동안 회전하는 커터의 운동으로 공작물을 원하는 형태로

performs linear movements.

절삭하는 작업이다.

Screw threads, both external and internal can also be made efficiently and economically by **milling**. This is done on a milling machine, socalled thread-milling cutters being used for the purpose.

나사(수나사, 암나사 모두)는 **밀링작업**으로 효과적이고 경제적으로 절삭할 수 있다. 이 작업은 밀링선반으로 하고 이때는 이른바 나사밀링커터를 사용한다.

<용어예>

circular milling	회전밀링
climb milling	상향밀링
copy milling	카피밀링
downward milling	하향밀링
end milling	엔드밀링
face milling	정면밀링
form milling	성형밀링
gang cutter milling	조합밀링
helical milling attachment	헬리컬밀링장치
mill	제조공장
mill finish	압연마감
miller	밀링선반
milli-	1/1000
milling	밀링, 밀링작업
milling attachment	밀링선반
milling	밀링장치
milling machine	밀링, 밀링커터, 밀링선반
production miller / production milling machine	생산밀링선반
peripherical milling	원주밀링
plain milling	평밀링
profile milling machine	모방밀링머신
profiling milling machine	모방밀링머신
rack milling attachment	랙밀링장치
side milling	측면밀링
two-high rolling mill	이단압연기
upward milling	상향밀링

necking : to make a neck-down	네킹

Four different diameters were turned with a **neck-down** section between each diameter.

네 개의 서로 다른 지름을 각 지름 사이에 **넥다운부**를 붙여서 절삭하였다.

profile : a side view, expecially of the human face	모방절삭, 종단면도

The part is initially hogged out on a tracer milling machine and **profiled** on a numerical controlled five axis milling machine.

부품은 우선 트레이서 밀링선반으로 구멍을 파고 NC5 밀링선반으로 **모방절삭한다**.

<용어예>

profile grinder	모방그라인더
profile milling	모방밀링머신
profile planer	모방절삭평삭반

recessing : to make a recess in or of (a wall etc.) **recess** : a part or space set back from the line of a wall etc., a small hollow place inside something	리세싱

Recessing and grooving on external diameters is done to provide grooves for thread relief, snap rings and O-rings (Fig.37a to c).

외경면의 **리세싱**과 그루빙은 나사릴리프, 스냅링, O링의 홈을 만들기 위해서 작업한다(그림 37 a~c).

<용어예>

recess of roller	롤러의 리세스

remove : to take off from — 절삭하다, 연삭하다, 가공하다

This reamer will **remove** a considerable amount of material <u>in one cut</u>.

이 리머는 <u>1회 절삭으로</u> 상당히 많은 양을 **절삭한다**.

In Norton lab tests, the standard Norton SD diamond wheel **removed** 135 cu. in. of carbide per cu. in. of wheel wear, where the new wheel **removes** 316 cu. in. of carbide per cu. in. of wheel wear.

노튼연구소의 시험에 따르면 표준 노튼 SD 다이아몬드휠은 휠마모 1inch3 당 초경을 $135inch^3$ **연삭하였으나** 새로운 휠은 $316inch^3$나 **연삭하였다**.

If more than the tips of the tool marks **are removed** with a file or abrasive cloth, a wavy surface will result. For most purposes 0.002 inch is sufficient material to leave for finishing.

줄이나 연마포로 바이트의 눈금 이상으로 **절삭하면** 표면이 물결 모양이 된다. 대부분의 용도로는 마감용으로 남기는 재료가 0.002 인치면 충분하다.

In ordinary turning, metal **is removed** from a rotating workpiece <u>with</u> a single point tool.

보통 선삭의 경우에는 바이트를 사용해서 회전하는 공작물로부터 금속을 **절삭한다**.

Material **being removed** <u>by</u> one cutting edge…

하나의 커터로 **절삭할 수 있는** 재료는…….

On a lathe, metal **is removed** from a workpiece <u>by</u> turning it against a single point cutting tool.

선반에서는 공작물을 바이트에 대고 회전<u>시켜서</u> 금속을 공작물에서 **잘라낸다**.

The workpiece is measured with a micrometer and the desired length is subsaturated from the measurement ; the remainder is the amount you should **remove** by facing.

공작물을 마이크로미터로 측정해서 측정치에서 필요한 길이를 뺀다. ; 그 나머지가 면삭으로 **절삭하는** 양이다.

Volume of metal **removed** electrolytically per unit time…

전기분해로 **제거되는** 금속의 단위시간 당 부피는…….

Metal **removal** in ECM is not achieved by mechanical shearing (as in conventional machining) or by melting and vaporization of the metal (as in EDM).

ECM 금속**가공**은 기계적인 전단(일반적인 금속가공)이나 금속의 용융과 발열(EDM)을 이용하지 않는다.

<용어예>

residual stock removal	자르다 남은 부분
theoretical stock removal	설정한 연삭량

rough : to shape or plan or sketch roughly 황삭

Rough the side relief angle and the side cutting edge angle.

제 1 측면여유각과 측면절삭날각을 **황삭한다**.

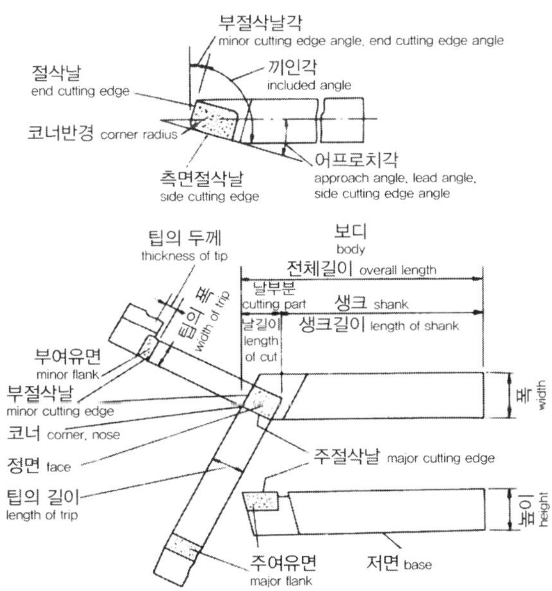

Using the negative rake principle, VR/Wesson came out with very fine pitch cutter with solid carbide blade in 1948 (the Rigid-Cut 600 series) for high-speed-high-feed **roughing** of iron engine parts.

VR/Wesson은 1948년에 Rigid-Cut 600시리즈를 출시했다. 엔진 철 부품의 고속, 고이송 **황삭**을 위한 이 기계는 솔리드 초경날을 장착하였고 피치가 아주 정밀하였으며 네거티브 레이크 각도법을 사용했다.

The two end knobs **were roughed out** on a lathe using several angular cuts, then filed to match a radius gage and polished.

양쪽 끝의 노브는 선반을 사용해서 여러 번 앵귤러컷으로 **황삭**한 후 반지름 게이지에 맞추어 줄로 마감하고 윤을 낸다.

rough out black to length.

블랭크를 적당한 길이로 **황삭**한다.

And, with the ability of modern casting and forging to produce a part much closer to the final measurements desired, the preliminarily **rough-out** is often eliminated and the components can be finish ground from the black.

주조나 단조로 필요한 최종규격과 거의 부합하는 부품을 만들 수 있기 때문에 **황삭**을 생략하는 경우도 적지 않으며 부품을 블랭크에서 마감해서 연삭할 수도 있다.

<용어예>

first roughing [hand] tap	일번탭
gear roughing	기어황삭
rough cut file	줄로 황삭하다
rough forging	거친 단조
rough mechining	황삭
rough roll	러프롤
roughing tool	황삭바이트
second roughing [hand] tap	이번탭

screw : to cut a thread on 나사산을 깎다

Bolt : A metal rod or shaft having a head at one end, the other end **being screwed** to receive a nut or to fit a tapped hole.

볼트: 한쪽 끝에 머리가 있는 금속 봉 형태이며 다른 한쪽 끝에는 너트를 끼우거나 나사산이 있는 구멍에 고정할 수 있도록 **나사산이 파여 있다.**

<용어예>

automatic screw machine	자동나사절삭선반
screw cutting	나사절삭
screw cutting lathe	나사절삭선반
screw-driven planer	나사식평삭기
screw-gear	나사톱니바퀴
screw-head	나사머리

shaping : to shape ; to give a certain shape to

형태를 만들다

The flanges of the valve body **are shaped** in a turning operation at about 470 rpm.

밸브 본체의 플랜지는 약 470rpm의 선삭작업으로 **형태를 만든다.**

<용어예>

gear shaper, gear planer	기어셰이퍼
rack shaper	랙셰이퍼
vertical shaper	버티컬셰이퍼

<관련용어>

gear stocking	기어스토킹
generating rolling circle	기어절삭피치서클
rack cutting machine	랙기어절삭기
round bar making machine	자동원형봉절삭기
slotting machine, slotter	슬로팅머신, 슬로터
spiral bevel gear generator	스파이럴베벨기어절삭기
straight bevel gear generator	스트레이트베벨기어절삭기
wood wool making machine	목모절삭기

surfacing : surface ; to come or bring to the surface	서페이싱, 평면을 절삭하다

Surface a workpiece in a shaper.	셰이퍼로 공작물의 평면을 **절삭한다**.

<용어예>

surface grinder	평면그라인더
tread surfacing moulder	트레드서페이싱몰더

thread : to cut a thread on (a screw)	나사산을 내다

A tap that **threads** over 1000 holes per tap is the result of a change in geometry, a redesign, radical change in surface treatment, metallurgical change, and revised heat treating specifications.	1000개 이상의 **나사산을 낼** 수 있는 탭은 규격·형태의 변경, 재설계, 표면처리의 근본적인 변경, 야금상의 변화, 열처리방법 개선의 성과이다.
The handle was made from a rod on which both ends **were threaded** for end knobs.	핸들은 봉으로 만들고 양쪽 끝에는 손잡이용 **나사산을 낸다**.
The lead screw is a long **threaded** rod extending along the lathe and serving as a master screw for cutting screw thread.	어미나사란 **나사산이 난** 긴 봉이며 나사산 절삭용 마스터나사로 사용하기 위해서 선반을 따라 뻗어 있다.
A tap is used for internal **threading**.	탭은 암**나사절삭**에 사용된다.

<용어예>

circular threading tool	수나사 절삭바이트
external threading tool	수나사 절삭바이트
inside single-point thread tool	암나사 절삭바이트

internal threading tool	암나사 절삭바이트
outside single - point thread tool	수나사 절삭바이트
thread tool setting microscope	절삭바 이트현미경

turing ; turn : to shape in a lathe 선삭하다

Trepan is to **turn** annular grooves or recesses in, as a block is held in a lathe.

트리팬이란 선박에 고정한 블록에 원형 홈이나 요면을 **선삭하는** 작업이다.

With this new tool steel, John Fowler & Co., steam-plough builder of Leeds, **turned** iron shaft in the lathe at the rate of 75 feet per minute, and when machining steel wheels, they……

이 새로운 공구강으로 J. Fowler 사(Leeds의 증기플라우 제조사)는 선반이송속도 75fpm으로 철축을 **선삭하였고** 다른 금속 차축을 선삭할 때는…….

We **turn** a 50" × 6" OD shaft of 4343 annealed steel in 1.19 hours now. It used to take 2.14 hours on our old NC lathe.

어닐링한 4343강의 50인치 × 6인치 외경축을 현재는 1.19시간만에 **선각한다**. 과거 NC 선반으로는 같은 작업에 2.14시간이 소요되었다.

For accurate **turning** operations or in cases where the work surface is not truly cylindrical, the workpiece **can be turned** between centers. This form of work holding is illustrated in Fig.1.9.

선삭작업을 정밀하게 할 때, 혹은 공작물 표면이 완벽한 원통형이 아닐 때는 공작물을 센터로 지지해서 **선삭**한다. 이러한 공작물 지지방식을 그림 1.9로 설명한다.

When a large batch of steel shafts are to **be rough-turned** to 76mm diameter for 300mm of their length at a feed of 0.25mm……

한 번에 다량의 금속축을 피드 0.25mm, 길이 300mm, 지름 76mm로 **황삭할** 때…….

The shaft **is turned down** to form a shoulder.

축을 **잘라서** 숄더를 만든다.

To **turn** a workpiece between centers, it is supported between the dead center (tailstock center) and the live center in the spindle nose.

센터로 지지해서 공작물을 **선삭할** 때는 데드센터(심압대 센터)와 주축 끝부분의 회전센터 사이에 지지한다.

…… involves **turning** diameter and cutting thread with the lathe.

……에는 선반을 이용한 외경**선삭**과 나사산 절삭작업이 포함된다.

The first completely automatic turret lathe for **turning** metal screw was designed and bullit by Christopher Miner Spencer.

금속나사**선반**용 완전자동터릿선반을 최초로 설계, 제작한 사람은 C.M. Spencer이다.

A more modern method of **turning** to size predictably uses the compound and cross feed micrometer collars and the micrometer calipers for measurement.

예정규격으로 **선삭하는** 가장 새로운 방법으로는 복식공구대와 크로스슬라이드의 마이크로미터 칼라와 측정용 마이크로미터가 사용된다.

A considerable amount of straight **turning** on shaft is done with the work held between a chuck and tailstock center. The advantages of this method are quick set up and a positive drive.

축의 스트레이트**선삭**은 대개 공작물을 척과 심압대센터 사이에 지지해서 작업한다. 이 방법의 이점은 준비가 빠르고 구동이 확실하다는 점이다.

If a lathe has been used for taper **turning** with the tailstock offset, however, the tailstock may not have been realigned properly.

만일 선반에서 심압대를 제거하고 테이퍼**절삭**에 사용하였다면 심압대는 축심이 올바르게 재조정되지 않았을지도 모른다.

The tool and toolholder should not overhang too far for rough **turning**, but should be kept toward the toolpost as close as practical.

황**선삭** 작업을 할 때는 바이트와 툴홀더가 너무 돌출되지 않도록 가능한 한 공구대 쪽에 가깝게 고정하도록 한다.

In longitudinal **turning**, the tool is moved parallel to the axis of rotation, so that cylindrical shapes are obtained. In transverse **turning** (also known as facing) the tool is moved at right angle to the axis.

종방향 **선삭**에서는 바이트가 회전축과 평행하게 움직이므로 원통형으로 가공할 수 있다. 횡방향 **선삭**(또는 면삭이라고도 한다)에서는 바이트가 회전축과 수직으로 움직인다.

The **turning** operation for the pinion gears th the productivity analysis was done on a Detroit tracer lathe.

생산성 분석의 일환으로 이루어진 피니언기어 **선삭**작업은 디트로이트 트레이서 선반으로 작업되었다.

<용어예>

form turning 총형절삭

taper turning 테이퍼절삭

under cut : to cutting a leg neck 언더컷

The **under cutting** tool is brought to the workpiece and the micrometer dial is zeroed. Cutting oil is applied to the work.

언더컷 바이트를 공작물로 이동하고 마이크로미터의 다이얼을 제로로 설정한다. 절삭유를 공작물에 바른다.

<용어예>

grinding under cut 언더컷 그라인딩

조립하다

assemble : to bring or come together ; to fit or put together ; to collect and put together the part of	조립하다, 구성하다, 조직하다

The system **assembles** two axles at a time.	이 시스템은 한 번에 축 두 개를 조립한다.
Lubricate parts with clean hydraulic fluid and **assemble** components with care to prevent damage to O-rings.	부품에 깨끗하게 작동유를 바르고 O링이 손상되지 않도록 조심하면서 부품을 **조립한다**.
The joint are easy to **assemble** and **disassemble**.	조인트는 **분해·조립**이 용이하다.
Anything you **assemble can be assembled** automatically by a G. machine.	**조립할 수 있는** 물건이라면 무엇이든 G기로 **자동조립할 수 있다**.
Almost any product that is made in high volume **can be assembled** more efficiently with a G. machine.	G기를 사용하면 대량으로 생산하는 모든 제품을 훨씬 효율적으로 **조립할 수 있다**.
Leave laminated disc assemblies **assembled** on forward short shaft.	전방의 짧은 축에 **조립된** 다판 디스크 조립품은 그대로 둔다.
Through operator assistance and automatic assembly stations, the joint **is assembled to** the axle.	조인트는 기사의 **도움**과 자동조립 스테이션으로 축에 **조립된다**.
Mark blades and grips so they **may be reassembled** in the same combination.	같은 구성으로 **다시 조립할 수 있도록** 블레이드와 그립에 표시를 해 둔다.

Machine parts **are** first **assembled** in units or subassemblies which **are** subsequently **assembled** in a final unit or assembly.	기계부품은 우선 유닛, 즉 일차 조립품으로 **조립되고,** 다음으로 최종유닛, 다시 말해 최종조립품으로 **조립된다**.
Mark the intake pipes as they are removed from the engine so they **may be reassembled** in the same location from which they are removed.	흡입파이프를 엔진에서 제거할 때는 같은 위치에 **다시 조립할 수 있도록** 표시를 해 둔다.
Reassembling the gear box will be undertaken in the reverse order to dismantling.	기어박스를 **다시 조립하려면** 분해할 때와 반대 순서로 하면 된다.
Fill groove in shaft with WANEN grease at **assembly**.	**조립**할 때 축의 홈에 워넨 그리스를 채운다.
Do not install shims and packing at this point of **assembly**.	**조립**의 현 단계에서는 심과 패킹은 설치하지 않는다.
Lower strut and fork are a press fit, drilled on **assembly**.	하부지주와 포크는 압입으로 만들고 **조립**할 때 구멍을 판다.
Refer to figure 5 during **assembly** of wheel brakes.	호일브레이크를 **조립할** 때는 그림 5를 참조한다.
Where **assembly** involves the handling of heavy components and where bearings are difficult to reach and/or see,……	무거운 부품도 조작해서 **조립**하는 경우 및 베어링에 손이 닿기 힘들거나 보이지 않을 경우에는…….
This division makes custom - made **assembly** machine for the automotive industry, ……, and any other application which requires the **assembly** of mechanical components in high volume production.	이 회사는 자동차생산, ……그 외 대량생산용으로 기계부품을 **조립**할 필요성이 있는 **조립**기계를 수주해서 제작한다.

The inside bearing inner ring with its **roller and cage assembly** should then be mounted on the axle.	다음으로 **고정기가 부착된 롤러**가 달린 내측베어링의 내륜을 축에 설치한다.

<용어예>

assembler	어셈블러, 번역루틴, 기호변환루틴
assembler language	어셈블리언어
assembling clamp	클램프 죔쇠
ball and cage assembly	고정기 부착 볼
general assembly drawing	총조립도
roller and cage assembly	고정기 부착 롤러

build : to construct by putting parts or material together	(조립해서) 만들다

The axle **was** then **rebuilt**, this time retaining the broken pinion bearings and gears, replacing only the carrier bearings.	다음으로 차축을 **다시 조립하였지만** 이때는 파손된 피니언 베어링과 기어는 그대로 두고 캐리어베어링만 교환했다.
The two test bearings **were built up** and assembled into a Skylab life test fixture using Belleville spring for axial load per Fig.1.	두 개의 시험베어링을 **조립하였고** 그림1처럼 축방향의 부하에 접시스프링을 사용해서 Skylab 수명시험 픽스처에 조립했다.
At station 15 the last operation in the output assembly **build up** is performed automatically.	스테이션15에서 출력상승을 위한 최종조립작업이 자동으로 **실행되었다**.

<용어예>

built up broach	조립식 브로치

combine : to join or be joined into a group or set or mixture	결합하다

The key slotting tools **combine** tapered serrated HSS blades **with** a heat treated alloy steel holder.

이 키홈을 가공하는 장치는 경사진 톱니가 있는 고속도강 커터와 열처리한 합금강 홀더를 **결합한** 제품이다.

The CNC machining center **combined with** the Rotary Indexer is a four-axis unit. It performs precision indexing rotary milling and helical milling.

로터리 인덱서와 **결합한** 이 CNC 머시닝센터는 4축유닛이다. 이로써 정밀하게 계산하여 회전밀링과 헬리컬밀링을 할 수 있다.

On 2-axis numerically controlled machines the **combination of** the 4-speed AC motor and the 2-speed electric clutch provides 8 speeds per spindle.

2축수치제어기계에서는 4속교류모터와 2속전기식 클러치가 **결합해서** 주축은 8속이 된다.

A **combination of** a variable-speed motor **plus** a mechanical form of gear change was found to be the best solution.

변속모터와 기계적인 기어전환 방식의 **결합**이 최선의 해결책이라고 결론을 내렸다.

connect : to join or be joined	연결하다

Marine-turbines **are direct-connected** to the propeller shaft.

머린터빈은 프로펠러축에 **직접 연결된다.**

construct : to make by placing parts together ; to fix together from	조립해서 만들다

It was therefore, necessary to **construct** a new test apparatus for use in this work.

그러므로 이 연구의 성과를 적용한 새로운 시험장치를 **만들** 필요가 있다.

A spring-loaded 4-ball wear tester **was constructed**, that used 6.35mm diameter balls.

스프링 부하 4볼식 마모시험기를 **제작하였다**. 여기에는 6.35mm 볼을 사용했다.

선을 그리다

layout : an arrangement of plan etc. 선을 그리다

Layout the 5 inch length from the end of the piece to the angle vertex.

가공물의 끝부분에서 각의 정점까지의 길이 5인치에 **선을 그린다**.

The hermaphrodite caliper can also be used to **layout** the center of round stock.

외다리캘리퍼스(hermaphrodite caliper)는 둥근 공작물의 중심에 **선을 그릴** 때도 사용할 수 있다.

Angle may **be layedout** by placing the workpiece on the sine bar.

사선은 공작물을 사인바에 실어서 **그릴** 수 있다.

Accomplish **layout** using the vernier height gage.

버니어가 달린 하이트게이지를 사용해서 **선을 그린다**.

Layout for stock cut off may involve a simple chalk, pencil, or scribe mark on the

재료를 절단하기 위해 **선을 그릴** 때는 간단하게 분필, 연필을 사용

material. 하거나 스크라이브마크를 남긴다.

The sine bar can be used in angular **layout**. 사선을 **그릴** 때 사인바를 사용할 수 있다.

Only enough pressure should be applied with the scriber to remove the **layout** dye and not actually remove material from the workpiece. 스크라이버로 **선을 그린** 도료를 떼어낼 수는 있지만 너무 힘을 가해서 공작물에서 재료를 깎아내지 않도록 조심해야 한다.

mark : a line or object serving to indicate position	선을 그리다

When scribing against a rule, hold the rule firmly. Tilt the scriber so that the tip **marks** as close to the rule as possible. This will insure accuracy. 규격대로 선을 그릴 때는 곧은 자를 확실히 대고 스크라이버를 기울여서 그 끝을 곧은 자에 최대한 밀착시켜서 **그린다**. 이렇게 하면 정확하게 선을 그릴 수 있다.

The hooked leg is placed against the round stock and an arc is **marked** on the end of the piece. 구부러진 다리를 둥근 공작물에 대고 단면에 원호를 **그린다**.

scribe : a person who (before the invention of printing) made copy of writings	선을 그리다, 스크라이버

Carbide scribers are subjected to chipping and must be treated gently. They do, however, retain their sharpness and **scribe** very clean narrow lines. 초경 스크라이버는 마모될 우려가 있으므로 조심해서 다루어야 한다. 이렇게 하면 날카로움을 유지한 채로 대단히 명료하고 가는 **선을 그릴** 수 있다.

Set the height gage to 0.750 inch and **scribe** the height equivalent of the frame end thickness.

하이트게이지를 0.750인치로 맞추고 프레임 단면의 두께와 동일한 높이로 **선을 그린다**.

Perpendicular lines may **be scribed** on the workpiece by the following procedure.

다음 요령으로 공작물에 수직선을 **그릴** 수 있다.

The workpiece should **be scribbled** for a short distance at this point.

공작물의 이 지점에 짧은 선을 한 줄 **그린다**.

How **are** perpendicular lines **scribed** with a height gage?

하이트게이지를 사용해서 수직선을 **그리는** 방법은?

A surface gage may be used as a height transfer tool. The **scribe** is set to a rule dimension and then transfer to the workpiece.

서피스게이지는 높이를 전환하는 도구로도 사용할 수 있다. **스크라이버**를 자의 기준에 맞추고 가공물을 이동시킨다.

Trammel points are used for **scribing** circles and arcs when the distance involved exceeds the capacity of the divider.

빔컴퍼스의 다리는 디바이더가 닿지 않는 규격의 공작물에 원이나 원호를 **그리기** 위해 사용된다.

Scribe the centerline of round stock with the hermaphrodite caliper (scribing caliper).

외다리캘리퍼스(hermaphrodite caliper)로 둥근 공작물의 중심점을 **그린다**.

연삭하다

cut : to shave with tool — 연삭하다

Friable and semifriable types, which **cut** faster and cooler with reduced grinding pressure, are generally preferred.

일반적으로 연삭의 재료로는 연삭압이 작고 **연삭**속도가 빠르며 온도가 낮고 파쇄성이 높거나 중간 정도인 재료가 적합하다.

grind : to sharpen or smooth by friction — 연삭하다

grind sharply.

날카롭게 **연삭한다**.

More skill is needed to off-hand **grind** a chip breaker on a high speed tool than is required to **grind** the basic tool angle.

고속바이트로 수동으로 칩브레이커를 **연삭할** 때는 기본적인 바이트각도로 연삭할 때 이상의 기술이 필요하다.

For more precise requirements, it is recommended that parts **be** polish-**ground** (Contact Speed Fam Technical Services Dept).

더욱 정밀함이 필요할 때는 부품을 **연마할** 것을 추천합니다(Speed Fam 기술서비스부에 문의해 주세요).

In still another example, in-process gaging plays a big role in **grinding** of stainless steel balls for ball valves. These balls are **ground** on their OD's with a Heald universal internal grinder equipped with special tooling.

또 하나 예를 들면 인프로세스의 게이징(규격측정)은 볼밸브의 스테인레스강 볼을 **연삭**할 때 큰 역할을 한다. 이 볼의 외경은 특수한 툴링을 장비한 힐드 유니버설인터널 그라인더로 **연삭된다**.

Any batch of gears — spur, helical, external or internal — **ground** on Model G or 18 inch gear grinder…….	G형 혹은 18인치 기어 그라인더로 **연삭한** 기어 — 평, 수직, 내, 외 — 는 어느 물량에서도…….
The running surfaces were **ground** to a surface roughness of 4～8 μinch CLR.	주행하는 표면을 표면조도 4～8 μinch CLR로 **연삭**하였다.
Work material consisted of 25.4 × 152.4 × 304.8mm plates. Plates **were** surface **ground** to remove any oxide layers formed during cut off operation.	가공물은 25.4 × 152.4 × 304.8mm의 판형이다. 이 판은 **절삭작업** 중에 생성된 산화물을 제거하기 위해 평면**연삭**되었다.
Grinding is done by line contact with the inner edge of the cup wheel, with the face of the wheel being dressed periodically by a single-point diamond.	정기적으로 휠의 사용면을 단석 다이아몬드로 정비하고 컵휠의 내면 가장자리와 선으로 접촉해서 **연삭한다**.
Figure 1. shows the **grinding** of an 8" diamter, flanged aircraft bearing race on a No.2 MICROCEN - TRIC shoe - type grinding machine, a product of Cincinnati Milacron.	그림 1은 신시내티 밀러크론제 MICROEN - TRIC 쇼타입 그라인더로 지름 8인치 플렌지가 부착된 항공기용 베어링궤도륜을 **연삭**하는 과정을 보여준다.
The condition of the materials, the type of operation performed, variations in system parameters, and requirements with respect to tolerances and finish all affect **grindability**.	재료의 상태, 실시하는 작업의 종류, 시스템의 파라미터 차이, 요구되는 허용오차와 마감의 정도 등 모든 것이 **피연삭성**에 영향을 준다.

<용어예>

centerless grinder	무심연삭기
cutter grinder	공구연삭기
grindability	피연삭성
grinding	연삭
internal grinder	내면연삭기
multiple rib grinding wheel	다중나사산휠

plain grinder	원통연삭기
surface grinding	평면연삭
tool grinder	공구연삭기
unground bearing	비연삭베어링

<관련용어>

abrasive	연삭하다
abrasiveness	연마성능, 연마력
abrasive powder	미분(연마의)
abrasive processing	연삭가공
coated abrasive machining	연마코팅가공

remove : to cut or shape	언삭하다

A.T. Centerless **removed** 0.150 stock from a ¾" dia. cast iron shaft in only nine second, holding roundness within 0.0002.

A.T 무심연삭기는 지름 ¾ 인치의 주철축에서 9초에 고작 스톡 0.150(진원도 0.0002 이내로)를 **연삭**한다.

sharpen : to make or become sharp. sharp (having a fine edge or point that is capable of cutting or piecing not blunt)	날카롭게 갈다

Sharpen thc knife on a whetstone.

숫돌로 나이프를 **날카롭게** 간다.

<용어예>

Sharp V-thread	샤프 V나사
sharpness	날카로운 정도

합성하다

combine : to join or be joined into a group or set or mixture	조합해서 만들다, 합성하다

Combine several simple vibrations with different frequencies.

주파수가 다른 여러 단순 파동을 **합성한다**.

This compound **is** then **combined with** cobalt, and the resulting mixture is compacted and sintered in a furnace at about 1,400℃.

다음으로 이 화합물을 코발트와 **혼합**하고, 생성된 혼합물을 압축해서 약 1,400℃의 용광로에서 소결한다.

One-directional thrust bearings can support heavy thrust load in one direction, **combined with** a moderate radial load.

일방향 스러스트베어링은 적절한 레이디얼하중과 **결합해서** 일방향 중스러스터의 하중을 지지할 수 있다.

Many different shaped parts can be produced by upsetting or heading. When **combined with** other metal-forming operations such as extrusion, piecing, trimming and threading, possibility of the process are almost unlimited.

업세팅이나 두부성형에 따라 다양한 성형부품을 만들 수 있다. 압출, 피어싱, 트리밍, 나사산성형 등 다른 금속성형작업과 **병행해서** 무한한 작업을 할 수 있다.

This system, used **in combination with** the anti-friction Teflon material on the bearing surfaces of the table, saddle and slide ways, greatly increases the life of the machine and minimizes down time.

테이블, 새들, 안내면의 베어링표면에 마찰감소성 테플론재를 **채용한** 이 시스템으로 이 기계의 수명을 대폭 연장하고 동작불능 시간을 극히 단축시킬 수 있다.

Two boards **are combined** by three rivets.	두 개의 판이 세 개의 리벳으로 **결합되어 있다.**

<용어예>

combination	조합, 결합
combination chuck	양용척
combination gauge	조합게이지
combination trap	조합트랩
gross combination weight	연결총중량
combined efficiency	종합효율
combined lathe	만능공작기계
combined stress	조합응력
combined carbon	화합탄소
combination tone	결합음
combined bearing	복합베어링
combined cutting	복합절삭
combination grain size	혼합입도
combined pipe tap and drill	드릴부착탭

synthesize : to make by synthesis **synthesis** : the combination of separate parts or element to form a complex whole, artificial production of a substance that occurs naturally in plants or animal	조합하다, 합성하다

Synthesize an electronic circuit in computer.	컴퓨터의 전자회로를 **조합한다.**
Protons **are synthesized** from amino-acid.	프로톤은 아미노산에서 **합성된다.**

마찰하다

chafe : to warm by rubbing ; to make or become sore from rubbing

마찰하다, 쓸리다

Subject tubes have been reported **chafing** against the tube guide.

해당 튜브는 튜브가이드와 **마찰한다고** 보고되었다.

friction : the rubbing of one thing against another ; the resistance of one surface to another that moves over it

마찰

It reduces **friction** for cooler, quiet operation.

더욱 저온, 저소음운전이 가능하도록 **마찰**을 감소시킨다.

The **friction** is considerably reduced by the application of the fluid.

마찰은 절삭유를 적용하면 상당히 감소한다.

The presence of the welded material further increases the **friction**,…….

용착액이 있으면 **마찰**이 더욱 증가하며…….

In any mechanical device, it is impossible to eliminate **friction**. Nether the less, in many respects, the working efficiency of the machine is governed by the degree to which the **friction** of its parts is lessened.

어떠한 기계라도 **마찰**을 완전히 제거할 수는 없다. 그러나 대부분 기계의 작업효율은 그 부품의 **마찰**을 얼마나 감소하느냐에 달려 있다.

Sliding **friction** is caused by inequalities in the surfaces and the extent of **frictional** resistance is determined by the force of friction, or the force required to maintain a uniform velocity of one body with reference to the other.

미끄러짐 **마찰**은 표면의 요철이 원인이고 **마찰**저항의 크기는 마찰력, 즉 한 물체가 다른 물체에 대해 같은 속도를 유지하는 데 필요한 힘에 좌우된다.

……creat **friction**.

마찰이 생기다.

Friction may be generated.

마찰이 생기다.

The slight deformation in the surface of one or both bodies which set up internal **friction** ……

내부**마찰**을 발생시키는 한쪽 혹은 양쪽 물체의 표면의 근소한 변형은…….

It determines the amount of sliding **friction** developed.

이로써 발생하는 미끄러짐 **마찰**의 양이 결정된다.

Friction occurring on the cutting tool face……

바이트면에서 발생하는 **마찰**은…….

In machining it has been accepted that the **friction** between the chip and tool is an important factor in determining the type of chip produced and, consequently, the quality of the surface finish and the efficiency of metal removal.

절삭에서 칩과 바이트 사이의 **마찰**이, 발생하는 칩의 타입, 즉 표면마감의 질과 절삭효율에 관련된 중요한 요인임은 이미 잘 알려진 사실이다.

Internal friction in fluids, as in the flow of fluid in a pipe where central portion is moving faster than the portion in contact with the wall, is called the force of viscosity.

파이프 안을 흐르는 액체의 중심부분이 벽에 접촉한 부분보다 빠르게 흐르는 것과 같은 액체 안의 **내부마찰**을 점성력이라고 한다

The **friction** on the tool face is a most important factor in metal cutting.

바이트면의 **마찰**은 금속절삭에서 가장 중요한 요인이다.

friction at the chip-tool interface is……

칩과 바이트 사이의 **마찰**은…….

The static and break-away **friction** of PTFE which has been at rest is higher for the first movement than for subsequent movements.

정지상태의 PTFE에서 정지와 브레이크어웨이(급히 움직일 때)의 **마찰**은 최초에 운동할 때가 이후에 운동할 때보다 크다.

A high coefficient of **friction** results in a decrease in the shear angle and is the major factor leading to the formation of built up tool edge.

높은 **마찰**계수는 전단각을 감소시키고 구성인선을 형성하는 중요한 요인이다.

A considerable reduction in the mean **coefficient of friction** on the tool face can be achieved, under certain conditions, by the application of the correct lubricant.

적정 윤활유를 사용하면 특정조건하에서 바이트면의 평균**마찰**계수를 상당히 저하시킬 수 있다.

<용어예>

friction grip	마찰접합용 볼트
friction sawing machine	고속절단기
friction screw press	(원판구동형) 마찰프레스
friction welding	마찰용접
frictioning	프릭션작업

rub : to press something against (a surface) and slide it to and fro. ; to polish or clean by rubbing — 마찰시키다, 문지르다

When the thurst force per unit back engagement (width of cut) is very low, only **rubbing** occurs, where the grains **rub** on the work surface with essentially no material removal.

맞물림(연삭폭)마다 스러스트가 극히 작을 때는 단순히 **마찰**만 가지고는 실제적인 연삭이 일어나지 않으며 그레인은 그저 공작물의 표면을 **문지를** 뿐이다.

Generally when different substances **are rubbed together**, electricity is generated.

일반적으로 서로 다른 종류의 물질을 **문지르면** 전기가 발생한다.

Rub a glass bar with a silk cloth.

명주천으로 유리봉을 **문지른다**.

We know that lubrication is necessary to all points at which one surface **rubs** against another.

표면이 다른 표면과 **마찰하는** 지점에 언제나 윤활이 필요함은 주지의 사실이다.

Rubbing occurs in bearings which support rotating shaft, in gears which have meshing teeth, and between pistons and cylinders in which they operate.

회전축을 지지하는 베어링, 이가 맞물린 기어, 실린더와 그 안을 움직이는 피스톤 사이에서 **마찰**이 발생한다.

Before inserting a drill into a socket, **rub off** the shank to certain that it is smooth and free from grit.

드릴을 소켓이 삽입하기 전에 충분히 매끄럽고, 청결한지 확인하고자 생크로 **문지른다**.

Rub the material against the wall with a stirring round bar.

스터링라운드바로 재료를 벽에 **마찰시킨다**.

<용어예>

colour fastness to rubbing 마찰견뢰도

rubbing compound 마찰합성

고정하다, 설치하다

bolt : to fasten with a jig. 볼트로 고정하다

…. Now **bolt** the rod and bit end cap on to the pin. Rotate the crankshaft and take the bearing apart and examine the markings.

여기서 커넥팅로드와 큰 엔드캡을 (크랭크) 핀에 **볼트로 고정한다**. 크랭크축을 회전시키고 베어링을

The metal should be scraped away until the marking is evenly distributed all over the bearing.	설치한 다음 마킹을 확인한다. 그리고 마킹이 베어링 전체에 균일하게 분포될 때까지 스크레이퍼로 금속을 문지른다.
It may **be bolted** directly to the nose of the spindle.	그것은 스핀들의 노즈에 직접 **볼트로 고정할** 수 있다.
The work should **be** well clamped or **bolted** to the worktable.	공작물은 워크테이블에 클램프나 **볼트로** 단단히 **고정하도록** 한다.
…by **bolting** of the workpiece onto the worktable using the T slots provided.	미리 파놓은 T홈을 이용해서 공작물을 워크테이블에 **볼트로 고정해서**…….
A means of **bolting** the workpiece to the faceplate…	공작물을 면판에 **볼트로 고정하는** 방법은…….
There will be no slippage between **bolted** parts.	**볼트로 고정한** 부품 사이에는 미끄러짐이 전혀 발생하지 않는다.

clamp : a device for holding things tightly often with a screw ; to grip with a clamp ; to fit firmly — 클램프로 고정하다

……**is clamped** on the flange by the lock nut.	……을 고정하는 너트로 플렌지를 **고정한다**.
The center race should **be clamped** firmly against a true shoulder on the shaft by means of a distance sleeve and end nuts.	디스턴스슬리브와 엔드너트로 샤프트를 축과 한 몸인 숄더에 맞추어 확고하게 **고정한다**.
Paring tools on common use include those of high-speed steel (HSS), of high cobalt	일반적으로 사용하는 절단바이트로는 고속도강제, 고순도 코발트

alloy, with a brazed carbide tip, with either screw or pin-**clamped** carbide insert, and more recently, with self-gripped carbide inserts.

합금제, 브레이징형 초경팁, 나사나 핀으로 **고정한** 초경인서트, 그리고 아주 최근에 개발된 셀프그립형 초경인서트 등이 있다.

When the half-nuts **are clamped** on the thread of the lead screw, the carriage will move a given distance for each revolution of the spindle. This distance is the lead of the thread.

하프너트를 어미나사의 나삿니로 **고정하면** 왕복대는 주축의 각 1회전에 대해서 정해진 거리만큼 움직인다. 이 거리가 나사산의 피치가 된다.

Where the insert can **be clamped** onto a tool holer, ……

인서트를 툴홀더에 **고정할** 경우에는…….

Parts can **be** held in fixtures, chucks, collets, vises or merely **clamped** directly to the table.

부품은 픽스처, 척, 콜릿, 바이스로 고정할 수도 있고, 단순히 테이블에 직접 **고정할** 수도 있다.

When **clamping** the work in place, only wrenches which properly fit the nut and boltheads should be used.

공작물을 지정된 위치에 **고정할** 때는 너트와 볼트머리에 알맞은 스패너만 사용해야 한다.

Once the job is complete, the units can **be** simply **unclamped** and moved to another setup.

작업이 끝나면 유닛은 간단히 **떼어내서** 다른 작업을 준비할 수 있다.

Positive locking fingers grip the tool adaptor (shown in locked and unlocked postion). Tool is held in position by a series of Belleville springs and **unclamping** is accomplished hydraulically.

포지티브 록킹(확실고정) 핑거가 툴어댑터를 붙잡는다(록 혹은 언록 상태를 표시한다). 툴은 일련의 접시스프링으로 지정된 위치에 고정되고 **언클램핑**은 유압으로 실행한다.

Reclamp with the lever.

레버로 **다시 고정한다**.

<용어예>

arm clamping mechanism — 암형 고정기구

automatic clamping device	자동고정장치
band saw clamp	띠톱 클램프대
casing clamp	케이징클램프
clamp coupling	클램프커플링
clamped tool	클램프공구
clamping bolt	클램프볼트
clamp screw	클램프나사
hydraulic clamping mechanism	유압고정기구
needle clamp body (needle stopper)	바늘잡이
needle clamp complete	바늘잡이모두개
needle clamp thumbscrew	바늘잡이엄지나사
rotating clamp	회전클램프
strain clamp; anchor clamp	스트레인클램프

fasten : to fix firmly, to tie or joint together 고정하다, 설치하다

Fasten the rope to the post. 기둥에 로프를 **묶는다**.

Workpieces must **be fastened** securely for the machining operation. 절삭작업을 할 때는 공작물을 확실히 **고정**해야 한다.

The two most commonly used workholding methods on the vertical milling machine are the **fastening** of workpieces to the machine table and the holding of workpieces in a machine vise. When a workpieces is **fastened** to the machine table, it must be aligned with the axis of the table. 공작물을 고정할 때 버티컬밀링머신에서 가장 자주 사용하는 방법 2가지는 기계의 테이블에 공작물을 **고정하는** 방식과 기계바이스로 공작물을 붙잡는 방식이다. 공작물을 기계테이블에 **고정할** 때는 공작물을 테이블의 축과 맞추어야 한다.

… **fasten** or **unfasten** … to or from the instrument. ……로 ……을 장치에 **고정하거나 떼어낸다**.

<용어예>

fastening plate	붙임 플레이트

fix : to fasten firmly, to hold steadily, to set or place definitely. ; to establish, to settle	고정하다, 단단히 설치하다

A bar with one end **fixed** and the other and free….	한 쪽이 **고정**되고, 다른 한 쪽이 자유로운 바는…….
The coil springs **are fixed together** with small metal clips.	코일스프링을 작은 금속클립으로 **고정한다**.
Fix…by tightening the clamping screws.	클램프나사를 죄고 ……를 **고정한다**.
Fix…on a stable and heavy stand (base).	안정된 무거운 스탠드에 ……을 **고정한다**.
The mirror **is fixed** to the wall.	거울은 벽에 **설치되어 있다**.
Fix a flask in a tilted position.	플라스크를 기울여서 **고정한다**.
…**is** firmly **fixed** at right angle to the frame.	……을 프레임에 직각으로 확실히 **고정한다**.
Quenching **fixes** the structural change in the metal.	열처리를 하면 금속의 조직변화가 **고정된다**.

<용어예>

fixed angular table	고정각테이블
fixed axle type	프레임고정식
fixed beam	고정빔
fixed displacement pump	정용량형 펌프

fixed end	고정단
fixed end cylinder	고정단 실린더
fixed grain	고정그레인
fixed load	고정하중
fixed memory	고정기억장치
fixed storage (real-only storage)	고정기억장치
fixed word length	고정단어길이
fixing	고착
fixture	고정물

key : fixed with key — 키로 고정하다

The crankshaft and camshaft timing wheels **are keyed** on to their shafts.

크랭크축과 캠축의 타이밍휠은 축에 **키로** 고정된다.

lock : to fasten or to be able to be fastened with a lock ; to bring or come into a rigidly fixed position — 고정하다

A quarter turn of the lockcup is all that is needed to **lock** the insert.

인서트를 **고정**시키려면 록컵을 ¼ 회전시키기만 하면 된다.

The head and column clamp should always **be locked** when drilling is being done on a radial drill press.

레이디얼드릴프레스로 구멍을 팔 때는 헤드와 칼럼의 클램프를 항상 **고정**시켜두어야 한다.

…, by **unlocking** the tool-post with the lever provided.

부착된 레버로 인물대를 **느슨하게** 해서…….

Method of adjustment at this point varies

이 부분의 조정방법은 자동차에

slightly with different cars. There may be a cap which screws down as shown in Fig. 360, and which **is locked** in position by a small grub screw, or there may be the well-known threaded ball-socket as shown in Fig. 361. This **is locked** with a split pin which engages with the screwdriver slot in the head of the socket.

따라 천차만별이다. 그림 360과 같은 나사캡은 작은 그러브나사로 정해진 위치에 **고정한다**. 또한 그림 351처럼 친숙한 나사산이 파인 볼소켓도 있다 이 부품은 스크류드라이버의 슬롯과 들어맞는 소켓 머리의 스플릿핀으로 **고정한다**.

Vee-Flange adaptors **are** solidly **locked** into the spindle taper by the fingers shown in the accompanying illustration.

V플렌지어댑터를 예시처럼 손가락으로 스핀들테이퍼에 단단히 **고정한다**.

The turret **is locked** solidly to the slide gear box by means of a Vee-type peripheral clamp ring that clamps a full 360 degrees around the back of the turret and the front of the slide gear box (Refer to cross sectional illustration.). The clamp ring **locks** the turret to the slide; there is no reliance on the shot pin to hold the turret into position.

터릿은 터릿 배면과 슬라이드기어박스 전면의 주위를 360° 전체적으로 고정하는 V형 원주고정륜으로 슬라이드 기어박스에 견고하게 **고정된다**(단면도 참조). 이 고정륜이 슬라이드에 터릿을 **고정한다**. ; 터릿을 지정된 위치에 고정하는 데 전혀 숏핀을 사용하지 않는다.

At this position, you **lock** the indicator to the spindle of the pedestal.

이 자세로 인디케이터를 받침대의 스핀들에 **고정한다**.

The arm and head can **be** raised or lowered on the column and then **locked** in place.

암과 헤드는 칼럼을 따라 상하로 움직이므로 정해진 위치에 **고정**시킬 수 있다.

The ring can **be locked** in a specific position.

링은 지정위치에 **고정**할 수 있다.

The table consists of a base and X and Y axis tables which move into position by air cylinders, and which also **lock** the table against X and Y stops when the table is positioned for a machining operation.

이 테이블은 베이스와 X축 테이블과 Y축 테이블로 구성되며, 에어실린더로 지정된 위치로 이동되어 절삭작업할 위치가 결정되면 테이블은 에어실린더로 X

스토퍼와 Y스토퍼에 맞추어 **고정된다.**

The cassette **is locked** into position against hardened locator pin for constant alignment.

카세트는 일정한 얼라인먼트를 유지하기 위해, 열처리경화된 위치고정 핀에 맞추어 정해진 위치에 **고정된다.**

The operator slowly moves the welding head until it's in position, then signals the computer. The location becomes **locked** in the memory.

용접헤드를 정해진 위치가 될 때까지 천천히 이동시킨 다음 컴퓨터에 신호를 보내서 그 위치가 기억장치에 **고정되도록** 한다.

<용어예>

bracket lock spring	행거고정너트
lock nut	고정너트
lock washer	고정좌금
locking bolt	록킹볼트
self-locking nut	셀프록킹볼트
toothed lock washer	기어부착좌금

screw : to fasten or tighten with a jig　　나사로 고정하다

Sight glasses **are screwed** directly **into** the bottom of the bearing housing and no drain line is used.

사이트글래스를 베어링하우징의 밑에 직접 **나사를 죄어서 고정하고** 드레인라인은 사용하지 않는다.

This compression tester is a useful device which can **be screwed into** the cylinder in place of a sparking plug.

이 압력시험기는 점화플러그 대신 실린더에 **나사를 죄어서 고정할** 수 있는 유용한 장치이다.

<용어예>

screw auger	나사송곳
screw conveyer	나사식 컨베이어
screw cutting	나사절삭
screw cutting machine	나사절삭선반
screw driven planer	나사식 평삭반
screw head	나사머리
screw jack	나사잭
screw motion	나사운동
screw plug	스크류플러그
screw pump	나사펌프
screw shaft	프로펠러축
screw drive shaper	나사식 형삭반
screw gear	나사기어
screw stock	나사용 봉재
screw wrench	몽키스패너
screw tap	나사탭

seat : to cause to sit, to put (machinery) on its support. (받침대 등에) 고정하다, 위치시키다

If the live center is too small for the lathe spindle taper, use a tapered bushing that fits the lathe. **Seat** the bushing firmly in the taper and install the center. Make sure the bushing **is** firmly **seated** in the taper.

만일 회전센터가 선반주축의 테이퍼보다 너무 작으면 그 선반에 꼭 알맞은 테이퍼 부싱을 사용한다. 이 부싱을 테이퍼에 단단히 **고정하고** 센터에 부착한다. 부싱이 테이퍼에 확실히 **고정되었는지** 확인한다.

The feed pressure when drilling is usually sufficient to keep the drill **seated** in the tailstock spindle, thus keeping the drill from

일반적으로 구멍을 팔 때의 피드압으로 드릴을 심압대에 충분히 **고정할** 수 있으므로 드릴은

turning.

회전하지 않게 된다.

On cam-locking holders, the insert is placed over a pin which, when tightened, **seats** the insert against the back surface of the pocket.

캠록 홀더에서는 인서트 아래에 있는 핀을 죄면 인서트를 포켓의 배면에 맞추어 **고정할** 수 있다.

Another point to not is that the bonnet shut down correctly : it should **seat** down on to the damper-tape clear of the edge of the radiator.

다른 하나의 주의점은 본네트를 올바르게 닫아야 한다는 점이다. : 다시 말해 본네트가 라디에이터의 가장자리에 접촉하지 않고 댐퍼테이프의 위에 **위치하도록** 해야 한다.

<용어예>

minimum seating stress 최소 가스켓 고정압

secure : to fasten securely 고정하다, 부착하다

Camshaft removal — Before the camshaft can be withdrawn it may be necessary to remove one or more set screws **securing** the bearings.

캠축 제거 — 캠축을 제거하기 위해서는 먼저 베어링을 **고정하는** 하나 혹은 그 이상의 죔나사를 풀어야 한다.

Temporarily **secure** with two bolts and washers.

두 개의 볼트나 와셔로 임시로 **부착한다**.

Secure a gear wheel to its shaft, by means of a key and key-way.

키와 키웨이로 기어를 축에 **고정한다**.

The magnetic chuck was subsequently used on other machines for parts difficult to **secure** by mechanical means.

기계적인 수단으로 **고정하기** 어려운 부품이 포함된 다른 기계에는 이후 자기척을 사용하였다.

Where a whole tube cannot be got into the position, a split tube with its two halves **secured** together temporarily by wire, or even half tube only, may be employed.	관 전체를 삽입하기 어려울 때는 관을 2분할하고 와이어로 임시로 한데 **묶어서** 자른 관이나 절반의 관만 이용할 수도 있다.
A chuck **secured** on unkeyed shaft···	키가 없는 축에 확고하게 **고정시킨** 척은······.
An end mill **is secured** to the arbor.	엔드밀은 아버에 **고정**한다.
Hydraulics **secure** the tailstock ram in position when workpiece are locked between centers.	공작물을 센터지지로 고정할 때는 유압장치로 심압대 램을 지정된 위치에 **확실히 고정한다**.
A dog **is secured** at the headstock end.	독을 주축대 말단에 **확실히 고정한다**.

조사하다

research : careful study and investigation, especially in order to discover new facts or information, to do research into	조사하다, 연구하다

The subject **has been** fully **researched**.	이 테마는 굉장히 많이 **연구되었다**.

<용어예>

research furnace	연구로
research worker	연구원

search : to look or go over (a place etc.) in order to find something, to examine thoughtfully, to look through	조사하다, 탐구하다

The **search** for effective laboratory test methods for evaluating cutting fluid performance has been in progress for over thirty years.

절삭유의 성능을 효과적으로 평가할 수 있는 연구실용 시험방법은 30년 이상에 걸쳐 지속적으로 **연구**되었다.

<용어예>

binary search	2분 검색
searcher	검사기
search light	탐색등

seek : to make a research of inquiry for, to try to find or obtain	조사하다, 탐구하다

The researchers **sought** the cause of defects in cold-formed 4027 steel preforms used for automotive transmission gears.

조사원은 자동차의 미션기어에 사용되는 냉간성형 4027 철제 일차성형품의 결함의 원인을 **조사**하였다.

With this system all vital points tn the installation are continually monitored **seeking**

이 시스템을 이용하면 중요한 모든 부분을 지속적으로 모니터

any Off-Normal or Change of State point.

해서 이상이나 상황변화를 **찾아낼** 수 있다.

The machining characteristics are **sought** for maximum productivity on shapers.

셰이퍼의 최대 생산성을 얻기 위해 절삭성능을 **고시했다**.

지지하다

bear : to carry, to support — 지지하다, 지탱하다

Linear movements **are borne** on hardened and ground ball tracks, and the carrier spindle rotates in angular contact bearings.

직선운동은 열처리연마된 볼트랙으로 **지지되고** 캐리어스핀들은 앵귤러베어링 안에서 회전한다.

<용어예>

bearing metal	베어링메탈, 화이트메탈
bearing pressure, ground pressure	지지압, 베어링압력
bearing shim	베어링심
bearing spring	베어링스프링
bearing stress	베어링응력
bearing surface	베어링면
rolling bearing	롤러베어링

carry : to support the weight of, to bear — 부담하다, 지지하다, 지탱하다

Combinations of ball and roller bearings mounted on precision-bored housings can be used to **carry** journal and thurst loads of work spindles.

정밀하게 천공된 하우징에 부착된 볼베어링과 롤러베어링의 조합은 저널과 스러스트의 하중을 **지탱할** 수 있다.

The primary shaft **is** usually **carried in** a large double-ball or roller bearing.

주축은 보통 대형 더블 볼베어링이나 롤러베어링으로 **지지된다**.

The spindle **is carried in** a head that is vertically adjustable on the column.

주축은 칼럼 위에서 세로방향으로 조종할 수 있는 헤드(주축대)로 **지지된다**.

A floating table **carried** on linear roller bearings in a square slideway, is located between the two heads.

사각 미끄럼안내면에서 직선 롤러베어링으로 **지지되는** 유동 테이블은 두 개의 헤드 사이에 위치한다.

The gear casing **is carried by** three struts within the tunnel.

기어케이스는 터널 안에서 세 개의 지주로 **지지된다**.

<용어예>

carriage	왕복대
carrier	독
carrier plate	판스프링
carry-over loss	배출손실

prop : to support or as if with a prop, to keep from falling or failing — (봉으로) 지지하다

Support for the hoop, to prevent it springing while the tacks are being driven in, can be provided by **propping** a length of wood under it, the lower end of the **prop** resting on

택을 박는 동안 후프가 튕기지 않도록 적당한 길이의 나무를 그 밑에 **지주로 삼아서** 후프를 지지하는 편이 좋다. 이 지주의

the boards under he seat squab, or between the seats in the case of bucket seats.

하단은 시트 좌석 아래, 혹은 접이식 일인용 시트인 경우에는 시트사이의 판 위에 고정한다.

Prop the windscreen open while the screws by which it is attached to the frame of the window are removed.

방풍유리를 부착한 창틀의 나사를 제거하는 동안 방풍유리는 **지주로 지지해서** 열어둔다.

<용어예>

prop post 타주

support : to keep from falling or sinking
: to hold in position 지지하다, 지탱하다
: to bear the weight of

It consists of a horizontal bed **supporting** the headstock, the tailstock, and the carriage.

그것은 주축대, 심압대, 왕복대를 **지탱하는** 수평헤드로 구성된다.

……**is supported at** the other by a center.

……는 다른 쪽 센터로 **지지**된다.

The spindle **is supported by** bearings.

주축은 베어링**으로 지지된다**.

The arbor **is supported in** a bearing.

아버는 베어링 하나로 **지지된다**.

This machine consists of a cutting **tool** mounted on a boring bar that is **supported on** bearings outside the cylinder.

이 기계는 실린더 바깥쪽의 베어링으로 **지지되는** 보링바에 부착된 절삭공구로 구성된다.

It is difficult to **support** the workpiece **between** centers.

이 공작물을 두 센터로 **지지하기**는 어렵다.

An air cylinder raises and lowers the slide. A wheel support table **is** also **supported form**

에어실린더로 슬라이드를 상하운동한다. 또한 휠지지테이블은

a vertical slide which, in turn, is attached to the hold-down slide.	버티칼슬라이드로 **지지되며**, 이 버티칼슬라이드는 압력슬라이드에 부착되어 있다.
The test bearing **is supported** on each side by three large, grease-lubricated ball bearing (a total of six) mounted in fixed housings. The drive mechanism transmits motion through the support and test bearings.	시험베어링은 고정하우징에 부착된 세 개의 커다란 그리스윤활 볼베어링으로 양쪽이 **지지된다**. 구동기구는 지지베어링과 시험베어링을 통해 운동을 전달한다.

<용어예>

supporting point	지지점
support program	지원프로그램
real axle support	후차축지지
supporting electrolyte	지원전해질
support bar	지지봉
support spring	지지스프링
work arbor support stand	워크아버지지스탠드
work support blade	지지날

sustain : to support　　지지하다, 지탱하다

Thrust bearings **sustain** no radial load whatever.	스러스트베어링은 레이디얼하중을 전혀 **지탱하지** 못한다.
The load **is sustained by** the balls at their two points of contact with their inner and outer races respectively.	내축과 외축의 각각 두 지점에 접촉하는 볼로 하중을 **지탱한다**.

부착하다

insert : to put (a thing) in or between or among

끼워넣다, 삽입하다

Before **inserting** the arbor into the spindle or adaptors, be sure both arbor and spindle holes are clean and free from nicks.

아버를 주축이나 어댑터에 **삽입하기** 전에 아버와 주축의 구멍이 청결하고 결함이 없는지 확인한다.

Shank is designed to **be inserted** in a corresponding taper hole in the end of the spindle.

생크는 대응하는 주축의 끝에 있는 테이퍼구멍에 **끼우도록** 설계되었다.

The tangue **is inserted** in a slot at the bottom of the hole in the spindle.

텅을 주축의 구멍 안쪽에 있는 홈에 **끼운다**.

The individual **inserts** can either be brazed onto or clamped onto a steel body or tool holder.

각 **인서트**는 철제 본체나 툴홀더에 용접하거나 클램프로 고정한다.

<용어예>

inserted chaser die	심은날 다이스
inserted chaser tap	심은날 탭
inserted drill	인서트드릴
inserted tooth cutter	심은날 밀링커터
insertion	삽입물
wire inserted asbestos yarn	금속선이 든 석면사

load : to put a load in or on, to fill with goods or cargo etc.	부착하다, 장착하다, 장전하다

…. This system will index and **load** a tool in 4 seconds.

……. 이 시스템은 툴을 4초 만에 식별하고 **장착한다**.

The machine has six stations. The cylinder rods **are** manually **loaded** at station one. They flow through the machine in a horizontal position on vertically adjustable, hardened rails. Upon reaching work stations, they are hydraulically **loaded** in adjustable fixtures and clamped in place.

이 기계에는 6스테이션이 있다. 스테이션1에서 실린더로드를 수동으로 **장착한다**. 로드는 상하방향으로 변경이 가능한 열경화된 레일 위를 수평으로 통과한다. 가공 스테이션에 도착하면 로드는 조정이 가능한 픽스처에 유압으로 **장전되어** 정해진 위치에 고정된다.

Up to 30 different tools can **be loaded** in the magazine.

이 매거진에는 여러 가지 툴을 30개까지 **장착**할 수 있다.

Up to 8 hour supply or stock can **be loaded** in the bar feed magazine.

이러한 바 이송 매거진에는 8시간 분량의 재료를 **장전**할 수 있다.

All station 10 operations are manual. The operator **loads** a matched set of output and transfer gears into part nests on the pallet. The output shaft is then taken from its part nest, fitted with an oil seal, and added to the transmissions assembly.

스테이션10의 작업은 모두 수작업이다. 작업자는 출력기어와 전달기어를 맞추어 1세트를 팰릿의 부품상자에 **적재한다**. 다음으로 출력축을 부품상자에서 꺼내서 오일실을 채우고 미션조립부품을 부착한다.

The tool changing arm automatically changes tools up to 20 lbs, in weight to 5" in diameter and 17½" in length. Longer tools can **be** manually **loaded** into the spindle.

툴교환암은 무게 20lbs, 지름 5인치, 길이 17½ 인치 이내의 툴을 자동으로 교환할 수 있다. 이보다 긴 툴은 수동으로 주축에 **장착**한다.

6 assemblies can **be loaded** on the machine.

이 기계에는 여섯 개의 어셈블리를 **부착할** 수 있다.

The bar stock **is loaded** from the back of the headstock through a hollow spindle.

봉재는 중공주축을 통해서 공작주축대의 후부를 통해 **장전한다**.

The only manual operations are **loading** and **unloading** the conveyer, and spray painting.

수작업은 컨베이어 **로딩/언로딩**과 도장작업뿐이다.

The system is designed for automatic **load/unload** by robot or mechanical part handlers. For medium-volume operations, a multi-axis programmable robot can **load** one chunk and **unload** the other.

이 시스템은 로봇이나 기계적인 파츠핸들러에 의한 자동 **로딩/언로딩**용으로 설계되었다. 중간량 생산을 위해서 다축 프로그래머블 로봇은 한쪽 척으로 **부착하고** 다른 한쪽으로 **해제한다**.

The machine code can **be loaded** into the computer.

기계코드를 컴퓨터에 **로드**할 수 있다.

Programs can **be loaded** manually through the front panel keyboard or by paper or magnetic tape.

프로그램은 사람이 전면의 패널 키보드나 종이 혹은 자기테이프로 **로드**할 수 있다.

<용어예>

automatic loader and unloader	로더/언로더
loading	장전
load point	로드포인트
unload	해제하다
unloader valve(pressure regulating valve)	언로더밸브
unloading	언로딩

plug in : to connect electrically by inserting a plug into a socket — 끼우다, 부착하다

The explosion-proof L. that is perfect for hazardous atmosphere applications and even **plugs** right **in** where you have been using the other H.

폭발방지형 L은 위험한 대기환경에서 사용해도 완벽하다. 다른 H를 사용할 때도 꼭 알맞게 **끼워서 부착할 수 있다**.

The system's computer **plugs into** whatever type of computer being used.

이 시스템의 컴퓨터는 모든 현용 컴퓨터에 플러그로 **접속**할 수 있다.

When the hose is **plugged** into any of the inlet,…

호스가 인렛 중 어딘가에 **끼워져 있을** 때는…….

As can be seen from Fig. 1, this system consists essentially of a measuring roll, electronics,…. All units are connected via **plug-in** contacts.

그림 1에서 알 수 있듯이 이 시스템은 주로 측정롤, 일렉트로닉스, ……로 구성되며 유닛은 모두 **플러그인**식 접촉기를 통해 연결된다.

The L. **plug-in** switch line is for applications that need rugged, enclosed switches but not the performance characteristics of a traditional machinetool type limit switches.

L. **플러그인** 스위치 계열은 견고한 밀봉식 스위치가 요구되는 경우를 위한 부품이고 동작특성은 기존의 기계식 리미트스위치와는 다르다.

마감하다

burnishing : to polish by rubbing 버니싱 마감하다

The steel ball **burnishes** the hole to the required diameter. 금속구를 통해서 구멍을 필요한 지름으로 **버니싱 마감한다**.

<용어예>

burnishing action 버니싱 작용

<관련용어>

buffing 버핑마감, 버핑가공

dress : to finish or treat the surface of 마감하다

Dress splines with fine Indian Stone if necessary. 필요하면 미세한 인디언스톤으로 스플라인을 **마감하다**.

<용어예>

saw tooth side dresser 톱날측면마감기

dressing 날세우기

file : to shape or smooth with file 줄마감

To **file** a flat surface, change the direction of strokes frequently to produce a cross-hatch pattern. 평평한 면을 **줄마감하려면** 크로스해치가 가능하도록 스트로크 방향을 자주 바꾸어야 한다.

When **filing** on a lathe, use a low speed, long strokes and **file** left handed.	선반으로 **줄마감할** 때는 천천히 긴 스트로크로 왼손으로 **줄을 사용한다**.

finish : to put the final touches to	마감하다

Finish the metal surface neatly.	금속표면을 깨끗하게 **마감한다**.
Flat finish endmill reportedly **finishes** hardened steel and exotic metals to perfectly flat surface finish as good as 20 rms.	마감용 플랫엔드밀로 열처리강과 신종 금속을 20rms 정도의 완벽하게 평평한 표면으로 **마감할** 수 있다고 한다.
Then after hardening, it **was finished** to exact size on his gear-cutting grinding machine and bevel gear generator.	열처리 후 그의 기어절삭연삭반과 베벨기어절삭기로 정확한 규격으로 **마감하였다**.
Finish the last ¼ inch by hand if approaching a shoulder.	숄더에 접근하면 손으로 마지막 ¼ 인치를 **마감한다**.
This manufacturer **finished** the seatings by hand scraping.	이 메이커는 핸드스크래핑으로 시트를 **마감하였다**.
The machine **finishes** six turbine blades from tip to root in one continuous operation.	이 기계는 6개의 터빈날개를 선단에서 기저까지 한 번의 연속 작업으로 **마감한다**.
The **finishing** of machined surface with a file and abrasive cloth should not be necessary if the tools are sharp and honed and if the feeds, speeds and depth of cut are correct.	바이트가 예리하고 잘 갈려 있으며, 또한 이송, 절삭속도와 절입이 적절하면 절삭가공면을 줄이나 연마포로 **마감할** 필요는 없다.
For most purpose 0.002 inch is sufficient material to leave for **finishing**.	대부분의 경우 **마감**에 0.002인치를 남기면 충분하다.

The groove tracks in a single-row ball bearing are **finish**-ground with grinding wheel.

싱글로 볼베어링의 홈궤도는 그라인딩휠로 **마감**연삭한다.

Surface **finish** is usually accomplished by grinding, lapping or honing.

표면**마감**은 보통 그라인딩, 래핑, 혹은 호닝으로 한다.

To meet the demand for stronger, quieter gears for cars during the 1930's, the use of precision gear-grinding machines using formed wheel to **give** a precision **finish** to gear after hardening, increased.

1930년대에 자동차기어는 더욱 강하고, 더욱 저소음을 요구하는 수요에 부응하기 위해 열처리 단계에서부터 기어를 정밀하게 **마감할 수 있는** 총형 휠을 사용하는 정밀기어연삭반을 많이 사용하기 시작했다.

…**generate** a 2 microinch **finish** on surface ground to about 7 microinches.

……에 따라서 약 7μ인치로 연삭한 면을 2μ인치로 **마감한다**.

Use of cutting oils will help produce better **finishes** on finish facing cuts.

절삭유를 사용하면 마감면삭으로 더욱 양호한 **마감면**을 만드는 데 도움이 된다.

In these figures, their surface **finish** behavior is illustrated by the surface **finish** by the rough form tool.

이들 그림에서는 표면**마감** 상태를 황가공용 총형 바이트로 만들어진 표면마감으로 **나타낸다**.

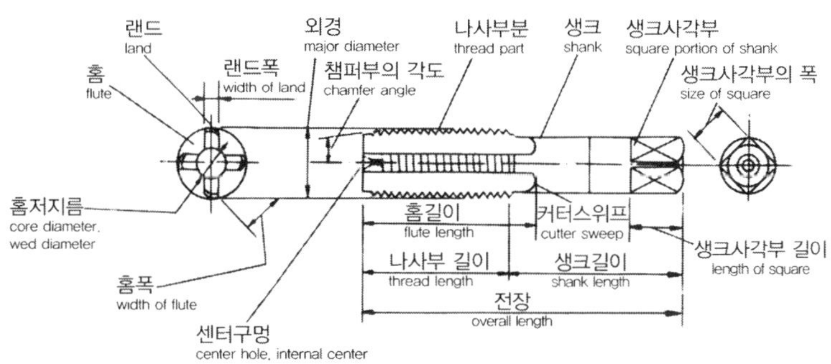

A is more machinable than B. This means that a better surface **finish** can **be achieved** with material A.

A는 B보다 기계가공하기 쉽다. 그러므로 재료 A로 더욱 우수한 표면**마감을 할 수 있다**.

Surface **finishes** of the order of 0.1μ have been obtained when carbide tips are ground.

초경칩을 연삭할 때는 0.1μ 오더의 표면**마감**을 할 수 있다.

<용어예>

finish cutting	정밀절삭
finish forging	마감포징
finish marks	마감기호
finished bolt	마감볼트
finished nut	마감너트
finishing	마감
finishing punch	마감펀치
finishing roll	마감롤
finishing shop	마감공장
finishing (hand) tap	마감탭
finishing tool	마감바이트

honing : to sharpen on a hone (a fine-grained stone used for sharpening razors and tools — 호닝마감

A slight flat should **be honed** on the end by hand with an oil stone.

오일스톤을 사용해서 손으로 단면에 작은 평면을 **호닝마감**하도록 한다.

The bore is **honed** to a surface finish of 10.20μm.

구멍은 10.20μm의 표면마감으로 **호닝가공**한다.

Honing the edge of hand scraper blades requires a high degree patience and skill.

핸드스크레이퍼 절삭날의 **호닝마감**은 고도의 인내와 기술을 필요로 한다.

Gear **honing** was originally developed as a method of inexpensively and surely removing nicks and burrs from hardened gear tooth.

기어의 **호닝**은 본래 열처리한 기어의 이에서 흠집을 값싸고 확실하게 제거하는 방법으로 개발되었다.

Another experiment involves the **honing** of blind-end bore in a hardened pump body.

한쪽 실험에서는 열처리한 펌프 본체의 한쪽이 막힌 구멍의 **호닝**도 한다.

Today there are two entirely different internal **honing** processes. One……, in the other the operator holds the workpiece, stroking it manually back and forth along honing tool.

현재 전혀 다른 두 가지 내면 **호닝**법이 있다. 하나는……, 다른 한 방법에서는 작업자가 공작물을 손에 잡고 호닝툴을 따라 앞뒤로 왕복시킨다.

<용어예>

free expansion honing	정압호닝
honing head	호닝헤드
honing stick	호닝스틱
vertical honing machine	수직형 호닝머신

lapping : to take up (liquid) by moving of the tongue, as a cat does — 래핑마감, 래핑

The spindle bar outside diameter **is lapped** for close fit to nitride-hardened steel bushing fitted in the sleeve.

스핀들의 외경을 슬리브 내부의 질화열처리강제 부싱에 꼭 맞도록 **래핑한다**.

Figure 6 presents replication electron micrographs of the (110) plane of a head **lapped** by 14μm Al_2O_3.

그림 6은 14μm Al_2O_3로 **래핑한** 헤드의 (110)면의 레플리카 전자현미경사진이다.

<용어예>

lapping burn	래핑가열

flat lapping type	평면가공형
lapping force	래핑저항
lapping liquid	래핑액
lapping machine	래핑머신
lapping powder	래핑제

reaming : to finish of bore 리밍마감

Typically, a tool cuts the seat, a back-off mechanism retracts the tool and a squirt-out reamer is advanced **to ream** the valve-guide hole.

바이트가 시트를 절삭하고, 백오프기구가 바이트를 끌어들이고, 유공에 부착된 리머가 밸브가이드홀을 **리밍하듯이** 배출하는 것이 보통이다.

Ream inside dia of bushings to 0.312-0.313 (Holes to be square with respective housings within 0.001 inch).

부싱의 내경을 0.312 ~ 0.313로 **리밍한다**(구멍은 그 하우징에 대하여 직각도 0.001 인치 이내일 것).

When drilled holes have excessive eccentricity, they **are** bored 0.010 to 0.015 undersize and machine **reamed**.

드릴가공한 구멍이 과도하게 편심되었을 때는 0.010 ~ 0.015 정도의 작은 규격으로 보링하고 기계**리밍한다**.

Chucking **reamers** cut on the chamfer at the end of the flutes, This chamfer is usually at a 45 degree angle.

척킹 **리머**는 홈 끝의 챔퍼로 절삭한다. 이 챔퍼는 보통 45°이다.

<용어예>

reamer bolt	리머볼트
reaming	리밍
reamer section tap	리머부착 탭

scraping : to make (a thing) clean or smooth or level by passing the hard edge of something across it, to remove doing this	스크레이핑마감

Produce a clean or smooth finished surface by **scraping** away superfluous material.	가공물의 여분의 재료를 **스크레이핑해서** 깨끗하고 부드럽게 마감한다.
Carefully **scrape** the impurity from the surface.	세심하게 주의해서 표면에서 불순물을 **스크레이핑한다**.

shave : to cut or scrape thin slices from the surface of (wood etc.)	쉐이빙마감

We cold-formed it. Then we drilled the large center hole, **shaved** the hex.top, deburred and plated. That's eight secondary operations per parts.	이를 냉간단조하고 이어서 큰 가운데 구멍을 **쉐이빙해서** 육각머리를 디버작업하고 도금하였다. 이는 부품마다 8번씩 실시하는 2차가공이다.

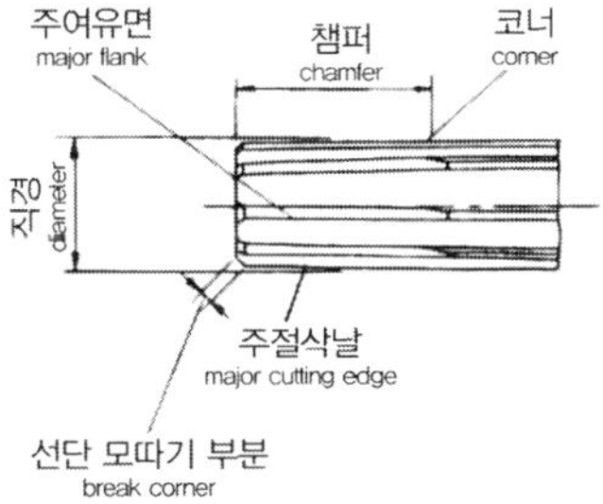

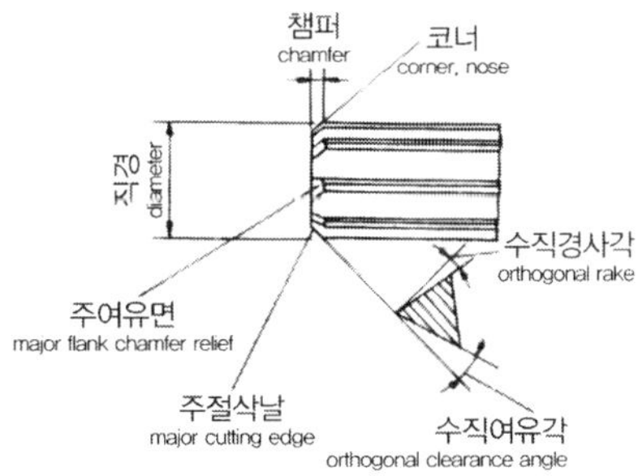

The process of **shaving** as a means of giving a fine finish to unhardened gears was begun by the Machine Tool Company of Illinois.

열처리하지 않은 기어를 우수하게 마감하기 위한 수단으로의 **쉐이빙**작업은 일리노이주의 공작기계회사가 처음으로 도입했다.

These early gear-**shaving** machines use a racktype cutter.

이들 초기 **기어쉐이빙머신**은 랙형 커터를 사용하였다.

<용어예>

gear shaving	기어쉐이빙
gear shaving machine	기어쉐이빙머신
internal shaving attachment	내부 기어쉐이빙장치
shaving cutter head	쉐이빙커터헤드
shaving press	쉐이빙프레스
shavings	절삭밥

skive : to cut off, as leather, rubber, etc, in thin layer or piece : to shave or pare as hide or leather — 스카이빙마감

Quite often large moulded billets **are skived** or shaved into thin tape for use as liner or sliding flat surface.

대형 성형 빌렛을 직선면이나 평평한 미끄러짐면으로서 사용하기 위해서 얇은 테이프로 **스카이빙**이나 쉐이빙할 때가 많다.

시도하다

attempt : to make an effort to accomplish — 시도하다

The operator should **not attempt** to clean or oil the machine or make any adjustment to the work.

작업자는 기계를 청소하거나 급유하지 **말** 것. 또한 공작물에 대해서 어떠한 조정도 하지 **말** 것.

It is well known that perhaps the earliest **attempt** to measure maching performance **was made** by F.W. Taylor near the beginning of this century to improve tool steel.

공구강을 개량하기 위한 최초의 절삭성능측정**시험**을 금세기 초반에 F.W.테일러가 **실시하였음**은 주지의 사실이다.

Where a fit proves to be tighter than specified, **make no attempt** to reduce the shaft seating by scraping it or by rubbing it with emery cloth or other similar material.

맞음새가 규정보다 빡빡함이 밝혀졌을 때 샤프트시트를 스크레이핑하거나 연마포 등으로 마찰해서 연마하고자 **해서는 안 된다**.

try : to attempt, to make an effort to do something to test — 시도하다, 시험하다

Try to design the component so that machining is not needed on the unexposed surfaces of the workpiece when the component is gripped in the work-holding device.

공작물고정기구로 부품을 파지할 때 공작물의 노출되지 않은 면을 절삭할 필요가 없도록 부품을 설계해보고자 **한다**.

Should the piston be pushed upward in this way **for purposes of trial** it will be desirable to remove at least one of the piston rings, sinse this will have been pushed beyond the top of the bore. If the ring is not removed **do not try** to pull the connecting rod down again without first compressing the top rings, for that would probably result in the rings being broken.

시험 삼아 피스톤을 이렇게 위쪽으로 밀어보면 피스톤링이 구멍 상면을 넘어가므로 적어도 그 중 하나를 제거하는 편이 좋다. 만일 링을 제거하지 않으면 톱링을 압축하지 않고는 커넥팅로드를 다시 내리지 **말아야** 한다. 왜냐하면 그렇게 하면 필경 링이 파손될 것이기 때문이다.

Initially, several combinations of ball separator materials **were tried** with the RF sputtered MoS_2 coatings.

우선 여러 볼베어링고정기 재료를 조합해서 RF 스퍼터 MoS_2를 코팅한 후 **시험**하였다.

To **try** ACIO <u>on</u> your job, or for more information, call or write S. Inc.

작업<u>에</u> **시험해보기** 위해, 혹은 좀 더 정보를 얻기 위해 폐사에 전화나 서면으로 문의해주십시오.

If it is not the case, the correct timing can be found by **trial and error**.

만일 그렇지 않을 때 올바른 타이밍은 **시행착오**를 통해 발견할 수 있다.

처리하다

attend to : to apply one's mind : to deal with (matter)	처리하다, 유의하다

……. It is only a 15 minutes job, however, to **attend to** them all. All greasing should be carried out systematically.

……. 그러나 전부 **처리하는** 건 겨우 15분의 작업이다. 모든 그리싱은 계통적으로 해야 한다.

It is wise to disconnect one battery lug before **attending to** the cut-out.

컷아웃**하기** 전에 배터리의 단기 하나는 접속을 해제하는 편이 좋다.

When all pistons have **been attended to** in this way proceed to scrape away the carbon deposits adhering to those portions of the cylinder-block which form part of the combustion chamber.

이렇게 모든 피스톤의 **처리**를 끝낸 다음에는 연소실을 구성하는 실린더블록 부분에 붙은 탄소 찌꺼기를 제거하기 위한 작업을 진행한다.

……, and this must **be attended** before they are reassembled.

……. 그것들을 재조립하기 전에 이것을 **처리**해야 한다.

cope with : to deal successfully with, manage successfully	잘 처리하다

This self-lubricating material, a glass- impregnated graphite, should be to **cope with** the load and temperature transients one would expert from a large mass of rotating equipment.

이 자기윤활제, 유리주입흑연은 대질량 회전장치에서 예상되는 과도한 하중과 온도에 틀림없이 **잘 대처할** 수 있을 것이다.

The essence of structured programming is to be able to use a general routine, for instance sorting and ordering, or one for reading in a piece of data, in any situation and thus reduce the work of solving a particular problem to **coping with** the difficulties that are unique to it.

구성이 명확한 프로그래밍 엣센스는 가령 분류와 순서가 정해지거나 데이터 일부를 읽어들이는 경우 등 모든 상황에 범용루틴을 사용할 수 있으므로 특수문제를 풀 때 발생하는 특유의 난제에 효과적으로 **대처**할 수 있다.

deal with : to take action about or be what is needed by (a problem, etc.), to discuss in a book or speech etc.	처리하다, 처치하다

Projecting rivet heads can best **be dealt with** by removing the shoes and counter -sinking the rivet heads.

돌출한 리벳머리는 슈를 해제하고 리벳머리를 카운터싱킹해서 가장 효과적으로 **처리할** 수 있다.

The modern thin-shell type of bearing which consists of a steel strip coated with white metal by a special process can not **be dealt with** by orthodox scrape-in methods.

최근의 얇은 쉘형 베어링은 특수한 처리방법으로 화이트메탈을 피복한 스틸스트립으로 구성되며 종래의 스크레이핑 방법으로는 **처리**하지 못한다.

Induced thrust loads can **be dealt with** the thrust ring with less friction and wear and without seizure.

유발된 스러스트 하중은 마찰과 마모가 적으며 녹아붙지도 않는 스러스트링으로 **처리**할 수 있다.

The results presented in this paper **deal with** the rolling contact fatigue life of tapered roller bearings obtained with six rear axle lubricants.

이 논문에서 나타난 시험결과는 여섯 종류의 후차축윤활제를 사용해서 나타난 원추 롤러베어링의 회전접촉피로수명**에 대한 내용이다**.

overcome : to win a victory over : to find a way of dealing with (a problem etc.)	극복하다, 대처방법을 알다

These problem **have been overcome** by a special variety of the double-pouring method.

이들 문제는 이중주입법 중 한 특수한 방법으로 이미 완전히 **처리가 끝났다**.

process : to deal with a series of action or operation in making or manufacturing or achieving something	처리하다

Process and arrange the data mathematically.	데이터를 수리적으로 **처리**해서 조정한다.
The unit can **process** up to 1,200 parts per minute with a 256×404 pixel field. It is designned for high-volume assembly lines.	이 장치는 256×404 픽셀필드를 사용해서 분당 최대 1,200개를 **처리할** 수 있다. 이 장치는 대량 조립라인용으로 설계되었다.
The cast-iron parts **are processed** on an 11 station.	이 주철부품은 11스테이션을 거쳐 **처리된다**.
Processed information is set to the protected memory.	**처리된** 정보는 프로텍트메모리에 세트된다.
Process …… by computer.	……을 컴퓨터로 **처리한다**.
The washing fluid **is processed** through a multistage vacuum distillation unit which separate the coolant from the washing fluid.	세정액은 냉각제를 세정액으로부터 분리한 다음 다단 진공증류장치로 **처리된다**.
This phase of the program consisted of **processing** cutting tools with the highest rated coating and machining airframe components under production environment.	프로그램의 이 단계에서 최고급 코딩으로 공구를 **처리하고** 생산현장에서 항공기기체부품을 절삭한다.
The coating **has been processed** to meet MIL-L-46010.	이 코팅은 MIL-L-46010에 적합하도록 **처리**되었다.
B. Inc. were having trouble in obtaining a suitable finish on certain copper alloy parts. After they are machined, parts frequently	B사는 어느 동합금부품을 적절하게 마감하는 방법에 골머리를 앓고 있었다. 부품을 절삭한 후에

had to **be processed** to remove stain or tarnish.

녹이나 얼룩을 제거하는 **처리**를 해야 하는 경우가 빈번했기 때문이다.

The basic components of an intelligent machine include a mechanical system which performs the actual machining **process**, and a control network which operates the mechanism.

지능기계의 기본요소로는 실제로 절삭**처리하는** 기계시스템과 그 메커니즘을 운영하는 제어네트워크를 들 수 있다.

Since **processing is done** in an open container, parts are easy to inspect and it is possible to see whether the desired results are achieved.

개방된 용기 안에서 **처리**하므로 부품검사가 간편하고 또한 원하는 결과를 얻을 수 있을지 여부를 지켜볼 수 있다.

<용어예>

process (in a data processing system)	처리(데이터처리시스템의)
process annealing	중간소둔
process capability chart	공정능력도
process control	프로세스제어
process specification	작업표준
processed video	처리필 비디오
processing aid	공정조제
processor	처리장치

treat : to deal with (a person or thing) in a certain way to present or deal with (a subject) — 처리하다, 조작하다

Remember to **treat** all bearings carefully. Arrange for a suitable stop or support for the shaft, otherwise the bearings may be

베어링은 전부 주의해서 **다루어야** 함을 명심하고 축에 알맞은 고정구 혹은 지지구를 준비한다.

damaged by the dismounting forces normally occurring during the operation.

그렇지 않으면 해제작업 중에 발생하는 힘으로 베어링이 손상될 우려가 있다.

It is not always successful on a painted finish, so before **treating** the whole car it should be tried on an inconspicuous part.

도장미감 작업이 반드시 잘 되리란 보장은 없다. 그러므로 차 전체를 **처리하기** 전에 보이지 않는 부분에 먼저 시험해 보아야 한다.

Recently, Soviet industry has introduced a method for finishing steel gears that employs plastic surface deformation (i.c.,burnishing). Gears of up to 62 Rockwell C hardness **are** so **treated**, and the burnishing tools are gears, with the body made of steel **treated** to 35-40 Rockwell C and inserted, brazed carbide teeth.

최근 소련공업계는 가성표면변형(즉 배니싱)을 사용해서 철제 기어를 마감하는 방법을 채용했다. 강도 62RC 이하의 기어가 이러한 방식으로 **처리된다**. 또한 배니싱툴은 RC 35~40로 **처리한** 철제 몸체에 이(tooth)를 삽입·용접한 기어이다.

This boot **treats** of an important subject.

이 책에서는 중요한 데이터를 **다룬다**.

Water **is treated** as an incompressive fluid.

물은 비압축액체로 **취급된다**.

The way a system is updated and how data is verified often **are treated** too lightly.

시스템갱신과 데이터검증 방법을 가볍게 **다루는** 경우가 적지 않다.

<용어예>

heat treatment	열처리
pretreatment	전처리
phosphate treatment	인산처리
quality of treated water	처리수질
treated (grinding) wheel	처리휠

조사하다(관찰, 감시, 검사)

assay : testing of metals, especially those used for coin or bullion, for quality.	조사하다

The actual "hall" mark shows where the metal **was assayed** (the leopard stands for London), and a date stamp (in script above, F indicates 1980).

이 실제 각인은 이 금속이 **검사받은** 장소(표범 모양은 런던을 나타낸다)와 날짜 각인(상기 예시에서 F는 1980년을 나타낸다)을 나타낸다.

delve : to dig : to search deeply for information	조사하다, 깊이 파고들다

It is necessary to **delve** deeply **into** this complex problem.

이 복잡한 문제를 깊이 **파고들** 필요는 없다.

examine : to look at closely : to look at in order to learn about or from	점검하다, 자세히 보다(검사, 검출, 점검, 검토)

Some of the bearings **have been examined** when wheels have been removed.

휠을 해제할 때 베어링 몇 개를 **점검했다**.

While the plug **is being examined** the spark gap should be checked.	플러그를 **점검할** 때는 스파크캡을 확인할 것.
The cams should **be** carefully **examined** for wear.	캠이 얼마나 마모되었는지 주의해서 **점검해야** 한다.
Carefully inspect the edges of the valves and the seating to see whether they are pitted, and **examine** the stem to see whether they are straight or worn.	가장자리의 밸브와 시트가 피팅을 발생시키는지 검사하고 또한 가장자리 기둥이 구부러지거나 마모되지 않았는지 보고 **조사한다**.
The balls and raceways **were examined** by optical microphotography.	볼과 궤도를 광학현미경 사진으로 **조사하였다**.
The disk surface **was examined** with XPS for a lubricant containing dibenzyl disulfide (DBDS) as an antiwear additive.	디스크표면을 내마모제로 디벤질디설파이드가 함유된 XPS 윤활제로 **검사하였다**.
……**make** the **examination of** ……	……에 대해서 **조사한다**.
Competent **examination** for mechanical causes **be made**.	기계적인 원인에 대해서 충분히 **조사해야** 한다.
Metallurgical **examination** of the sectioned cutters did not reveal a change in microstructure.	절단된 커터를 치금학적으로 **조사한** 결과에서 미세조직에 변화는 관찰되지 않았다.
Typical wear scar traces are shown in Fig.5. **Examination** of Fig.5 shows that the wear scar indentation is very nearly parabolic in form.	마모흔적의 예를 그림 5에 나타낸다. 그림 5의 **조사**를 보면 움푹 들어간 마모흔적이 방사선 모양에 가까움을 알 수 있다.

explore : to examine by touch	조사하다

It presents a menu showing all the parameters that **can be explored** <u>for</u> either surface or roundness measurement.

표면과 진원도를 **조사하는** 모든 파라미터를 나타내는 메뉴가 표시된다.

The potential for such geometries has not **been** fully **explored** by tool manufactures.

툴의 제조사는 그런 형태와 규격의 가능성을 **완벽하게 조사하지** 않았다.

inspect : to look upon, to view closely and critically
: to examine (a thing) carefully and critically, especially looking for flaws

조사하다, 자세히 검사하다

Carefully **inspect** the components close to the bearing location. Remove burrs and clean shafts and shoulders.

베어링에 인접한 구성부품을 주의해서 **검사한다**. 찌꺼기를 제거하고 축과 숄더를 청소한다.

Although rolling bearings are robust mechanical components which give long service time it is, however, wise to **inspect** them now and then.

롤링베어링은 장시간 사용할 수 있는 튼튼한 기계부품이지만 그렇더라도 가끔 **검사**하는 편이 좋다.

The clutch Linings should **be** carefully **inspected** when deciding whether renewal is required.

클러치 라이닝 교체 여부를 결정할 때는 신중하게 **검사해야** 한다.

Sealed or shielded bearings should not be washed on any account ; for obvious reasons they cannot **be inspected** either.

봉인된 베어링은 절대로 세척해서는 안 된다. 왜냐하면 **검사**가 불가능하기 때문이다.

This may **be inspected** <u>on</u> the actual wiper by removing the outer cover.

외부커버를 제거하고 와이퍼 자체를 **검사**할 수 있다.

Before removing a tube which has become slowly deflated **inspect** the valve <u>for</u> leakage.	공기가 서서히 빠진 튜브를 해제하기 전에 밸브의 누출 여부를 **검사**한다.
Before attempting to remove the pinions they should **be** carefully **inspected** <u>for</u> wear and backlash, and it should <u>be verified</u> that timing marks are provided on the teeth.	피니언을 제거하기 전에 마모와 백래시를 주의해서 **점검해야 한다**. 또한 이(tooth)에 타이밍마크가 있는지 <u>확인</u>해야 한다.
Visually inspect parts <u>for</u> obvious defects that would render the part unserviceable.	사용 불가능한 명백한 결점이 <u>있는지</u> 부품을 **목시검사한다**.
Each lot **is** <u>100%</u> **inspected** <u>for</u> quality both externally and internally.	각 물량마다 내외 양쪽의 품질을 <u>100%</u> **검사한다**.
Inspect the slide to see that is moves freely and its rollers do not bind.	슬라이느가 사연스립게 움직이고 롤러도 걸리지 않는지 직접 보고 **검사한다**.
Inspect all rollers <u>to</u> be sure that they are evenly covered with a thin film if ink.	잉크를 묻히면 모든 롤러가 어김없이 얇은 막을 균등하게 덮어쓰는지 **검사한다**.
<u>Dye penetrant</u> **inspect** the fittings to determine if there are any indications of cracks, specifically in the area of the four corners as indicated below.	특히 아래에 표시된 네 귀퉁이 부분에 균열 징후가 있는지 확인하기 위해 <u>염색침투제</u>로 쇠장식을 **검사한다**.
HSS milling cutters **were inspected** <u>to verify</u> the tool gemetry.	고속도강 밀링커터의 공구형태 규격을 <u>확인</u>**검사**한다.
Turned parts and shaft can **be inspected** 20 times faster than usual <u>with</u> the gage shown.	선삭한 부품과 축은 그림의 게이지로 보통보다 20배 빠르게 **검사**할 수 있다.
The fan blades have been cracked when **inspected** <u>by</u> magnaflux <u>at</u> the 1,200 hour <u>inspection interval</u>.	1,200시간 <u>점검에서</u> 매그너플<u>럭스로</u> **검사할 때** 팬블레이드에 균열이 발생했다.

Inspect yoke assembly by magnetic particle method, with specific emphasis to threaded portion of yoke spindle.

요크 스핀들의 나사부에 특히 중점을 두고 요크 어셈블리를 자분심상법으로 **검사한다**.

Wash the exposed bearing where it is possible th **carry out inspection** without dismounting.

분해하지 않고 **검사할** 수 있을 때는 노출된 베어링을 세정한다.

In addition **an inspection** should **be performed** any time exhaust fumes are detected in the cabin.

더욱이 실내에서 배기가스가 검출되었을 때는 반드시 **검사한다**.

100 HOUR **INSPECTION**.

100시간 **점검**.

Accomplish each 100 hour interval.

100시간마다 실시하시오.

Disassemble hub and blade only to extent required to **accomplish inspection** and parts replacement.

검사와 부품교환의 필요가 있는 범위만 허브와 블레이드를 분해한다.

Inspection is applied at this stage.

이 단계에서 **검사한다**.

……**is subjected to inspection**.

……를 **검사한다**.

Submit the parts to **inspection**.

부품을 **검사**에 제출하도록 한다.

……present the automobile for **inspection**.

자동차를 **검사**하러 보낸다.

Inspection of axle (after test) reveal no unusual wear as measured by dimensional preload and stack height of bearing.

차축**검사**(시험 후)에서 베어링 규격에 따른 예압과 조합폭을 측정하였으나 이상한 마모는 아무것도 발견되지 않았다.

Replace levers if found defective by fluorescent penetrant **inspection**.

만일 형광침투탐상**검사**에서 결함이 발견되면 레버를 교환해야 한다.

Check the lubricant. Impurities of various kinds can usually be felt if a little of the

윤활제를 점검한다. 여러 불순물은 소량의 윤활제를 손가락으로

lubricant is rubbed between the fingers ; or a thin layer may be spread on the back of the hand to **inspection** against the light.

문질러보면 대개 느낌으로 알 수 있다. 혹은 손등에 약간 바르고 빛을 비추어 **검사해도** 좋다.

The drive shaft, **inspection** and lubrication frequency is each 100 hours.

구동축이 **검사**와 오일교체 주기는 100시간마다이다.

Conventional visual **inspection** method can not gage the extent of a seam or crack in a steel bar.

일반적인 목시**검사**법으로는 봉형강의 균열과 손상 범위를 알기 힘들다.

<용어예>

acceptance inspection	수입검사
delivery inspection, outgoing inspection	출하검사
final inspection	최종검사
in process inspection, inspection between process	중간검사
inspection gauge	검사게이지
inspection hole	검사공
item-by-item sequential inspection	개별제품별 순차검사
normal inspection	일반검사
reduced inspection	느슨한 검사
tightened inspection	엄격한 검사

monitor : to keep watch over
: to record or test or control the working of

모니터하다, 감시하다

The quality of oil **is monitored** automatically.

오일의 품질을 자동적으로 **모니터한다**.

Cutting forces **were monitored** at one minute interval by a time selector switch in the

절삭력을 시스템 8000 데이터이력기록기의 타임셀렉트스위치로

system 8000 data logger.

1분 간격으로 **모니터하였다**.

Monitor lights can be clearly observed from a distance when the machine is in operation.

감시등은 기계가 움직일 때, 먼 거리에서도 확실히 확인할 수 있다.

<용어예>

Auto Monitor Program — 오토모니터프로그램

observe : to see and notice
: to watch carefully

확인하다, 조사하다(자세히 보다, 관찰)

Observe that it is not necessary to dismantle anything to apply the necessary lubricating oil.

필요한 윤활유를 공급하기 위해서 무엇을 해제해야 하는지 **확인한다**.

Possible reasons for the differing chemistries **observed** in the field tests of Oil A with those **observed on** Oil B …….

현장시험에서 **조사한** 오일 A의 화학조성이 오일 B에서 **조사된** 조성과 다를 때 그 이유로 들 수 있는 가능성은…….

…… **observed** the soap fibers of the grease by means of an election microscope and obtained some new knowledges.

……전자현미경으로 그리스의 소프파이버를 **조사해**보고 몇 가지 새로운 사실을 확인하였다.

Make observations on seal leakage.

실의 누출을 **자세히 조사한다**.

After 300, 1,000 and 25,000 hours, the bearings are dismantled for **observation** of the components and the lubricant ; once the **observation is accomplished**, the bearings are assembled again, without replacing the lubricant.

300, 1,000, 25,000시간 후 구성부품과 윤활제를 **조사하기 위해** 베어링을 해제한다. 조사가 완료되면 윤활제를 교환하지 말고 베어링을 다시 부착한다.

<용어예>

observation tank — 검유탱크

probe : a device for exploring an otherwise inaccessible place or object etc. : to make a penetrating investigation of	조사하다(검사, 검측, 탐침)

Operating high above the earth's atmosphere, the telescope will **probe** seven times deeper into space, detect objects 50 times fainter, and view them with ten times better clarity then is possible with ground-based observatories.

망원경을 지구 대기권보다 높은 곳에서 조작하면 지상의 천문대보다 일곱 배나 우주를 자세히 **조사할** 수 있고 50배나 작은 물체를 검출할 수 있으며, 더욱이 열 배나 선명하게 물체를 볼 수 있다.

<용어예>

scan	조사하다, 광학분석스캔
scanner	스캔장치
scanning disk	스캔디스크
scansion	주사
scanning line	주사선
scanning search	스캐닝서치
scanning speed, scanning rate	주사속도

read : to study or discover by reading	조사하다(점검)

Read a meter.

미터를 **점검한다**.

<용어예>

read group total, reset group total	그룹합계점검
read total key	점검키

scrutinize : to look at or examine carefully	자세히 조사하다

Refrigerant fluid or oil leakage is closely **scrutinized**.

냉매나 오일의 유출여부를 **자세히 조사한다**.

see : to look at for information. 조사하다

See occasionally that there is no oil leak from the plug.

플러그에서 오일이 새지 않는지 가끔 **조사한다**.

<용어예>

market survey 시장조사

study : to give one's attention to acquiring knowledge of (a subject)
: to examine attentively

조사하다(연구)

A **study** by M. as well as in our laboratories suggested that most of the heat generated in a new axle at light speed is due to the wearing-in of bearing surface.

M씨와 우리 연구소의 **조사**에 의하면 중간속도에서 발생하는 신형 축의 거의 모든 발열은 베어링 표면의 마모로 인한 것으로 여겨진다.

survey : to look at and take a general view of
: to examine the condition of (a building etc).

조사하다(현장조사, 측량, 검사)

Carefully **survey** the recent literature concerning…….

……에 대한 최근 문헌을 주의해서 **조사한다**.

During the last ten years, we **have surveyed** the industry in search of useful test procedure for the evaluation of this phenomenon.

이 현상을 적절하게 평가할 수 있는 시험방법을 개발하고자 최근 10년 동안 해당 산업계를 **조사하였다**.

……**make a** small **survey of**…….

……에 대해서 소규모로 **조사한다**.

test : a critical examination or evaluation of he qualities or abilities etc. of a person or thing ; to subject to test

조사하다(검정, 검사, 시험)

These diagnostics **test** the microprocessor system, the disk storage unit, all inputs and outputs of the computer, the alpha-numeric display and the alpha-numeric keyboard.

이 진단에서는 마이크로프로세스시스템, 디스크기억장치, 컴퓨터의 모든 입출력, 문자숫자표시, 영문·숫자 키보드를 **검사한다**.

The same time-**tested** components we've used on other machines.

내구**시험**한 부품과 동일한 부품을 다른 기계에도 사용하였다.

The overload relays **are** individually factory-**tested** and calibrated.

과부하 계전기는 공장에서 개별적으로 **시험**, 조정된다.

A turbine engine mainshaft-type, angular contact, thrust bearing **was** rig **tested** to 1.5 million DN. Cage motion in both the radial and axial planes, total heat generation rates and bearing torque were measured and compared to the results of two computer models. A relation between bearing power loss and cage kinematics was observed.

터빈엔진 주축용의 앵귤러컨택트, 스러스트베어링을 DN 1.5×10^6까지 장착하고 **시험**하였다. 반지름과 축방향 고정기의 운동, 총발열량, 베어링토크를 계측하고 두 개의 컴퓨터모델의 결과와 비교해서 베어링의 동력손실과 고정기의 운동역학간의 관계를 조사하였다.

The sampling method **was** field **tested** to determine the method precision.	샘플링법의 정확도를 확인하기 위해 현장**시험하였다**.
It is best **tested** by means of a feeler gauge.	필러게이지로 **조사하는** 편이 제일 좋다.
Before and after the **test**, the bearings **were tested** individually for the vibration level on a Labo instrument at 1,000 rpm and axial load of 4N.	**시험** 전후로 연구소의 장치로 개별 베어링을 1,000rpm, 축방향 하중 4N으로 진동레벨을 시험하였다.
D.H. of the D company, in 1904, **did** a series of **tests** with emery and corundum grinding wheels which proved that corundum was far superior.	1904년, D사의 D.H.는 에머리와 코런덤 그라인딩휠을 사용한 일련의 **시험에서** 코런덤이 훨씬 우수함을 입증하였다.
The **test is carried out** on this instrument.	이 장치로 **시험한다**.
Particularly, steel menufacturers must **perform** some kind of **test** to check the machining properites of their products.	특히 제철 메이커는 해당 제품의 절삭성을 확인하기 위해 특정 **시험을 해야** 한다.
Make a Rockwell **test** on these specimens using the correct penetrator, major load, and scale.	정확한 페네트레이터, 대규모 하중과 스케일을 사용해서 세 가지 시험재료를 록크웰 경도**시험**한다.
All **tests were conducted** in the M. tester.	**시험**은 모두 M시험기로 **하였다**.
Laboratory **tests were conducted** at low speed (9 rpm) and at high speed (3,000) on a 228 mm diameter journal bearing.	연구실의 **시험**은 지름 228mm인 저널 베어링에 대해서 저속(9rpm)과 고속(3,000rpm)으로 **수행되었다**.
The **tests were run** on the low speed test machine.	**시험**은 저속시험기로 **수행되었다**.

The **tests were run** on diamond grinding wheel only.

시험은 오직 다이아몬드 그라이딩휠만 대상으로 실시되었다.

Put products **to** the **test**.

제품은 이 **테스트를 한다**.

Two such bearings **were** built and **put on** life **test**. This report describes their construction, and their condition after 13,000/h life test.

이러한 베어링을 2개 제작해서 수명을 **시험**하였다. 이 보고서에서는 그 구조와 13,000 시간 수명시험 후의 상태를 설명한다.

The bearings **were subjected to** centrifugation tests to determine their oil retention characteristics.

베어링의 오일유지 특성을 확인하기 위해 원심분리 **테스트를 실시하였다**.

Each **test** gave a different value of tool life.

공구의 수명은 **시험**마다 다른 수치가 나왔다.

One **test** produced almost the same wear behavior as the standard spline, while the other **test** produced appreciably better performance as shown.

어떤 **시험**에서는 마모형태가 표준 스플라인과 거의 유사하였지만 다른 **시험**에서는 보다시피 매우 좋은 성능을 나타냈다.

Laboratory and field **testings** permit the evaluation of the effects of design, material, and production variables on performance of the part under controlled conditions.

연구실과 현장의 **시험**을 통해 설계, 재료, 제작변수가 관리조건하에서 부품성능에 미치는 영향을 평가할 수 있다.

The usual laboratory wear and extreme pressure **tests** have found some limited use.

연구실에서 수행한 일반마모**시험**와 극한압력**시험**을 통해 사용상 다소 제약이 있음이 판명되었다.

Tapping **tests** on metals like SAE 3140…… fail to show differences between products.

SAE3140 같은 금속 탭 가공**시험**에서는 제품간의 차이를 구별하기 힘들었다.

The second-time **test** exhibited greater scatter in wear behavior due to the varying

2회차 **시험**에서는 1회차 **시험**에서 마모가 다수 발생하였기 때문에

wear obtained in the first-time **test**.

마모양상의 차이가 더욱 극명하게 드러났다.

……These **tests** clearly demonstrated improvement in drill life owing to the application of a coolant.

……이상의 **시험**에서 냉각제를 사용하면 드릴의 수명이 향상됨을 명료하게 확인하였다.

The **tests** confirm the unsuitability of the lubrication systems for this particular application.

이 **시험**으로 이 특별한 용도에 대해서는 윤활시스템이 적절하지 않음이 명확하게 밝혀졌다.

Tests established that 5% barium hydroxide in water gave nearly double the tool life of other coolants tested.

수산화바륨을 5% 함유한 물의 경우 다른 냉각제로 시험하였을 때보다 공구의 수명이 두 배 이상 증가함이 **시험**을 통해 입증되었다.

The tapping **tests** has proven its value as an effective screening method to predict performance of cutting oils, soluble oil emulsion and, more recently, aqueous coolants.

이 탭가공**시험**은 절삭유와 수용성 유제와 최신 수성 냉각제의 성능을 예측하는 효과적인 판별법이라는 점에서 가치를 입증하였다.

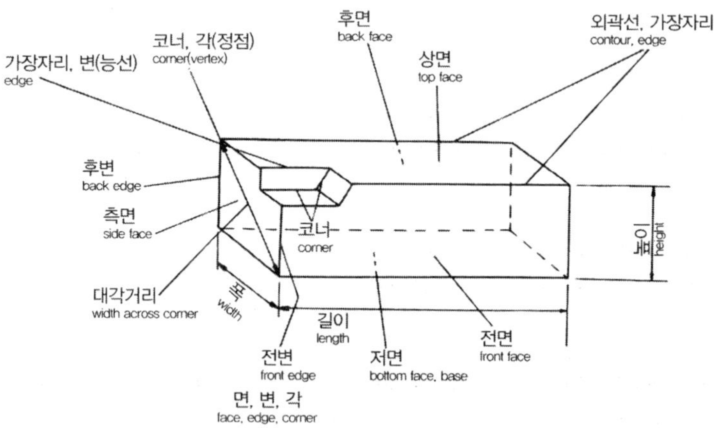

A total 48 and milling cutters were used in screening **test**.
총 48개의 엔드밀커터를 판별**시험**에 사용하였다.

To obtain the experimental values of torsion, heat generation and cage speed, a series of **test** runs **were conducted** where the bearing was subjected to the predetermined sets of load and speed conditions.
비틀림, 발열, 고정기속도에 대한 실험결과를 얻기 위해 일련의 **시험**운전을 실시하였다. 이때 베어링에는 미리 설정한 하중과 속도조건을 부여하였다.

It would have to be verified by further **testing**.
더욱 **시험**해서 확인해야 할 것이다.

<용어예>

distribution-free test	분포와 무관한 검사
nondestructive test	비파괴검사
program test	프로그램테스트
rotation test, speed test	회전시험
visual test	목시검사

하다, 실행하다, 완수하다

accomplish : to succeed in doing, to fulfil
: to work toward the end, realize a project
하다, 실행하다, 완수하다

A standard CNC table mechanism can be used to **accomplish** this positioning.
표준 CNC 선반기구는 이처럼 위치를 **결정하는** 데 사용할 수 있다.

Drying, curing, and posturing were **accomplished** after removal of the wound tubes from the mandrel.

감긴 튜브를 심봉에서 제거하고 건조, 숙성, 조형 작업을 **하였다**.

Positioning **is accomplished** by hardened, precision indexplates and pins.

위치결정은 열처리한 정밀 인덱스플레이트와 핀으로 **한다**.

Deep hole drilling of small holes generally requires slower speeds, and is usually **accomplished** by gradually increasing the hole diameter and depth, using the most rigid drills possible.

작은 구멍을 깊게 팔 때는 최대한 단단한 드릴을 사용해서 구멍의 지름과 깊이에 따라 점진적으로 **파나간다**.

Work holding **is accomplished** either by using a machine vise bolted to the worktable or by direct bolting of the workpiece onto the worktable using the T slots provided.

공작물 고정은 작업대에 볼트로 부착된 바이스를 사용하거나 기존의 T홈으로 공작물을 볼트로 직접 테이블에 고정하는 방법을 사용**한다**.

Production of screw thread can **be accomplished** by the use of taps and dies.

탭과 다이스를 사용해서 나사를 제작**할** 수 있다.

Where it is desirable to provide means of renewing the lubricant, this may **be accomplished** either by means of a grease cup screwed into the closure cap or a pressure gun fitting located in the position shown in Fig.16.

윤활제를 교체하는 수단을 취하는 편이 바람직한 경우 이는 닫힌 뚜껑에 그리스캡을 끼워넣거나 그림16에 나타낸 자세대로 위치를 정한 프레셔 건 피팅을 통해 **실행할** 수 있다.

The one rpm incremental speed changes **are accomplished** though an all-gear drive.

1회전 단위의 속도변환은 전체기어구동장치를 통해서 **실행한다**.

Vane-to-housing sealing is **accomplished** through machining rather than elastomeric seals.

날개와 하우징 사이의 밀봉은 엘라스토머 실이 아니라 기계가공으로 **한다**.

When required forming operations can **be accomplished** with 3 tool positions and cutting-off,…….	필요한 성형작업을 공구위치의 세 가지 조건과 절단으로 **실행할** 수 있을 때는…….
Starting and stopping under load can **be** easily **accomplished**.	부하상태에서도 손쉽게 시동하고 정지**할** 수 있다.
A diagnostic package makes it a simple matter to find and correct a malfunction. Complete precision parts processing from a single station setup **is accomplished** in a fraction of the time required for multiple machine processing.	진단패키지로 기능불량을 발견해서 바로잡기는 간단하다. 1스테이션의 공정으로 정밀부품을 완벽하게 처리하는 편이 여러 단계의 기계처리보다 훨씬 시간이 적게 **든다**.
Staking must **be accomplished** within 30 minutes after application of adhesive to mating surfaces of parts. Never stake bearings after curing of adhesive.	부품의 접촉면에 접착제를 바르고 30분 이내에 코킹을 **완료**해야 한다.

apply : to put into effect	~을 하다

Inspection **is applied** at the appropriate stage.	적절한 단계에 검사**한다**.

effect : to bring about, accomplish	~을 하다, 해버리다

A circular punch, located in the upper die, and working in conjunction with the blanking die, **effects** the disk-cutting operation.	상부에 위치하며 블랭킹 다이스와 연동되는 둥근 펀치가 원판을 자르는 작업을 **한다**.

Once the program is in memory, a manual data input device can be utilized to **effect** any changes.

한 번 프로그램을 입력하면 무엇을 변경**해도** 매뉴얼데이터 입력장치를 사용할 수 있다.

In sawing the removal of metal is **effected** by a series of saw teeth. With power-driven band saws and circular saws, cutting can be performed in a continuous operation.

톱으로 자를 때 금속 절삭은 일련의 톱니로 **수행된다**. 동력으로 구동되는 띠톱과 원톱을 사용하면 연속작업으로 절삭할 수 있다.

In the event of the air-bag puncturing, a repair can easily **be effected** with a tyre patch.

공기주머니가 펑크난 상황에서는 타이어패치로 쉽게 수리**할** 수 있다.

Tool changes can **be effected** in less than 90 minutes.

툴교환은 90분 이내에 **완료**할 수 있다.

implement : to put into effect — 하다, 실행하다, 구체화하다

As often happens when a radical process change **is implemented**, problems were encountered.

공정을 급히 변경**할** 때 곧잘 그러하듯이, 문제가 발생했다.

When **implemented** by the machine and tool designers, should assure the continued successful broaching of engine components.

기계와 공구설계자가 **할** 때는 엔진부품의 연속브로치가공이 잘 되는지 확인하도록 한다.

(~을) 하다(실행, 실시)

carry out : to put into practice, to accomplish	(~을) 하다, 실행하다

Production **is carried out** automatically with an automated cam-controlled transfer system feeding the parts into the double tooling as shown is Figure 2.	그림 2에 보이듯이 부품을 더블 툴링에 보내는 자동 캠제어트랜스퍼시스템을 통해서 자동적으로 생산**된다**.
A neat repair of a frayed floor carpet may **be carried out** with a patch of leather of the same colour as the carpet.	실밥이 풀린 카페트를 깔끔하게 수선하려면 카페트와 색이 같은 레더패치를 사용하는 편이 **좋다**.
Pocket milling. can **be carried out** with guaranteed accuracy in all 3 axes.	포켓밀링을 세 축 모두 보증된 정확도로 **작업할** 수 있다.
A facing operation can **be carried out** by using a special tool holder.	특수 툴홀더를 사용해서 면삭작업을 **할** 수 있다.
Two experiments **were carried out** at room temperature to assess the effect of water and steam contamination on the performance of the bearing.	베어링 성능에 관여하는 물과 증기오염의 영향을 평가하기 위해 실온에서 두 가지 실험을 **수행하였다**.
In some cases it may be necessary to remove the engine from the frame before work can **be carried out** on the clutch.	클러치를 대상으로 작업**하려면** 이따금 엔진을 먼저 프레임에서 제거해야 할 때도 있다.

conduct : to manage or direct (business or negotiation etc. or an experiment	(노력해서) 하다, 수행하다

The controller **is conducting** its error check, ...	제어장치가 그 오류를 체크**한다**, …….
The technique used to **conduct** these analyses the Spectrometric Oil Analysis Program (SOAP)... .	이 분석을 **위해** 사용된 기술인 분광학적오일분석프로그램 (SOAP)은…….
The field trial **was conducted** at a M maintenance shop.	M 정비소에서 현장시험을 **수행하였다**.
For many years, tests **were conducted by** various companies in order to find a grease that best resists separation when subjected to high centrifugal forces.	높은 원심력이 가해졌을 때 가장 분리가 덜 되는 그리스를 찾기 많은 회사가 오랜 기간 동안 **시험하였다**.
In certain experimental rig tests, **conducted** on 124-mm bore bearings at speeds to 3.0 MDN, this has **been done** on an optimized design.	내경 124mm인 베어링을 3×10^6 DN의 속도에서 실시한 시험은 최적으로 설계한 베어링을 대상으로 **수행되었다**.
All the friction and wear tests **were conducted** using a Falex LFW-1 machine.	모든 마찰, 마모시험은 Falex LFW-1기를 사용해서 **수행되었다**.
Research in this area **is being conducted** at the Production Engineering Institute of the Aachen University.	이 분야의 연구는 아헨대학의 생산기술연구소에서 **수행되었다**.
Many **tests were conducted** to measure the friction coefficients in couplings, and to find means to reduce them.	커플링의 마찰계수를 측정하고 이를 감소시킬 수단을 찾기 위해 많은 실험이 **수행되었다**.

do : to perform, to carry out, to fulfil or complete (a work, duty etc.)	(~을) 하다

While it has size and power limitations, this type of press **does** particular hobs efficiently.	규격과 출력에 제한이 있지만 이 타입의 프레스는 효율적으로 특수작업을 **할 수 있다**.
The 2A has a math processor option, which allows engineers to **do** calculation in real time and read the results on the hand-held terminal.	2A에 옵션으로 있는 수리프로세스는 기술자가 핸들단말기로 실시간으로 계산**해서** 결과를 얻을 수 있다.
When removing a washer, all that he **has to do** is to measure its thickness and make a simple calculation.	와셔를 해제할 때는 두께를 측정하고 간단한 계산을 **할 필요가 있다**.
This operation should only **be done** by experts.	이 작업은 반드시 전문가가 **해야** 한다.
Screw cutting for a limited number of components can **be done** cheaply and simply by hand with a screw tap or a screw die.	한정된 수량의 나사부품절삭은 탭이나 다이스를 사용해서 수동으로 손쉽고 저렴하게 **할** 수 있다.
This can **be done** very simply as shown in Fig.146, by connecting a bulb-holder between the two outer terminals of the two-way switch.	이는 그림 146에 나타난 것처럼 진공관 고정구를 2로 스위치의 2개 외측단자 사이에 접속해서 아주 간단하게 **할** 수 있다.
Much lathe work **is done** in a chuck and requires considerable facing and some center drilling.	선반작업은 대개 척으로 **하지만** 적잖이 면삭과 센터천공도 필요하다.
The Model H has a single-lever control which performs indexing and spindle-locking.	H형에는 인덱싱과 축 고정을 담당하는 레버컨트롤러가 있다. 인

Indexing and locking **are done** in ratchet fashion.

덱싱과 축 고정은 래칫방식으로 **한다**.

Mechanical drilling of small holes can often **be done** on conventional machine tools such as drill presses, lathes, jig boring machines, machining and turning centers, and transfer machines.

작은 구멍을 기계적으로 파는 작업은 드릴프레스, 선반, 지그 보링머신, 머시닝센터, 터닝센터, 트랜스퍼머신 등 많은 일반적인 공작기계로 **할** 수 있다.

In the last two decades of the 19th century intensive research **was done** on the processes of metal cutting.

19세기말의 20년 동안 금속절삭 프로세스에 대해 정력적으로 연구가 **이루어졌다**.

When lubrication **has been overdone** so that the brake-linings have become covered with grease or oil, the only thing is to remove the shoe and throughly wash them in petrol, rubbing them over with a wire brush.

브레이크 라이닝이 그리스나 오일로 뒤덮일 정도로 윤활제를 **과다처리했을** 때는 슈를 해제하고 가솔린 속에서 완전히 세정한 다음 와이어브러쉬로 그 위를 문지르는 방법밖에 없다.

execute : to carry out, to put (a plan etc.) into effect	실행하다, 처리하다

It is possible to **execute** very close delivery schedule of both incoming material and outgoing finished parts.

입고되는 재료와 출하되는 마감부품 양쪽을 아주 면밀한 수수스케줄로 **처리할** 수 있다.

Assembly requirements analysis indicated that the majority of assembly tasks **are executed** with a vertical Z-motion.

조립에 필요한 조건을 해석해서 대부분의 조립작업은 상하 Z운동으로 **처리할** 수 있음을 알아냈다.

Since accurate machining **is executed** as the program is being prepared, the Word Player is ideal for the production of single workpieces.

준비된 프로그램대로 정확하게 기계가공**하므로** 단품공작물 생산에는 워드플레이어가 이상적이다.

make : to perform (an action etc.)	하다

Feed the compound in 0.005 inch and reset the cross feed dial to zero. **Make** the second cut.	복식공구대를 0.005인치 이송하고 전후이송다이얼을 제로로 다시 맞춘 다음 두 번째 절삭을 **한다**.
On a lathe, long shafts tend to vibrate when cuts **are made** leaving chatter marks.	선반으로 긴 축을 절삭**할** 때는 자주 발생하는 진동 탓에 채터 마크가 남는다.
The grinding of high-chromium iron rolls can **be made** with the same equipment and procedures that are used for grain iron rolls.	그레인 철강롤에 사용한 것과 동일한 장치와 작업방법으로 하이크롬 철강롤을 연삭**할** 수 있다.
The system utilizes 24 nonrotating weld guns that **make** six welds on each baffle.	이 시스템은 각 배플에 여섯 군데 용접**하는** 24 비회전 용접건을 사용한다.
Now you can **make** highly precise measurements more rapidly to minimize downtime of high productivity machine tools with the Leitz family of CNC Coordinated Measuring Machines.	레이츠 CNC 좌표측정기로 고생산성 공작기계의 정지시간이 가장 단축되도록 더욱 신속하고 정확하게 측정**할** 수 있다.
Regarding the question on leakage rates, **no** sophisticated measurement of flow **was made** during the test, only qualitative observations with the naked eye.	누출속도 문제에 대해서는 시험중에는 정밀한 누출측정은 **하지 않고** 다만 육안으로 정성적인 관찰만 한다.
Running at the moderate speed of 2,000 rpm the piston, of course, **makes** 4,000 strokes per minute and in doing so travels about 1,120 ft.	물론 2,000rpm 중속에서 운동하는 피스톤은 1분 동안 4,000스트로크**하며** 이는 약 1,120피트를 이동하는 것과 같다.
Current is led from the dynamo by means	전류는 정류기와 마찰접촉**하는**

of carbon blocks or brushes which **make** rubbing contact with the commutator.

카본블럭, 혹은 브러시를 통해서 발전기로부터 유도된다.

…… ; in the third position both resistances are short-circuited, connection **being made** directly to the end of the field winding.

…… : 세 번째 위치에서 양쪽 저항이 합선되고 계자권선의 끝 부분에 직접 연결**한다.**

Having made these preparations, the engine should be run until it is nicely warm, as joints are broken more easily and nuts are easier to remove when warm.

이렇게 준비**하고** 엔진이 따뜻해질 때까지 적당히 운전한다. 따뜻해지면 조인트가 쉽게 풀리고 너트도 쉽게 해제할 수 있다

In that case, new provision will have to **be made** for carrying the tools, but this is not usually a difficult matter.

이런 때는 툴을 설치하기 위해서 작업 절차를 새로 정해야 **하지만** 크게 어려운 일은 아니다.

The M portable machine could be adapted to the job, providing certain design to the job, providing certain design changes **were made**.

특정하게 설계를 **변경하면** M 휴대용 기계를 이 작업에 알맞게 개조할 수 있다.

On cars not fitted with a stop-light the addition can **be made** quite easily by attaching the switch to the underside of the floor-board and hooking the end of the spring through a hole made in the brake pedal.

정지등을 설치하지 않은 차에는 스위치를 바닥 아래에 설치하고, 브레이크페달에 판 구멍을 통해 스프링 끝에 걸쳐서 아주 간단하게 정지등을 추가**할** 수 있다.

Divisions can **be made** that are not possible with a standard index plate.

표준 인덱스플레이트로는 불가능한 분할을 할 수 있다.

Practical necessity sometimes requires that we **make** this kind of classification.

실제로 필요하기 때문에 이런 방식으로 분류**하기도** 한다.

Not only should a note **be made** of the performance, but fuel consumption should also be taken into account, for it can be changed

제트 규격을 아주 조금 바꾸어도 연료소비량이 급격히 변화하기 때문에 성능에 신경**쓸** 뿐 아니라

very considerably by quite small alterations in jet sizes.	연료소비량도 고려해야 한다.
Increment infeeds and cycle selection **are made** by push button controls.	인크리먼트 인피드와 사이클 선정은 푸시버튼 컨트롤러로 **하다**.
……**make** every effort to eliminate errors.	오차를 없애기 위해 모든 노력을 **다한다**.
Attempts are **being made** everywhere to standardize in order to **make** them portable — to **make** it possible to run on different operating systems and machines.	휴대를 가능하게 **하기** 위해 — 다른 동작 시스템과 기계로 운전할 수 있게 **하기** 위해 — 전 부분에 걸쳐 표준화를 시도하였다.
Two years ago, a study **was made** of the company's total belt operations.	2년 전에 회사의 모든 벨트 작업에 대해 연구**하였다**.
A further test could **be made** by opening the throttle suddenly while the engine is running slowly.	엔진이 천천히 작동하고 있을 때 갑자기 스로틀을 열어서 다음 단계의 시험을 **할** 수 있다.
Sources of Leakage. — When it is found that too much oil is being used a careful **check** of the engine should **be made**.	누수원 — 오일이 과다하게 사용되었음을 알았을 때는 엔진을 주의 깊게 **조사해야** 한다.
The next step was to **make** further observation or experiments to determine whether or not these other conditions were present.	다음 단계는 이러한 다른 조건이 존재하는지 아닌지 알아보기 위한 추가적인 관찰, 혹은 실험**이다**.
In order to test his hypothesis, Dr.A had first to **make** certain assumptions.	가설을 확인하기 위해 A박사는 가장 먼저 특별한 가정을 **하였다**.
No assessment has **been made** of the effects of the additive on the corrosion and wear characteristics of the engine or on combustion chamber deposits.	이 첨가제가 엔진의 부식, 마모 특성과 연소실의 추진물에 미치는 영향에 대해서는 아무런 평가도 **이루어지지 아니하였다**.

Make sure that ……

……을 **확인한다**.

When writing even short and simple program in a computer language everyone **makes mistakes**.

컴퓨터 언어로 짧고 단순한 프로그램을 작성할 때도 누구나 **실수를 한다.**

This point will more readily be understood by **making** reference to Fig.44 which shows …….

이 점은, ……을 나타내는 그림 44를 참조**해서** 좀 더 쉽게 이해할 수 있다.

The gearing industry **made** significant gear design advances which necessitated the production of hobs with modified tooth forms.

기어링산업은 기어설계의 현저한 진보를 **가능케 하였으나** 이 과정에는 이가 수정된 형태의 호브 제작이 필수적이었다.

The tool that **made** the biggest contribution is the Valenite Centre-Dex with one screw-down square VC-55 insert with an 11° relief.

가장 크게 기여**한** 툴은 Valenite Center-Dex이며 여유면이 11°이고 나사 하나로 고정할 수 있는 사각 VC-55 인서트가 딸려 있다.

……to **make** more successful and systematic use of his computer.

가장 성공적이고 체계적으로 컴퓨터를 활용**하기** 위해서는…….

perform : to carry into effect, to accomplish, to do	하다

At this point it momentarily stops and **performs no work**.

이 지점에서 순간적으로 정지하고 **전혀 작동하지 않는다**.

Called the Parts Maker, the CNC vertical-spindle, bed-type machine **performs** drilling, milling, boring, tapping, and precision profiling in three axes simultaneously

Parts Maker라고 하는 이 CNC 수직축 베드타입 기계는 동시에 세 개의 축으로 드릴링, 밀링, 보링, 태핑, 탭작업, 정밀프로파일링을 **한다**.

The arm **performs** a range of motion within a sphere 16 inch diameter.

팔은 지름 16인치 행동공간 내에서 작동**한다**.

These instruments are designed to **perform** one specific function, or can be combined to achieve a number of different functions.

이 장치는 하나의 지정된 기능을 **수행하도록** 설계되었지만 몇 가지 다른 기능을 수행하도록 조합할 수도 있다.

For best results, the reaming process has to **be** properly **performed**. Typical application involves bore 25mm in diameter and 105mm long in a cast iron part. The reaming **is done** in two passes, the first at a feedrate of 0.6 to 1.0mm/min and the second at 2.5 to 4.0m/min.

가장 우수한 결과를 얻기 위해서는 리머가공작업을 적절히 **수행해야** 한다. 주철부품의 지름 25mm, 길이 105mm인 구멍이 좋은 예이다. 이 리머가공은 두 단계로 나누어서 하는데 처음에는 피드속도 0.6 ~ 1.0mm/min, 두 번째는 2.5 ~ 4.0m/min이다.

All operations at station 4 **are performed** manually.

스테이션4의 모든 작업은 수동**작업**이다.

Several other machining operations can **be performed** on a drill press.

그 외의 다른 몇 가지 절삭작업은 드릴프레스로 **할 수 있다**.

These operations may **be performed** in a sequence on more than one side of a workpiece without change in set up.

작업순서를 변경하지 않고 하나 이상의 공작물의 측면에 순차적으로 이러한 가공을 **할** 수 있다.

Although these air-hydraulic presses are compact in size, they can **perform** operation on metals, plastics, and ceramics that are currently **being performed** on much larger presses.

이러한 에어-하이드로 프레스는 크기는 작지만 현재 훨씬 큰 프레스로 **하는** 금속, 플라스틱, 세라믹 가공도 할 수 있다.

Progressive drilling operations are **performed** in the center of one end of rods at stations two, three and four.

2, 3, 4 스테이션에서 로드 한쪽을 중심으로 순차적으로 천공작업을 **한다**.

Bending **is** commonly **performed** in one of three days.

휨가공은 보통 세 가지 방법 중 하나로 **수행한다**.

Because the analytical work can **be performed** in the field, results are available within an hour after sampling is completed.

현장에서 해석작업을 **할** 수 있으므로 샘플링 후 1시간 이내에 결과를 얻을 수 있다.

A spiral broach has been designed and bulit for cutting internal helical gears, and turret broaching machines can **perform** multiple operations through automatic indexing.

특수브로치는 내부 헬리컬기어를 절삭할 용도로 설계, 제작되었으며 터릿브로칭머신은 자동으로 계산해서 복수 작업을 **할** 수 있다.

Programming **is performed** through a hand-held control.

프로그래밍은 핸드헬드컨트롤러로 **실행한다**.

Basic maneuvers of Columbia **are** all **performed** through computers.

콜롬비아호의 기본적인 조종은 모두 컴퓨터로 **수행된다**.

Part alignment **was performed** with the use of a laser beam.

파트 얼라인먼트는 레이저광선으로 **실행된다**.

Cutting **is** still **performed** with tools manufactured from high-speed steel.

절삭은 요즘도 고속도강으로 만들어진 바이트로 **수행된다**.

A single robot can **perform** a dozen or more different spotwelds with greater **precision** than a human.

로봇 한 대로 사람보다 더욱 정밀하게 12군데 이상 서로 다른 부위의 스폿용접을 **할** 수 있다.

Electro-optical pitch line runout gage **performs** inspection function without touching the parts being gaged and without using a specialized laser light.

전자, 광학적 피치 라인런아웃 게이지는 측정부품에 접촉하지 않고 특수한 레이저광선을 사용하지도 않으면서 검사기능을 **수행한다**.

They **are performed** automatically by the System P-Model F.

이들은 시스템 P-F형태로 자동적으로 **실행된다**.

These may **be performed** by data processing. 이것들은 데이터처리로 **실행할** 수 있다.

Drilling **was performed** to a depth of approximately 10 ft (3m) before inspection and replacement of the drill blade. 드릴의 날을 검사하거나 교환하지 않고 약 10피드(3m) 깊이로 구멍을 **팠다**.

The computer automatically **performs** the analyses and calculations to determine if the feature is within tolerance. 형태가 허용오차 이내인지 판단하기 위해 컴퓨터가 자동적으로 해석하고 계산**한다**.

practice : to do something actively, to carry out in action	하다, 실행하다

Molten salt bath nitriding **is practiced** world wide by the German process known as "Tenifer" or "Tufftride". 용융염욕질화는 '테니퍼'나 '터프라이드'로 알려진 독일의 처리기법이며 세계적으로 널리 **사용된다**.

Put the plan **into practice**. 계획을 **실행에 옮긴다**.

take : to find out and record, to perform, to deal with	하다, 처리하다

If a potential problem exists, the system alerts the operator and identifies the source of the problem so preventive or corrective action can **be taken** immediately. 만일 문제가 존재하면 즉시 예방이나 수정**처리를 할** 수 있도록 조작자에게 경고하고 또한 그 문제의 원인을 밝히도록 한다.

In one case, only two tests **were taken**.	어떤 때는 시험을 두 번만 **치렀다**.
Duo **takes** heavyduty <u>cuts</u>.	중<u>절삭</u>**한다**.
After **taking** one or several roughing cuts (depending on the diameter of the workpiece), 0.015 to 0.030 in. should be left for finishing.	1번 혹은 여러 번 황절삭**한** 후에 (공작물의 지름을 고려해서) 마감가공용으로 0.015 ~ 0.030인치 남긴다.
Take long, flowing **strokes** with the brush, holding it so that it is inclined at about 30 degrees to the surface being treated and working in the same direction throughout.	처리표면에 약 30° 정도로 브러시를 고정하고 처음부터 끝까지 같은 방향으로 길고 흐르듯이 **어루만진다**.
<u>Reading</u> **can be taken** while cutting is in process.	절삭 중에 <u>읽어 들일</u> **수 있다.**

undertake : to agree or promise to do something	하다

The operation should **be undertaken** only if the flywheel is of steel, as cast iron has a tendency to burst.	주철은 파열되는 경향이 있으므로 플라이휠이 철일 때만 이 작업을 **한다**.
Reassembling the gearbox will **be undertaken** in the reverse order to dismantling.	기어박스 재조립은 해제할 때와 반대 순서로 **하면** 된다.

확인하다

analyse : to examine and interpret	조사하다(해명, 해석, 분석)

Analyse the causes of their failure.

그 실패의 원인을 **조사한다**.

The results **were analysed** statistically, and plotted against every possible characteristic of the grease.

결과를 통계적으로 **해석하고** 그리스의 거론할 수 있는 모든 특성에 대해 플로트하였다.

A detailed **analysis is done**.

상세하게 **해석한다**.

The wear volume measurements exhibit significant scatter and a statistical significance **analysis** of the data **was made**.

마모량 측정치는 격차가 심해서 데이터는 통계적으로 **해석하였다**.

From **analyses** on liquid remaining on substrate, ...

모재에 남은 액체를 **분석**한 결과에 따르면…….

check : to test or examine in order to make sure that something is correct or in good condition.	조사하다, 확인하다(점검, 검사)

This new automatic tester automatically **checks** the hardness of parts and shows the results on a digital read out, a recorder, indicator lights by separating the good parts from the bad.

이 새로운 자동 테스터는 부품의 경도를 자동적으로 **검사**하고, 우수한 부품을 불량부품과 구분한 결과를 디지털계수기, 기록계, 지시등에 표시한다.

Check that replacement bearings are readily available in case they are needed.	그 대신 필요하면 베어링을 바로 교체할 수 있는지 **확인해야 한다**.
While the plug is being examined the spark gap should **be checked**.	플러그를 점검하는 동안 스파크 캡을 **조사하도록** 한다.
If there is a slightest doubt as to bearing performance, the machine should **be** stopped and the bearing arrangement **checked**.	베어링 작동에 조금이라도 의심스러운 점이 있으면 기계를 정지시키고 베어링 부착상태를 **확인하도록** 한다.
The wiring and connections should **be** carefully **checked over**.	배선과 접속을 **자세히 점검하도록** 한다.
It is always best to **check up** the faces on a surface plate before fitting a thin gasket, or there will be a risk of a "blow" occurring.	얇은 개스킷을 부착하기 전에 표면판의 면을 **조사하는** 편이 가장 좋고, 그렇게 하지 않으면 '블로우'가 발생할 위험성이 크다.
Turn boost switch OFF to functionally **check** solenoid valve.	솔레노이드 밸브의 기능을 **점검하기** 위해 부스트스위치를 끈다.
Parts that give evidence of were or physical damage will **be checked** dimensionally.	마모나 물리적인 손상의 흔적이 있는 부품은 규격을 **확인한다**.
Visually **check** the condition of a cable.	케이블 상태를 육안으로 **점검한다**.
Check for loose electrical connections.	전기적인 접속부위가 느슨한지 **확인한다**.
Systems should **be checked** daily for correct air and oil temperature, oil revel and mist header pressure.	시스템의 에어, 오일온도, 오일레벨, 미스트헤더 압력이 정상인지 아닌지 매일 **점검하도록** 한다.
Check if the sensor is working properly.	센서가 정상적으로 작동하는지 아닌지 **점검한다**.

Check the condition of the seals near the bearings to ensure that they will not, for example, permit hot or corrosive liquids and gases to penetrate the bearing arrangement.

베어링에 가까운 실의 상태, 예를 들어 실이 뜨거운 액체나 부식성 액체를 잘못해서 베어링 장치에 침투시키지 않았는지 **점검한다**.

In the control area of the system, the timer should **be checked** to assure that the predetermined time settings have not been altered.

시스템의 이 제어부분에서는 미리 정해둔 시간 설정이 변하지 않았는지 확인하기 위해 타이머를 **점검해야** 한다.

Any automatic lubricating devices should **be checked** to see that they function correctly.

모든 자동급유장치는 그것이 정상적으로 작동하는지 직접 보고 **확인해야** 한다.

To **check** the accuracy of the work done in engineering the system, pick a bearing at random in Fig.5, then **check** it against the discharge capacity and adjustment setting of the dual line measuring valve selected.

시스템 설계, 시공의 작업성밀도를 **확인하기** 위해 그림 5처럼 무작위로 베어링 하나를 선정해서 가장 좋은 계량밸브의 셋팅 조정과 배출용량을 **점검한다**.

Chamfers **are checked** by means of special templates.

면삭은 특수한 템플릿으로 **점검한다**.

Check the temperature of the bearing arrangement by using a thermometer, heat sensitive chalk, or often simply placing a hand on the bearing housing.

이 베어링장치의 온도는 온도계나 감열초크를 사용하거나, 혹은 일반적으로 하는 것처럼 베어링 하우징을 단순히 손으로 만져서 **확인할** 수 있다.

Check the inside of the spindle taper with your finger for nick or girt.

스핀들 테이퍼 안쪽이 손상되었는지 어떤지 손으로 **확인한다**.

The height of single-acting thrust bearings **can be checked** between a surface plate and the gauging pin, or with a micrometer.

단동식 스러스트 베어링의 높이는 표면판과 측정핀 사이의 간격이나 마이크로미터로 **확인할 수 있다**.

Where a non-standard bearing is to be specified, the availability should **be checked** with S.

비표준형 베어링을 지정할 때는 입수 가능여부를 S사에 **확인하도록** 한다.

Perform operational **check**, observe for leaks.

작동**점검하고** 누수를 조사한다.

Checking the various points at which play occur **is** most easily **carried out** with the aid of an assistant.

플레이를 일으키는 다양한 지점의 **점검은** 조수 한 명이 도와주면 아주 쉽게 **할 수 있다**.

While the pumps run, **make** the hourly **check** listed below : bearing temperature, suction and discharge pressure.

펌프 운전 중에는 다음 사항을 한 시간마다 **점검해야 한다**. : 베어링의 온도, 흡수 · 배출 압력

A final **check** should **be made** to be sure all clamping bolts are tight.

고정볼트가 전부 어김없이 단단히 죄어 있는지 마지막으로 **점검한다**.

A conventional **check** on maximum speed limits **can be made** from a dn value.

한계최고속도 **점검**은 일반적으로 dn치로 **한다**.

Keep a check on bearing behavior immediately after starting up.

시동 직후에는 베어링의 상태를 지속적으로 **점검하도록** 한다.

……**run** 10,000 electrical **checks** a second.

……는 전기적으로 매초 10,000번 **점검한다**.

<용어예>

automatic check	자동검사
check bit	검사비트, 체크비트
check of drawing	검사도
marginal check	한계검사
programmed checking	프로그램검사
redundancy check	중복검사
thread plug gage for checking wear	마모점검 나사플러그게이지
total check	전체검사

validate : to make valid, to confirm — 확인하다

Such methods must **be validated** by friction measurements.

이러한 방법은 마찰측정으로 **확인해야** 한다.

verify : to check the truth or correctness of — 조사하다, 확인하다

M has three models in its Series 9, the smallest accepts workpieces 14" long and 7" in diameter ; the largest **verifies** workpieces 40" long and 16.4" in diameter.

M사에는 시리즈9에 세 가지 모델이 있는데 가장 작은 모델은 길이 14인치, 지름 7인치, 가장 큰 모델은 길이 40인치, 지름 16.4인치의 공작물을 **검사**할 수 있다.

Refractometer accuracy should also **be** periodically **verified**.

굴절계의 정밀도는 정기적으로 **검사해야** 한다.

The value **is** independently **verified** before the specimen is tested.

시료를 시험하기 전에 이 수치를 개별적으로 **확인한다**.

Before attempting to remove the pinions they should be carefully inspected for wear and backlash, and it should **be verified** that timing marks are provided on the teeth.

피니온을 제거하기 전에 마찰과 백래시를 검사한다. 그리고 타이밍마크가 이에 남았는지 **확인한다**.

The readout accessory **verifies** position for X and Y axes to assure precise hole location.

이 부속판독장치는 구멍의 정밀한 위치를 보장하기 위해 X축과 Y축의 위치를 **확인한다**.

The operator then removes an appropriate shim from the rack and **verifies** its size before adding it to the differential assembly.

다음으로 디퍼런셜어셈블리를 부착하기 전에 작업자가 랙에서 적당한 심을 골라서 규격을 **확인한다**.

Verification is accomplished by inserting the shim into an automatic gage.

이 확인은 심을 자동게이지에 넣어서 **수행한다**.

Calibration change is not required for different part weights. A spindle lock feature provides on-machine correction and instantaneous **verification**.

무게가 다른 부품에 대해서 보정을 변경할 필요는 없다. 스핀들 고정장치는 기계에 부착한 채로 수정 즉시 **확인**할 수 있는 기능이 있기 때문이다.

<용어예>

verification tolerance　검정허용오차

verifier　검공기

태핑작업을 하다

tapping : tap; a device for cutting a screw-thread inside a cavity.　태핑작업

Tap holes by hand or with a drill press.

손이나 드릴프레스로 구멍을 **태핑작업을 한다**.

Unlimited continous **tapping** operations can

유압모터를 과도하게 작동시키지

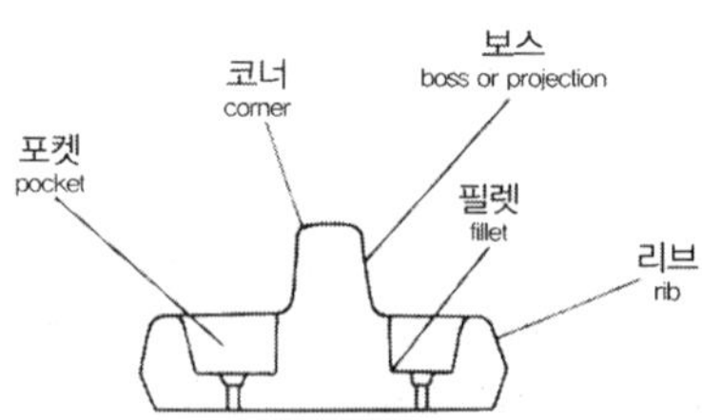

be performed without subjecting hydraulic motor to any undue strain.

않고도 무제한으로 연속해서 **태핑작업을 할** 수 있다.

Standard plug or bottoming taps can be used when hand **tapping** in the lathe. If power is used, what kind of tap works best?

선반에서 손으로 **태핑작업을 할** 때는 표준 플러그나 마감 탭을 사용할 수 있다. 만일 동력을 사용한다면 어떤 종류의 탭이 가장 적합한가?

<용어예>

automatic nut tapping machine	너트태핑머신
centering machine	센터링머신
tap borer, tap drill	탭드릴
tap-end stud[bolt]	탭엔드볼트
tapping machine, tapper, threading machine	나사절삭기
tapping screw	태핑나사

조정하다, (~을) 맞추다, 조절하다

adjust : to arrange to put into the proper position, to alter by a small amount so as to fit or be right for use

조정하다, 가감해서 맞추다

Adjust the zero point without anything on the balance pan.

저울 섭시에 아무것도 올려놓지 않고 영점을 **조정한다**.

It may be necessary to **adjust** the spacer more than once.

스페이서를 한 번 이상 **조정할** 필요가 있다.

Data is completely consistent and time-corrected. You can continuously **adjust** operations in terms of efficiency, cost, safety and health.	데이터는 완전히 일정하고 시간수정도 하였으므로 작업은 효율, 코스트, 안전, 건강 면에서 지속적으로 **적정상태를 유지할** 수 있다.
Adjust the constant temperature bath to 10℃.	항온수조를 10℃로 **조정한다**.
Adjust the inside and outside mercury height to same level watching the buret.	뷰렛을 보면서 안쪽과 바깥쪽 수은주를 같은 높이로 **맞춘다**.
Tooling can **be adjusted** to a general length and diameter range, and then the axes can **be** fine **adjusted** to the tool point.	툴링은 전반적인 길이와 지름 범위 내로 **조정**할 수 있고 다음으로 선축을 바이트 끝부분으로 미세**조정할** 수 있다.
Taper roller bearings my be fairly complicated to mount. Often they have to **be adjusted** to a certain amount of internal clearance or to a given preload using springs or shims (calibrated distance piece).	원추형 롤러베어링은 상당히 설치하기 복잡하다. 이 베어링은 일정량의 내부공간으로, 혹은 스프링이나 심(보정된 간격편)을 사용해서 소정의 예압을 유지하도록 가끔 **조정**해야 한다.
The length of stroke can **be adjusted** to suit the workpiece.	스트로크의 길이는 공작물에 알맞게 **조정**할 수 있다.
The lubricator can **be adjusted** to meet the requirement of your tool.	윤활기는 툴의 요구조건에 알맞게 **조정**할 수 있다.
Adjust the eye piece so that the cross hairs is seen clearly and easily.	십자선이 편하고 확실하게 보이도록 접안렌즈를 **조절한다**.
Loosen screw and **adjust** the regulator plate so that the latch lever clears the pawl lever by 1/16".	나사를 느슨하게 하고 래치레버가 폴레버에서 1/16인치 떨어지도록 조절판을 **조정한다**.

Adjust the indicator so that the pointer indicates zero.

침이 영점을 가리키도록 인디케이터를 **조정한다**.

Indicator **is adjusted** so that it registers zero.

기록침이 영점을 표시하도록 인디케이터를 **조정한다**.

Adjust check nut for 0.005 to 0.015 inch clearance with washer.

와셔로 간격이 0.005 ~ 0.015 인치가 되도록 체크너트를 **조정한다**.

Adjust clevis on piston of cylinder assembly for correct length and lock with nut.

실린더 조립품의 피스톤에 있는 U자형 갈고리를 올바른 길이로 **조정하고** 너트로 고정한다.

The clamp automatically **adjusts** for variations in workpiece height.

클램프는 가공물의 높이 변화에 맞추어 자동적으로 **조정된다**.

Extending from the head is a 2" non-rotating, spindle which can **be adjusted** for length, thus giving the micrometer an overall length of 7⅛" ~ 9¼".

헤드에서 돌출된 것은 길이를 **조정**할 수 있는 2인치 비회전 스핀들인데 이렇게 해서 마이크로미터는 전장 7⅛ ~ 9¼인치가 된다.

The conveyor's variable-speed drive can **be adjusted** from 0 ~ 20 fpm.

컨베이어의 속도변경장치는 0에서 20fpm까지 **조정**할 수 있다.

Single row angular contact bearings **are adjusted** towards another bearing.

단일 앵귤러베어링은 다른 베어링 방향으로 **조정한다**.

Clearance **is adjusted** by means of the spindle nut unit until the torque is felt to increase.

토크의 증가가 느껴질 때까지 스핀들 너트유닛으로 간격을 **조정한다**.

Both axes can **be adjusted** by hand-wheels.

두 축 모두 핸드휠로 **조정**할 수 있다.

The oil pressure can **be adjusted** by turning

유압은 **조정**나사를 돌려서 증압

the **adjusting** screw in to increase or out to decrease pressure.

하거나 감압하는 등 **조정**이 가능하다.

If desired, the numerical value of A can **be adjusted** up and down by varying the parameter M and Z.

요청에 따라 파라미터 M과 Z를 변경해서 A의 수치를 올리거나 내리는 등 **조정**이 가능하다.

Each jaw can **be adjusted** independently by rotation of the radially mounted threaded screw.

각 죠는 반지름 방향으로 부착된 나사를 돌려서 개별적으로 **조정**할 수 있다.

Ths slide can also **be** manually **adjusted** during rotation by means of a hand crank. The **adjustable** vernier enables the operator to **adjust** the tool bit with the hand crank by 0.00025" per line (0.0005" on diameter).

슬라이드는 핸드클램프로 회전중에 손으로도 **조정**할 수 있다. **조정** 버니어로 작업자는 한 눈금 당 0.00025인치(지름 0.0005인치)씩 핸드클램프로 툴을 **조절**할 수 있다.

The cutaway drawing shown here illustrates the mechanical/electrical components inside the turret and slide gearbox. There are no limit switches to set, valves to **adjust** or knobs to turn.

이 단면도는 터릿과 이송대 기어상자 내부의 기계적, 전기적 부품을 표시한 것이다. 셋팅용 리미트스위치, **조정**밸브, 회전손잡이 등이 전혀 없다.

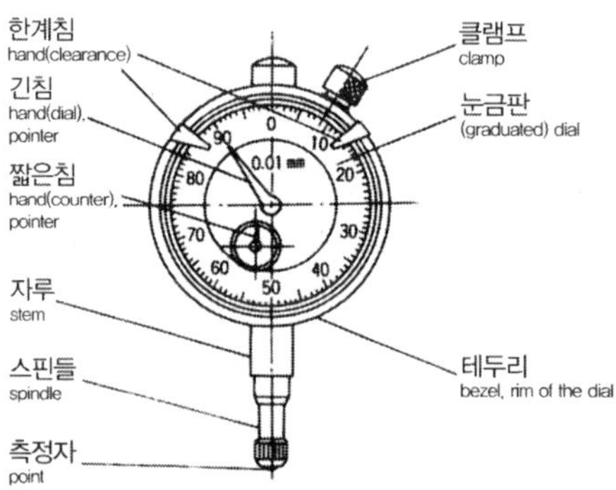

0.01mm 눈금다이얼게이지
(dial gauge reading in 0.01mm) (dial indicator)

Don't attempt to **make** the **adjustment** while the pump operates.

펌프가 작동할 때는 **조정을 시도하지** 않도록 한다.

0.606 feller gauge can be used in **making** this **adjustment**.

이 **조정을 하는** 데 0.606 필러 게이지를 사용할 수 있다.

Operating with either jaw or collet chucks, variable tension **adjustment** of 0.030" **is made** by hand, even while in operation.

죠나 콜렛척으로 작업할 때는 작업 중에도 장력을 손으로 0.03인치 **조정**할 수 있다.

The **adjustment is made** manually and simply by means of a screw located at the top of the columns.

칼럼 정상부에 있는 나사로 수동으로 간단히 **조정할 수 있다**.

Adjustments on the jaw can **be made** with a 1/4" hex wrench.

죠는 1/4인치 육각렌치로 **조정할 수 있다**.

It is necessary to **effect re-adjustment**.

재조정할 필요가 있다.

After **adjustments** are complete and engine shut down, accomplish the following:

조정을 마치고 엔진을 정지시킨 후에 다음 사항을 실행한다.

The generator attaching brackets are slotted to **permit** this **adjustment**.

이 발전기 설치 브라켓은 이 **조정이 가능하도록** 홈이 나 있다.

Suitable **adjustment is obtained** by means of shaft nuts shimming.

축너트에 시밍작업을 해서 적절하게 **조정할 수 있다**.

Employ different **adjustment**.

서로 다른 방법으로 **조정**한다.

A calculation can be made of how much **adjustment** the bearings still need to give the required clearance.

원하는 간격으로 만들기까지 베어링 **조정**이 아직 얼마나 더 필요한지 계산할 수 있다.

All 22 bearings in the experiments operated satisfactorily for the duration of the tests although some minor **adjustments** were required in the

하이러닝토크를 피하기 위해 시험번호11 베어링의 반지름방향 온도구배에 약간의 **조정**이 필요

radial temperature gradients of the bearings in test Number 11 to avoid high running torques.

하였으나 실험대상 베어링 22개 전부 이 시험시간 동안 문제없이 작동하였다.

Screw adjustment increase versatility and permits use of cams from older design machines.

나사를 조정해서 범용성이 늘어난 덕분에 구식기계의 캠도 사용할 수 있다.

Head adjustment up to 45° front and back and 30° left and right permits rapid milling from any angle.

전후 45°, 좌우 30° 이내로 **헤드를 조정**해서 모든 각도로 신속하게 밀링가공을 할 수 있다.

Turn each pressure **adjustment screw** counterclockwise until restricted.

각각의 **압력조절**나사를 반시계방향으로 최대한 돌린다.

Adjustment screw with dial graduated to 0.001 must be screwed into the assembly as far as possible.

눈금이 0.001을 가리키는 다이얼이 부착된 **조정나사**를 조립품 속으로 가능한 한 깊게 박아 넣는다.

Three vertical spindle **adjustable** in <u>height</u>.

<u>높이</u>를 **조정할 수 있는** 버티컬 스핀들 세 개.

……**adjustable** <u>to</u> any height.

……어떤 높이<u>로든</u> **조절할 수 있다**.

The spindle is carried in a head that is vertically **adjustable** on the column, being provided with down feed by means of worm gearing.

이 스핀들은 칼럼 위를 수직방향으로 **조절할 수 있는** 헤드에 부착되어 있고 웜기어로 아랫방향으로 이송될 수 있다.

<u>Infinitely</u> **adjustable** between 100 and 640 rpm.

100 ~ 640rpm 사이, <u>무한</u>**조절**.

Back-up plate is **adjustable** for control of finished part thickness.

백업플레이트로 마감부품의 두께를 **조정**할 수 있다.

Adjustable holders for the cross slide cams permit changing their positions in relation to each other or to the lead cam.

크로스슬라이드캠의 **가변**홀더로 상호간, 혹은 리드캠과의 위치관계를 바꿀 수 있다.

The complete system includes : 0 to 5,000 pressure gage, oil dip stick, **adjustable** air pressure regulator,…….

전 시스템에는 0~5,000 압력계, 검유봉, **가변**공기압조절기……, 등이 있다.

The crank-**adjustable** furniture.

크랭크 **조정** 조도기.

The servo control system features a servo spindle speed **adjustor**.

서보제어시스템에는 서보스핀들 속도**조정기**가 달려 있다.

<용어예>

adjust screw	조정나사
adjustable bed crank press	가동헤드형 크랭크프레스
adjustable curve rule	자재곡선정규
adjustable hand reamer	조정가능핸드리머
adjustable spanner	자재스패너
adjustable restrictor valve	조정가능제어밸브
[adjustable round] split die, button die	조정원형다이스
adjustable bearing	조정베어링
adjusting bolt	조정볼트
adjustable reamer	조정리머
adjusting screw	조절나사, 조정나사
adjustment "zero" feeder	이송영점조정
sampling inspection with adjustment	조정식 샘플링검사

control : to regulate, to restrain, to manage, to direct — 제어하다, 관리하다, 조절하다

Adjustment screw **controls** lubricant output within the limits of valve size.

조정나사는 밸브 규격 한도 이내에서 윤활제의 배출량을 **조절한다**.

The units possess the following operational capabilities : multiple spindle heads with the capacity for 2, 3 or 4 drill heads with a choice of <u>fixed</u> or <u>adjustable</u>-type chuck, a multi-<u>Stepfeeder</u> **control** <u>to regulate</u> feed and recoil motion for drilling holes of depths to five and six times greater than the drill bit diameter, ……, and a Hydro-Speed <u>regulator to</u> control the forward speed at the most suitable rate for the workpiece material.

이 유닛은 다음 작업을 할 수 있다. 즉 <u>고정식</u> 혹은 <u>조정식</u> 척이 부착된 2, 3 혹은 4 드릴 헤드가 달린 다축 헤드, 드릴 비트의 지름보다 5, 6배 깊게 구멍을 팔 수 있도록 이송과 회수 운동을 <u>조절하는</u> 멀티스텝피더 **제어**, ……, 그리고 공작물 재료에 가장 적합하도록 전진속도를 제어하는 하이드로스피드 <u>조절기</u>.

Newcomer molded <u>chipbreaker</u> inserts **control** the turnings from the workpiece <u>by</u> breaking continuous chips into short lengths.

새로운 인사이트형 몰드 칩브레이커는 연속칩을 짧게 절단해서 공작물에서 생기는 절삭칩을 **관리**한다.

The point at which the upset occurs <u>is adjusted</u> according to the total thickness of the two material being jointed. Also, the width of the rivet head is determined by the <u>adjustments</u> that **control** the amount of force generated between the punch and anvil.

업셋이 발생하는 지점은 결합된 두 재료의 전체 두께에 따라 <u>조정된다</u>. 또 리벳머리의 폭은 펀치와 모루 사이에서 발생하는 힘을 **제어해서** 결정된다.

Feed speeds can **be controlled** independent of spindle speed.

이송속도는 스핀들속도와 관계없이 제어할 수 있다.

Controlling techniques available include pendant pushbutton operator **controlled** ; fixed sequence automatic operation by series of electromechanical switches and relay logics ; and…….

이용할 수 있는 **제어**기술로는 조종자가 **조작**하는 펜던트식 누름버튼, 일련의 전자, 기계식 스위치와 계전기 로직을 통한 고정 시퀀스 자동제어, ……, 등이 있다.

A multitude of methods are used to **control** wear. But each in itself is very specific and has limited applicability to the particular situation for which it was devised.

마모를 **제어**하기 위해 사용되는 방법은 많다. 그러나 각각이 아주 특수해서 해당되는 특수한 상황에만 사용할 수 있다.

The leadscrew **controls** sidewise movement of the saddle which is attached to the table.

어미나사는 테이블에 부착된 새들의 횡방향 움직임을 **제어한다**.

The shear stresses at the surfaces and their dependance on lubricant EHL film thickness **control** crack initiation and growth.

표면의 전단응력과 윤활제 EHL의 막두께 균열이 발생과 성장을 **좌우한다**.

The furnace temperature **is** automatically **controlled** with a temperature control instrument

보일러의 온도는 조절제어기로 자동**제어된다**.

Bearing operating temperature can be **controlled** by adjusting oil flow rate.

베어링작동온도는 오일의 유속을 조정해서 **제어**할 수 있다.

Spindle speed is **controlled** by a solid state, variable frequency AC drive.

주축속도는 솔리드스테이트 가변주파수 AC 구동장치로 **제어**할 수 있다.

The carriage is mechanically locked in position. Control signals and position feedback **are controlled** by the robot's microcomputer.

왕복대는 정해진 위치에 기계적으로 고정된다. 제어신호와 위치피드백은 로봇의 마이크로컴퓨터로 **제어된다**.

A clear scale enables point angle to be set, and clearance **is controlled** by a lever behind the chuck.

정확한 눈금으로 선단각을 맞출 수 있고 여유는 척 뒤의 레버로 **조정한다**.

The speeds and feeds **are controlled** by the width of the tool in relation to the work diameter, the amount of overhang, and the shape of the contour.

속도와 이송은 공작물의 지름, 돌출된 양과 외곽의 형태를 감안한 공구폭에 따라 **제한된다**.

Reamer cutting action **is controlled** to a large extent by the cutting speed and feed used.

리미절삭은 절삭속도와 이송에 크게 **좌우된다**.

All machine functions can **be** tape-**controlled** for automatic operation and manually **controlled** by dials.

기계의 모든 기능은 자동으로는 테이프로 **컨트롤**할 수 있고 수동으로는 다이얼로 **컨트롤**할 수 있다.

These new welders **are** computer **controlled** : they are fully automatic robots.	이 새로운 용접기는 컴퓨터로 **제어**한다. 즉 완전자동로봇이다.
The diffusion process **is** rate-**controlled**.	확산처리는 속도**제어**이다.
The mechanical indexing rotary table is cam **controlled**.	기계계산 회전테이블은 캠**제어**이다.
Hydraulic chuck **controlled** from apron ar head stock…….	에이프런과 주축대로 **제어하는** 유압 척은…….
The radial thermal gradients were very closely **controlled** to regulate the ball-to-raceway contact stresses of the duplex bearing pairs.	이중베어링페어의 궤도접촉응력을 통제하기 위해 반지름 방향의 온도경사를 아주 엄밀하게 **관리하였다**.
The rise and fall of the bed **is controlled** by a pushbutton, for raiding and lowering a total of 54 inch at 10 ipm.	헤드의 오르내림은 속도 10ipm이고 전체 길이 54인치의 오르내림이 가능하도록 누름버튼으로 **제어한다**.

<용어예>

controlled atmosphere heat treatment	공기조절열처리
controlled initial unbalance	조정필 초기불균형
control wheel	조정휠
error control system	오차제어방식
control level	관리수준
control panel	제어패널
control rod	제어봉
oil level controller	유면조정장치
volume control pressure pump	용량식 압력제어펌프

dial : to select or regulate by means of a dial	다이얼로 조절하다

The diameter or the workpiece is checked with a micrometer and the remaining amount to be cut **is dialed** on the cross feed micrometer.

공작물의 지름을 마이크로미터로 확인하고 절삭할 잔량을 횡이송 마이크로미터에 **다이얼로 설정한다**.

focus : to adjust the focus of (a lens or the eye)	초점을 맞추다

Cover the head with a black piece of cloth to **focus**.

초점을 맞추기 위해 검은 천으로 머리를 덮는다.

Focus the telescope to infinite distance.

망원경의 **초점**을 무한대로 한다.

For measurement, **focus** on a mark on the object.

측정하기 위해서 물체의 마크에 **초점을 맞춘다**.

regulate : to adjust or control (a thing) so that it works correctly or according to one's requirements : to control or direct by means of rules and restrictions	조정하다, 조절하다

A **regulating** roll drives the work and **regulates** its speed.

조정 롤은 워크를 구동하고 속도를 **조절한다**.

Concentration and lubricity of the solution will **be** measured and automatically **regulated**.

용액의 농도와 윤활성을 측정하고 자동으로 **조정**한다.

Feed speed of saw can **be regulated** between 0 and 590 ipm and is adjusted from mounted controls.

톱의 이송속도는 0과 590 ipm 사이로 **조절**하고 전면에 부착된 제어장치로 조정한다.

It is not always possible to **regulate** the amount of oil to the extremely small quantity desired.

유량을 원하는 대로 언제나 극히 소량으로 **제어**할 수 있는 것은 아니다.

Regulate the temperature so as to be at about 5 ~ 8℃.

온도를 약 5 ~ 8℃로 **조절한다**.

The amount of heated sir **is regulated** by a valve mounted through the firewall.

가열되는 공기의 양은 방화벽에 부착된 밸브로 **조절한다**.

Tight speed **regulation is obtained** by tachometer feedback.

회전속도계로 엄밀하게 **속도를 제어할** 수 있다.

Centralized control can range from a simple on-off control of one device to the highly complex **regulation** of a complete building air conditioning system.

집중제어란 장치 하나의 간단한 온·오프 제어에서부터 빌딩의 공조시스템 같은 대단히 복잡한 **조절**까지 모든 것을 포함하는 개념이다.

<용어예>

feed regulator friction washer	이송조절와셔
flow regulating valve	유량조절밸브
pressure regulating thumb screw	압력조절나사
regulating wheel tuning device	휠교정장치

set : to adjust the hands of (a clock) or the mechanism of (a trap etc.), to put into a specified state.

맞추다, 세트하다

Set the dial reading to…….

……에 다이얼 눈금을 **맞춘다**.

Magnification of errors can **be** dial **set** to 100 × /500 × /200 × or 1,000 ×.

오차배율은 다이얼로 100배, 500배, 200배, 1000배로 **맞출 수 있다**.

The tool may **be set** to the dead center or to a steel rule on the workpiece.

도구는 위험한 곳 또는 가공물에 강력한 규칙을 **설정할** 수 있다.

The engine is set to run at the speed.	이 속도로 달리도록 엔진을 **세트한다**.

tune : to adjust (an engine) to run smoothly	조정하다, 튠업하다

With this up-to-the-minute information, you can **tune** for much lower-cost operation — minimum energy consumption and the best material balance.	이 최신정보로 생산비용 — 최저 에너지 소비와 최고 자재의 조합 — 을 크게 **절감할** 수 있다.
Today, our company has a finely **tuned** computerized system of analysis of its lubricant consumption and costs.	현재 우리 회사는 윤활제 소비와 비용을 자세히 분석하도록 **소정된** 컴퓨터시스템을 갖추었다.

소비하다

consume : to use up	소비하다

……**consume** very little electricity.	……는 전력 **소비**가 아주 적다.
When the belt is fully loaded, the motor **consumes** 3.8 percent less power with the synthetic oil in service.	벨트가 꽉 찼을 때 이 합성유를 사용하면 모터의 동력**소비**가 3.8% 감소한다.

Electrical power **consumed** by the machine tool during a machining operation is …….

절삭작업 중에 공작기계가 **소비하는** 전력은…….

The use of T-fittings for branching tube or pipe is also costly and **time consuming**.

튜브나 파이프를 분지하는 데 T형 쇠장식을 사용하면 비용과 **시간이 소요된다**.

expend : to spend (money, time, care, etc.), to use up	소비하다

Of this friction energy, about 60~80 percent **is expended** at the piston/cylinder wall interface.

이 마찰에너지 중 약 60~80%는 피스톤과 엔진의 접촉면에서 **소비된다**.

spend : to use for a certain purpose, to use up	사용하다, 소비하다

Time **spent** by the operator on loading the workpiece…….

공작물을 로딩하는 데 작업자가 **소비하는** 시간은…….

A considerable amount of time and effort must **be spent**.

상당한 양의 시간과 노력을 **사용해야** 한다.

take : to consume	소비하다

A small portion of the energy output is **taken up** by friction.

이 에너지 출력 중 적은 부분만이 마찰로 **소비된다**.

use up : to use the whole of (material, etc.)	사용하다, 바닥을 드러내다

Wood in England behan to **be used up**…….	잉글랜드의 목재는 **바닥을 드러내기** 시작했다.

waste : to use extravagantly or needlessly or without an adequate result	낭비하다, 소모하다

……**is wasted** gradually <u>by</u> radiation.	……는 <u>방열로</u> 점차 **소실된다**.
All sources of energy upon which industry depends **are wasted** when they are employed ; and industry <u>is expending</u> them at a continually increasing rate.	공업에 필요한 모든 에너지원은 사용되면 **소모된다**. 그리고 공업은 언제나 더욱 많은 에너지원을 끊임없이 <u>소비한다</u>.
The thermograph shows the **waste** of energy in making or power.	온도기록계는 동력을 만들 때 에너지가 **낭비**됨을 나타낸다.
This accuracy and plus complete reproducibility can eliminate the **wastage** caused by human error.	이 정확도와 완전한 재현성 덕분에 기존의 인간의 실수로 인한 **손실**을 줄일 수 있게 되었다.

사용하다

adopt : to take and use as one's own — 사용하다, 채용하다

Shaping by rolling **is adopted**.

롤성형법을 **채용하다**.

To remedy this defect, automobile-type gears of hardened nickel chrome steel **were adopted**.

이 결함을 보완하기 위해 열처리 NiCr강 자동차용 기어를 **채용하였다**.

Sellers proposed a range of screw threads and bolt sizes which **were adopted** as standard by the U.S. government in 1868.

셀러는 특정 범위의 나사와 볼트의 규격을 제안하였고 1868년 미국정부가 이를 표준으로 **채용하였다**.

The method **adopted** limits the form of software aids that can **be used**.

사용법에 따라 **이용**할 수 있는 소프트웨어 수단의 형식이 한정된다.

apply : to bring into use — 사용하다, 적용하다, 응용하다

This manufacturer **applied** tolelance three to four times greater than available.

이 메이커는 보통보다 3 ~ 4배 큰 허용범위를 **적용하였다**.

By **applying** the method developed by M, ...

M이 개발한 방법을 **사용**해서 …….

A properly **applied** and installed oil mist system can reduce maintenance costs significantly by reducing bearing failures as much as 90 percent.

오일미스트 시스템을 적절하게 설치해서 **사용하면** 베어링 소모가 90%나 줄어들기 때문에 유지코스트가 현저하게 절감된다.

The planer is the machine tool **employing** single-point cutting tools, and some machines are designed to **apply** multipoint cutting tools to the workpiece.

평삭반은 날이 하나인 바이트를 **사용하는** 공작기계이다. 공작물에 대하여 날이 여럿인 공구를 **사용하도록** 설계된 기계도 존재한다.

A system of auto-control **is applied** to mill.

자동제어시스템을 프라이스가공에 **사용한다**.

The process for reducing the thickness of aluminum sheet in hot of cold rolling mills requires that a fluid be **applied** to the strip and rolls to act both as a lubricant and a coolant.

열간 혹은 냉간압연기로 알루미늄 박판의 두께를 얇게 만드는 공정에서는 윤활제와 냉각제가 모두 작용하도록 판과 롤에 액체를 **뿌릴** 필요가 있다.

……, which is of considerable use, **is being applied** to …….

……는 대단히 유용하며 ……에 **사용된다**.

The first method for the measurements of wear **was** generally **applied** to the experiments where there was very small removal and the second **was applied** for the relatively greater wear conditions.

마모측정의 첫 번째 방법은 마모량이 아주 적은 경우의 실험에 **사용하고** 두 번째 방법은 마모량이 비교적 큰 경우에 **사용한다**.

The Fastitch process is being successfully **applied** on a wide variety of parts in such fields as automotive, office equipment, appliances, and electrical equipment. In the automotive field, **it's used** on weatherstripping and various moldings, and on the flange of aluminum-steel hood panels.

이 Fastitch 프로세스를 자동차, 사무용 기기, 전기장치 등의 광범위한 분야의 부품에 **사용해서** 성과를 올렸다. 자동차 분야에서는 와이퍼와 각종 몰딩과 알루미늄강 후드패널의 플랜지에 **사용된다**.

Cooling water system **is applied** in diesel engine.	수냉식은 디젤엔진에 **사용된다**.
Felt ring **should** where possible **be applied** as continuous ring.	펠트링은 될 수 있으면 연속링으로 **사용하도록** 한다.
One device is the spring washer commonly **applied** as shown in Fig.2.	한 도구는 그림2에서 보이듯이 보통 **사용되는** 스프링와셔이다.
…… will **receive** more general **application**.	……는 가장 일반적으로 **사용되리라**.
These methods **find** wide **application** in practice.	이들 방법은 실제로 폭넓게 **사용된다**.
They **find** widest **applications** in machining of cast iron, malleable iron, and the hard bronze.	주철, 가단주철, 경질청동 등의 절삭에 널리 **사용된다**.
The **application** of a lubricant to a machining operation often reduces the tendency for a built-up edge to form.	윤활제를 절삭작업에 **사용하면** 구성인선이 덜 형성된다.
Additives such as sulfur, chlorine, and other chemicals can be used to improve lubricating and EP properties, but these fluids have only limited **application** for grinding these materials.	유황, 염소, 그 외 약품 같은 첨가제는 윤활성과 극압성을 향상하기 위해 사용하는데 이들 액은 이러한 재료를 절삭할 때만 **사용한다**.

employ : to make use of (instrument, means, material), to use	사용하다

Grinder **employs** an abrasive wheel.	그라인더는 휠을 **사용한다**.

Employ standard machined features whenever possible.

가능한 한 표준으로 기계가공한 형태의 부품을 **사용하도록** 한다.

Turret lathes **are** widely **employed**.

터릿선반은 폭넓게 **사용된다**.

Feeds of 0.006" to 0.012" per revolution is **employed**.

일회전 당 0.006 ~ 0.012 인치 이송으로 **사용한다**.

The most popular method **in use** presently **employs** a hydraulic servo valve which contacts a reference point on the workpiece as the tool advances.

현재 **사용되는** 가장 대중적인 방식은 공구가 전진해서 공작물의 기준점을 접촉하는 유압 서보밸브 방식이다.

The technique **employed** by these machines can save 80 percent boring operation.

이러한 기계에 **사용된** 기술로 보링작업의 80%를 절감할 수 있다.

GC015 carbide-coated inserts **are employed** on the drill. They withstand high temperatures at the cutting edge and permit fast surface speeds with no fractures.

드릴에 **사용되는** G 초경피복 인서트는 절인부에서 고온과 고표면속도를 견딜 수 있다.

··· can **be employed** on many machine tools.

……는 많은 공작기계에 **사용될** 수 있다.

Conventional transfer lines **employ** single-point turning tools to machine rotor faces.

일반적인 트랜스퍼라인에서는 로터면 절삭에 절삭날이 하나인 바이트를 **사용한다**.

Creep-feed grinding, a recent development **used** more extensively in Europe than in the U.S., **is employed** at General Electric's Evendale plant to grind the dovetail serrations in jet engine turbine blades.

제너럴엘렉트릭사의 이븐데일 공장에서는 미국보다 유럽에서 널리 **쓰이는** 신개발 크립피드 연삭방식을 제트엔진터빈날개의 더브테일 세레이션을 연삭하는 데 **사용한다**.

The first machine to **employ** plunge milling for brake rotor facing was built by L Machine Tool, Inc.

브레이크로터를 면삭하기 위해 플런지 밀링에 **사용하는** 기계는 L사가 최초로 제작하였다.

The Down-Grip vise **employs** a new principle for holding a workpiece down on the vise bed.

이 다운그립바이스에는 공작물을 바이스헤드에 고정하기 위해 새로운 원리가 **채용되었다**.

Small lathes **is employed** extensively for work on material in bar form.

소형선반은 봉재가공에 널리 **사용된다**.

Broaching **is** mainly **employed** for machining out holes or other internal surfaces, but can also **be used** for external surfaces and for burnishing already-for-med holes.

브로칭가공은 구멍 등 주로 내측표면을 기계가공하는 데 **쓰이지만** 외측표면이나 이미 만들어진 구멍을 버니싱하는 데도 **사용될** 수 있다.

The same experimental set up **used** in the cast iron research **was employed** for aluminum broaching tests.

주철품 연삭에도 사용한 같은 실험장치를 알루미늄 브로칭가공시험에 **사용하였다**.

For particular purposes a multi-thread **may be employed** …… e.g., a double or triple threads.

특수한 목적으로 2조 혹은 3조 등의 다조나사가 **사용된다**.

Welding can **be** usefully **employed** for such unexpected purposes as increasing the diameter of a shaft which has been accidentally turned too small in a lathe or for building up a damaged key-way in a hardened steel shaft.

용접은 선반으로 실수로 너무 작게 절삭한 축의 지름을 다시 크게 만들 때와 같은 예상 외의 경우나 열처리강 축의 손상된 키홈을 육성용접할 때 등에 효과적으로 **사용할** 수 있다.

Under these circumstances, the rolling solution can **be employed** at a lower temperature, thus improving its effectiveness as a coolant.

이러한 환경에서는 압연용 수용액을 더욱 낮은 온도로 **사용할** 수 있으므로 냉각제로서의 효과를 향상할 수 있다.

Although EDM had not been **employed** at the Lowell facility previously, other Raytheon plants **had used** it successfully for similar operations.

EDM은 이전에는 로우웰 공장에서는 **사용되지** 않았지만 다른 레이시온 공장에서는 이와 유사한 작업에 유용하게 **사용되었다**.

Such seals **are** most commonly **employed** where bearing housings are exposed to liquids such as cutting compounds which…….	이러한 실은 절삭제 등의 액체에 노출되는 베어링 하우징에 가장 일반적으로 **사용된다**.
The law **is employed** as the basis of many recent study of economics.	이 법칙은 경제학 분야의 많은 최신 연구의 기초로 **사용된다**.
The effect is determined **employing** a laboratory test fixture.	연구소의 시험용 부착기구를 **사용해서** 효과를 확인한다.

make the most of : to use the best advantage	활용하다

… enable programmers to **make the most of** their skills.	……에 따라서 프로그래머는 그 기능을 **활용**할 수 있다.
Cutting materials will be selected, and developed when necessary, to **make the most of** advanced groove geometries.	이 우수한 홈구조를 **활용하기** 위해 절삭재료를 선택하고 필요하면 새로운 재료를 개발한다.

service : use, assistance, a helpful or beneficial act ; be of service, to be useful, to help	사용하다, 다루다

Designed for those applications where volume of dust and chips does not require frequent removal, the S cyclone-type collector will **service** from eight to 14 pieces of manufacturing equipment.	먼지와 칩을 자주 제거할 필요가 없도록 설계된 S 사이클론형 집진기는 8~14개의 제조장치에 **사용할 수 있다**.

The handling system loads and unloads parts fast because it **services** both spindles at once.	이 운용시스템은 양쪽 스핀들에 동시에 **사용할** 수 있으므로 부품의 로드, 언로드 속도가 빨라진다.
Number of automatic machine **serviced** by one operator …….	조작자 한 명이 **다루는** 자동기기의 수는…….
More than 30,000 installed and **in service**.	30,000대 이상이 설치되어 **사용중**이다.
Elevators can be placed **into service** during peak passenger activity and remove **from service** when desired.	엘리베이터는 승객이 붐빌 때 설치해서 **사용하다가** 원할 때 철거할 수 있다.
The first car/passenger ferries **came into service** in the late 1950s.	최초의 자동차와 승객용 페리는 1950년대 후기**부터 사용되었다**.

share : to use or possess or benefit from (a thing) jointly with others	같이 사용하다

Because pulsation light source **shares** the same path as the IR optics, it can't become misaligned.	진동광원은 IR 광학장치와 동일한 통로를 **사용하므로** 조정불량 염려는 없다.
All batteries **used** <u>for</u> UPSs (uninterrupted power source system) service **share** common elements.	UPS용<u>으로</u> **사용되는** 전지는 모두 공통요소부품을 같이 **사용한다**.

take : to make use of	사용하다, 이용하다

Taking an approximate method, ……	근사법을 **사용해서**…….
Productivity is generally **taken** to mean the average output per man-hour.	생산성이란 일반적으로 단위시간당 한 명의 평균생산고라는 의미로 **사용된다**

take advantage of : to make use of	사용하다, 이용하다, 활용하다

Cooling systems are of two types — that depending on thermo-syphonic flow, in which **advantage is taken of** the fact that hot water tends to rise and thus induces a flow in the water-circulation system, and that in which a mechanical pump positively forces water round the water jacket, cylinder head and radiator.	냉각방식에는 두 종류가 있다. — 먼저 서모사이포닉 흐름을 이용한 방식은 뜨거운 물이 상승하려는 힘을 **이용해서** 수(水)순환계로 흘러가도록 유도한다. 다음으로 기계펌프를 이용한 방식은 물을 워터재킷, 실린더헤드, 래디에이터로 강제로 순환시킨다.
Advantage has been taken of the microprocessor to integrate a number of very useful auxiliary functions. These result in the system being self-checking and also facilitate servicing.	여러 가지 유익한 보조기능을 통합하기 위해 마이크로프로세서를 **이용하였다**. 이렇게 해서 자가진단하는 시스템으로 완성되어 더욱 편리하게 사용할 수 있게 되었다.

use : to cause to act or serve for a purpose or as an instrument or as material for consumption	사용하다

This type of machine **uses** single-point tools.	이런 기계는 절삭날이 하나인 바이트를 **사용한다**.
Cutting fluid **is used**.	절삭액을 **사용한다**.

There are many dressing methods available, but whichever **is used**, it should **employ** a rigid device.

이용 가능한 드레싱 방법은 많지만 어느 방법을 **사용하더라도** 튼튼한 장치를 **사용해야** 한다.

Files are tools that anyone in metal work will **use**. Often through lack of knowledge, these tools **are misused**.

줄은 많은 사람이 금속가공에 **사용하는** 도구이다. 그러나 지식이 부족해서 **올바르지 못한 방법으로 사용될** 때가 많다.

Martensitic stainless steels **are used** extensively by the cutlery industry.

멀티사이트 스테인리스는 절삭공업에 널리 **사용된다**.

Never use a wrench on moving machinery.

스패너는 운행 중인 기계에는 결코 **사용해서는** 안 된다.

Use the correct cutting oil on the tap when cutting thread.

나사를 절삭할 때는 탭에 적절하게 절삭유를 **사용하도록** 한다.

On some critical components, where subsequent processing does not remove undesirable residual stresses, low-stress grinding is sometimes **used**.

중요한 부품인 경우에는 다음 공정에서 불필요한 잔류응력을 제거하지 않을 때, 이따금 저응력연삭법을 **사용한다**.

The unit **can be used** on NC or standard lathes. The tool **utilizes** a double-edged system that turns outside diameters, bores inside diameters and faces without loss of time for indexing turret position.

이 장치는 NC 혹은 보통 선반에 **사용할 수 있다**. **채용한** 공구는 터릿위치를 인덱스할 시간을 소비하지 않고 외경을 선삭, 내경을 천공하며, 더욱이 면삭도 가능한 양날방식이다.

In a similar application, a major automotive company **used** the ball burnishing process on the inside diameter of helical pinion gears and blacks. The previous method **utilized** conventional cutting and/or roll forming plus boring and honing.

비슷한 용도로 대형자동차회사는 헬리컬 피니언기어와 블랭크의 내경 가공에 볼버니싱 방식을 **사용하였다**. 그 이전에는 일반적인 절삭, 혹은 롤성형과 함께 천공과 호닝 방식을 **사용하였다**.

Steel shapes **are used** in bridge and heavy machinery.

스틸세이프는 교량과 중장비에 **사용된다**.

This grade **is** most commonly **used** in cutting of steel.

이 등급이 철의 절삭에 가장 널리 **사용된다**.

This tool **is used** in screw machine work.

이 바이트는 나사절삭기계의 작업에 **사용된다**.

The model test **is used** in the design of ships.

모형시험은 선박의 설계에 **사용된다**.

Bearings **used in** very low-speed applications where relative velocity between shaft and bearing is less than 10 fpm …….

축과 베어링의 상대속도가 10fpm 이하인 경우와 같이 초저속용으로 **사용되는** 베어링은…….

Using a shaper in these situations would be economical, particularly, if the batch size is large.

이러한 상황에 셰이퍼를 **사용하면** 특히 배치가 클 때 경제적일 것이다.

Cold-drawn bar having a diameter of 1¼ inches **were used** for tests.

시험에는 지름 1¼ 인치인 상온에서 잡아 늘인 봉재를 **사용하였다**.

It **is** also widely **used** for manifolds and special tube fabrications, and the portable unit

이 또한 매니폴드 및 특수튜브 제작에 널리 **사용되었고** 이 휴대용

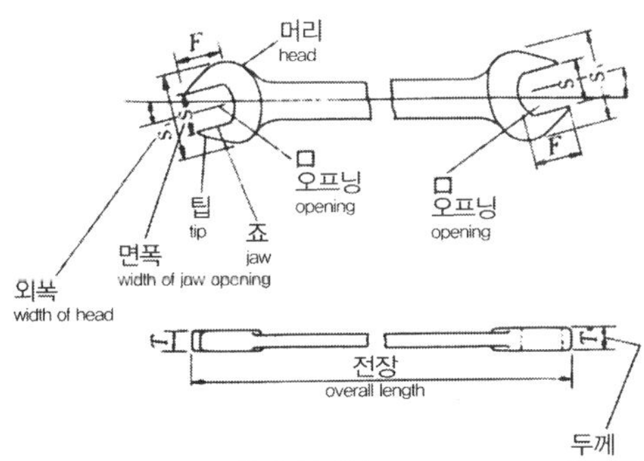

두머리스패너
(double ended spanner)

is beginning to **be employed** extensively in the plumbing industry.

장치는 배관업계<u>에</u> 널리 **사용되기** 시작했다.

Precision, preloaded ball or roller bearings **are** widely **used** <u>for</u> wheel and workhead spindles, and hydrodynamic bearings **are available** <u>on</u> some grinders. Hydrostatic bearings **are** sometimes **used** <u>for</u> ways and spindles to provide increased stiffness <u>for</u> greater accuracy or heavier duty operations. Direct drives, with the motor rotors an integrated part if the spindles, **are used** <u>on</u> some machines. When belt drives **are used**, the motors should be equipped with vibration-damping mountings.

정밀예압 볼베어링 혹은 롤러베어링은 휠과 주축대의 스핀들<u>에</u> 널리 **사용된다**. 또 동력베어링도 일부 연삭기<u>에</u> **이용된다**. 때로는 정압베어링이 더욱 고정밀, 고하중용으로 강성을 향상하기 위해 안내면과 스핀들<u>에</u> **사용된다**. 직결구동장치(스핀들과 일체부품인 모터회전자에 부착됨)도 일부 기계<u>에</u> **사용된다**. 벨트구동장치를 **사용할** 때는 모터에 진동완충설치대를 부착해야 한다.

This kind of material can **be used** <u>for</u> gears <u>to</u> run quietly ant high speed.

이러한 종류의 재료는 기어를 고속으로 조용하게 운전<u>할 때</u> **사용하면** 적합하다.

Worm gearing **is used** <u>for</u> obtaining large speed reductions.

웜기어링은 크게 속도를 <u>줄일 때</u> **사용된다**.

Cutting oils **used** <u>in</u> ream<u>ing</u> and similar those **used** <u>for</u> drill<u>ing</u> holes are ······

리밍작업을 <u>할 때</u> **사용하는** 절삭유와 드릴링작업을 <u>할 때</u> **사용하는**, 유사한 절삭유는······.

Chart can **be used** <u>for</u> determination of flow rate minimum operating temperature, allowable distance, and smallest <u>usable</u> size.

이 차트는 유속, 최저작동온도, 허용거리, 최소<u>사용가능</u>규격을 정할 <u>때</u> **사용한다**.

Use M2D5 rivets <u>for</u> thickness 0.040 in. and under.

두께 0.040인치 이하<u>에는</u> M2D5 리벳을 **사용한다**.

Use both hands **to** turn the theading die.

나사절삭다이스를 돌릴 때는 양손으로 **한다**.

After wiping the table clean, **use** your hand **to** feel nicks or burrs. If you find any, **use** a honing stone **to** remove them.

테이블을 깨끗이 닦은 다음 손**으로 만져서** 흠이나 거친 부분을 찾는다. 무언가를 찾으면 호닝 휠을 **사용해서** 제거한다.

The operation can **be used to** enlarge an existing hole in the workpiece.

이 작업은 공작물의 기존 구멍을 확장하는 데 **사용할** 수 있다.

SOLDER — Generic name **used** to designate a number of fusible alloys which are conveniently **employed** for joining metals together.

땜용합금 — 일반적으로 금속을 서로 결합시키는 데 **사용되는** 수많은 가용합금을 **가리키는** 총칭이다.

The unit **can be used** with quick change tooling.

이 유닛은 퀵체인지링과 함께 **사용된다**.

To make an accurate hole it is necessary to **use** reamer with adequate support for the cutting edges, adjustable reamer may not be adequate.

정확하게 구멍을 파기 위해서는 절삭날을 적절하게 지지해서 리머를 **사용할** 필요가 있으며 조정리머는 적당하지 않다.

Pliers should **never be used as** a substitute for a wrench, as the nut or bolt head will be permanently deformed by the serrations in the plier jaws and the wrench will no longer fit properly.

플라이어를 스패너 대신 **사용해서는 안 된다**. 너트나 볼트의 머리가 플라이어 죠의 톱니형태를 영구변형시켜서 스패너가 꼭 맞물리지 않게 되기 때문이다.

Machined top surface can **be used** as work table.

절삭가공한 상부표면은 작업대로 **사용할** 수 있다.

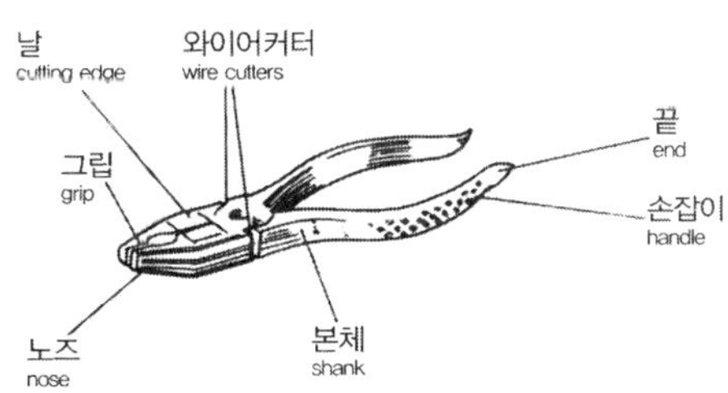

Solid lubricants **have been used** in the aircraft industry as a means of friction reduction and on forming dies, bearings, interference fit fastener systems and other mechanical systems.

고체윤활제는 마찰감소 수단으로 항공기공업에 **사용되고**, 또한 성형다이스, 베어링, 인터피리언스 피트 패트너 시스템 등의 기계시스템에도 **사용된다**.

The most frequently **used** tool on a vertical milling machine is the end mill.

버티컬밀링머신에 가장 자주 **사용되는** 툴은 엔드밀이다.

Pivot drills are probably the most widely **used** type for producing small holes.

피벗드릴은 작은 구멍을 팔 때 아마도 가장 많이 **사용되는** 공구일 것이다.

The most widely **used** in practioce is high-speed steel.

실제로 고속도강이 가장 많이 **사용된다**.

The dressing tools **used** should be kept sharp and properly formed.

사용하는 드레싱툴은 언제나 날카롭고 적절하게 성형되어 있어야 한다.

See figure 1-7 for required lubrication points, lubricant **to be used** and lubricating intervals.

윤활이 필요한 부분과 **사용하는** 윤활제와 윤활간격에 대해서는 그림 1-7을 보도록 한다.

The work is held on the machine table **using** the T slots provided.

공작물은 기존의 T홈을 **사용해서** 기계테이블에 고정한다.

External threading **using** dies can be carried out on turret lathes and special screw-cutting machines.

다이스를 **사용한** 암나사절삭은 터릿선반과 특수나사절삭선반으로 작업한다.

By **using** just one standard program a family of parts can be machined merely by selecting various switches.

단 하나의 표준 프로그램만 **사용하고**, 다른 스위치를 누르기만 하면 동일한 부품을 절삭가공할 수 있다.

……**use** under these conditions.

이러한 조건으로 **사용한다**.

Coatings had no benefitical effect when **used** in a production environment.

생산환경에서 **사용할** 때 피복은 아무런 유익한 효과가 없었다.

The machine can **be used** in open workshops without the necessity of a dark room facility.

이 기계는 암실설비가 필요없고 개방된 작업장에서도 **사용할** 수 있다.

So useful and so versatile are power squaring shears that they **are used** by 42 of the 44 group in metal work industry.

이 동력 스퀘어링쉐어는 그만큼 효율적이고 범용성이 좋아서 금속가공업계 44개 그룹 중 42업체가 **사용한다**.

Screw threads **are used** for the purpose of fastening a screw and bolts and for the transmission of motion, e.g., a rotating screw spindle imparts a horizontal motion to a nut mounted in it.

나사는 나사와 볼트를 조이는 목적과 함께 동력 전달, 예를 들면 회전하는 나사축이 그에 부착된 너트에 수평운동을 발생시키고자 할 때 **사용한다**.

...... according to the purpose for which they **are used**.

그것을 **사용하는** 목적에 따라서…….

...... **is used** out of necessity rather than appearance.

……는 겉모습이 아니라 필요성에 따라 **사용된다**.

The buttress thread **is used** in cases where large forces act in the longitudinal direction of the screw.

톱니나사는 나사의 수직방향으로 큰 힘이 작용할 때 **사용한다**.

Cylindrical roller bearings should therefore **be used** only where alignment can be maintained.

그러므로 롤러베어링은 얼라인먼트를 유지할 수 있을 때만 **사용하도록** 한다.

Angular-contact ball bearings **are used** for combined radial and thrust loads, and where precision shaft location is needed.

앵귤러 볼베어링은 레이디얼과 슬러스터의 복합하중에 대해 축의 위치를 정밀하게 결정할 필요가 있을 때 **사용한다**.

Cutting fluids should **be used** when high speed cutters **are used**.

고속커터를 **사용할** 때는 절삭액을 **사용해야** 한다.

Use cutting oil when tapping steel, but cut thread in bronze dry.

철에 나사산을 팔 때는 절삭유를 **사용한다**. 단 청동에 나사산을 팔 때는 절삭유를 사용하지 않는다.

Many drill heads **make use of** universal joints for multispindle drilling.

대부분의 드릴헤드는 다축드릴링에 유니버설조인트를 **이용한다**.

In 1965 a water-cooled ruby laser developed by Raytheon Corp. **was put into use** at a Western Electric to drill diamond wire-drawing dies range from 0.001 to 0.050".

1965년에 레이시온 사가 개발한 수냉식 루비레이저는 웨스턴일렉트릭 사가 0.001 ~ 0.050인치의 다이아몬드제 와이어드로잉 다이스를 천공할 때 **사용하였다**.

They **are put to use** in turning, boring or milling nonferrous metal and plastics.

그것들은 비철금속과 플라스틱의 선삭, 보링, 밀링에 **사용한다**.

This system is gradually falling into **disuse** in favour of that ······.

이 시스템은, ······을 위해서 점차 **사용하지** 않는다.

Laps **are in** common **use** on fine work.

랩은 일반적으로 정밀가공에 **사용된다**.

It is important to check that the switch is in the 'off' position when the machine **is not in use**.

기계를 **사용하지** 않을 때는 이 스위치가 '오프' 위치에 있는지 신경 써서 확인해야 한다.

Center drills **are** the most rigid **in** common **use** because of their short flute lengths (usually about 4 times the diameter) and oversize shank diameters.

센터드릴은 홈의 길이가 짧고 (보통 지름의 약 4배) 생크의 지름도 두꺼워서 일반적으로 **사용되는** 드릴 중에서 제일 강도가 뛰어나다.

Thus a computer **is of use** throughout the duration of the project.

그러므로 컴퓨터는 이 프로젝트 기간 내내 **유용하다**.

utilize : to use, to find a use for 사용하다, 활용하다, 이용하다

Utilize standard components as much as possible.	가능한 한 표준부품을 **사용한다.**
Utilize standard preshaped workpiece, if possible.	가능하면 미리 성형한 표준 공작물을 **이용한다.**
Utilize raw material sin the standard forms supplied.	지급된 표준형태 원재료를 **활용한다.**
Utilize a table of figure.	표를 **이용한다.**
Each S machine (with the exception of the 12) **utilizes** the same construction features.	각 S 기계는 (12를 빼고) 같은 구조양식을 **사용한다.**
This crankshaft milling machine form K **utilizes** multiple tools so that cycle time for typical cranks is 90 seconds or less.	K사의 크랭크축 밀링머신은 대표 크랭크의 사이클타임이 90초 이하가 되도록 하기 위해 복합툴을 **사용한다.**
The II-25 utilizes #300 spindles and the II-30 and II-30L machines **use** #400 spindles.	Ⅱ-25는 #300 스핀들을 **사용하고** Ⅱ-30과 Ⅱ-30L은 #400을 **사용한다.**
The original concept of V-flange tooling was to **utilize** all the advantage of standardizing on a one-shank configuration ······ lower inventories, fewer program variations, lower overall tooling costs because tools can **be used** on more than one machine, etc.	V 플랭지 툴링의 기본 사상은 1생크 구성의 표준화로 확보한 모든 이점 - 재고가 적고, 프로그램의 가짓수가 적고, 툴을 여러 기계에 **사용할** 수 있으므로 전체 툴링 코스트가 내려간다 - 을 **활용하는** 것이었다.
······. Both carbide and ceramic tools can **be utilized**. Servodrives **are utilized** to position the toolholders.	······, 초경과 세라믹툴을 모두 **사용할** 수 있다. 툴홀더의 위치를 결정하는 데는 서보드라이브를 **사용한다.**

A fluid **has be utilized** which would be compatible with brass.

황동과 친화적인 액체를 **사용해야 한다**.

The bearing **utilized** by G & L has a 13" ID, a 20" OD, and is 1.75" high.

G&L 사가 **사용하는** 베어링은 내경 13인치, 외경 20인치, 높이 1.75인치이다.

Manual labor would **be employed** for associated component placement and assembly sequences. In contrast, the existing line **utilized** manpower to load, unload, and transfer workpieces.

여기에 수반되는 부품의 설치와 조립 공정에는 사람의 손이 **필요할** 것이다. 이에 비해 현재 라인은 공작물의 로드, 언로드와 운반에 인력을 **사용한다**.

For the remaining three 2¼" holes, the manufacturer drills with the 1¾" insert drill **utilized** for the other holes, then sizes them with a bigger T carbide drill. It's run at 1,000 rpm with a feed rate of 0.002". Predrilling is necessary in this case because the machining center on which the drill is **employed** lacks the horsepower to drill a 2¼" hole from the solid.

나머지 세 개의 2¼ 인치 구멍에 대해서 이 메이커는 다른 구멍에 **사용하는** 1¾ 인치 인서트드릴로 구멍을 파고 T초경 드릴로 더 크게 판다. 이때는 1,000rpm, 이송률 0.002인치로 작동한다. 이 드릴을 **사용하는** 머시닝센터는 재료에 2¼ 인치 구멍을 파기에는 마력이 부족하므로 미리 구멍을 파 둘 필요가 있다.

On the larger types 150 and 500 machines separates tooling **is utilized** for the cutting of the pilot hole and collar formation.

이보다 큰 150과 500형은 파일럿홀 절삭과 컬러 성형에 다른 툴을 **사용한다**.

A 12" power operated chuck **is utilized** on a L turning machine.

L 터닝머신에는 12인치 파워척이 **사용된다**.

This principle **is utilized** in the cam lever or rolling lever.

이 원리는 캠레버 혹은 회전레버에 **사용된다**.

If the shaft has external or internal threads, they may be **utilized** when mounting bearings.

만일 축에 암나사나 수나사가 있으면 베어링을 부착할 때 **이용**할 수 있다.

It is necessary to **utilize** the lubricant as a means of dissipating heat.

윤활제를 방열수단으로 **써야** 한다.

The control is easily switched from one form of positioning to the other **utilizing** the CRT and the alpha-numeric keyboard.

CRT와 영문자 및 숫자 키보드를 **활용**하여, 위치를 쉽게 전환하도록 제어한다.

With the **utilization** of these matual materials, …….

이러한 천연 재료를 **이용**해서 …….

with : using as an instrument or means	사용해서, ~로

Hit it **with** hammer.

해머**로** 두들긴다.

Preheat sleeve **with** a suitable heat lamp.

적당한 가열램프를 **사용해서** 슬리브를 예열한다.

When the cut has started, apply cutting oil to the workpiece and die and start turning the die stock **with** both hands.

절삭을 시작하면 공작물과 다이스에 절삭유를 바르고 다이스스토크를 양손**으로** 돌리기 시작한다.

When a lazer is used to drill a hole, it is usually used in the pulsed mode, which in effect resembles a woodpecking operation **with** a conventional drill.

레이저를 구멍 파기에 사용할 때는 보통 펄스모드로 사용한다. 이는 일반적인 드릴을 **사용한** 우드페킹 작업과 유사하다.

Higher cutting speeds can be used **with** cutting fluids.	절삭유를 **사용해서** 고속도절삭이 가능하다.
Turning the blade of a screwdriver **with** an adjustable spanner.	조정스패너를 **사용해서** 스크류드라이버의 날을 회전시킨다.

잡다

chuck : the part of a lathe that grip the drill : the part of a drill that holds the bit	잡다

Chuck the tool position with reference to the work by using a center age. If necessary, realign the tool.	센터게이지를 사용해서 공작물에 대해 툴의 올바른 자세를 **잡는다**. 필요하면 툴의 얼라인먼트를 수정한다.
The versatile A grips parts ranging in diameter from 1½" to 12" and, depending on loader configuration **chucking** parts weighing up to 250 pounds and shafts up to 500 pounds.	다용도 A는 지름 1½인치 이상 12인치 이하의 부품을 잡을 수 있고, 로더의 구성에도 좌우되지만 부품의 무게가 250파운드, 또는 샤프트업 500파운드까지 **잡을** 수 있다.
Position the steady rest near the end of the shaft with the other end lightly **chucked** in a three-or four-jaw chuck.	축의 한 끝을 죠가 3개 혹은 4개인 척으로 가볍게 **잡고** 스테디레스트를 축의 끝에 가까운 위치에 둔다.

Rough and finish in same **chucking**. 같은 **척킹**에서 러프가공과 마감가공을 한다.

<용어예>

for chuck work	척작업용
rectangular magnetic chuck	직각자기척
to rechuck	다시 잡다

clutch : to grasp tightly	확실히 잡다

The annulus is dog-**clutched** to the driven shaft. 이 애뉼러스는 구동축에 도그형 **클러치** 결합이 있나.

grab : to grasp suddenly, to take something greedily	잡다

A robot **grabs** a part, puts it into a machining center, removes it from the machining center, and puts it into a gage. 로봇은 부품을 **잡아서** 머시닝센터에 집어넣고 머시닝센터로부터 해제해서 게이지에 집어넣는다.

That man **grabbed** me by the sleeve and pulled it with a jerk. 그 사람은 내 소매를 **붙잡고** 잡아당겼다.

Grabbing force is adjustable to a maximum of 5,000 lbs. **악**력은 최대 5,000lb 까지 조정할 수 있다.

grasp : to seize and hold with the hand ; understand	잡다

Spanner.—An implement used for obtaining a firm **grasp** on a nut for the purpose of its manipulation.

스패너 - 너트를 다룰 때 너트를 확실히 **잡기** 위해 사용하는 도구.

Before this is done, however the slave tool **is grasped** and pulled up to properly position the transfer shaft to remove the preload from the transfer shaft bearing.

그 전에 트랜스퍼축이 트랜스퍼축 베어링에서 예압을 제거하기 적당한 위치로 이동할 때까지 슬레이브툴을 **잡아서** 들어올릴 수 있다.

Either from your manual or from a book you will **have grasped** the rudiments of the language that you plan to use for programming.

사용설명서나 책을 통해서 프로그래밍에 사용되는 언어의 기본은 이미 **이해**하였으리라 생각한다.

grip : to take a firm hold of the part of a tool or machine etc.

잡다, 파지하다

……without **regripping** the workpiece.

공작물을 **다시 잡지** 않고…….

The 5-axis design features a dual arm which **grips** chucking parts up to 12" in diameter and weighting up to 250 lbs. each.

이 5축 설계의 특징은 지름 12인치, 무게 250lb 이하의 척킹파트를 각각 **잡을** 수 있는 두 팔이다.

Different 'hand' may be inserted at the 'wrist' end of the arm, for **gripping** different objects or for scooping up powders and liquids.

다른 물체를 **잡거나** 분말, 액체를 퍼올릴 때는 다른 팔을 이쪽 팔의 손목 끝에 끼워넣을 수 있다.

Drill jig, the M, is ideal where accurate drilling of irregularly shaped parts is required. It is fully adjustable and has the capacity to **grip** any shape securely.

드릴지그 M은 불규칙한 형태의 부품에 구멍을 정확하게 파고자 할 때 안성맞춤이다. 이 지그는 완전하게 조정이 가능하고 모든 형태의 부품을 확실히 **파지할** 수 있다.

A test can be made, after jacking up the front wheel of the car, by **gripping** the tyre vertically above and below the hub, and attempting to lock the wheel.

테스트는 자동차의 전륜을 잭킹으로 들어 올린 다음 허브 세로 방향의 위와 아래에서 타이어를 **붙잡고** 바퀴를 흔들어서 실행할 수 있다.

Box spanner……A non-adjustable spaner which slips over a nut, **gripping** all its sides at the same time.

박스스패너ー너트의 위부터 미끄러져 들어가는, 조정이 불가능한 스패너이며 너트의 전체 측면을 동시에 **잡는다**.

A cylinder clamp powered by an air-hydraulic pump **grips** end of tube during bending, thus preventing inaccurate bends and saving valuable time.

공기 · 유압 펌프로 작동하는 실린더 클램프는 휨작업 중에 튜브 끝을 **파지한다**. 이렇게 해서 부정확한 휨을 방지하고 귀중한 시간을 절약할 수 있다.

Chuck jaws **grip** on the OD of the part.

척 죠는 부품의 외경을 **잡는다**.

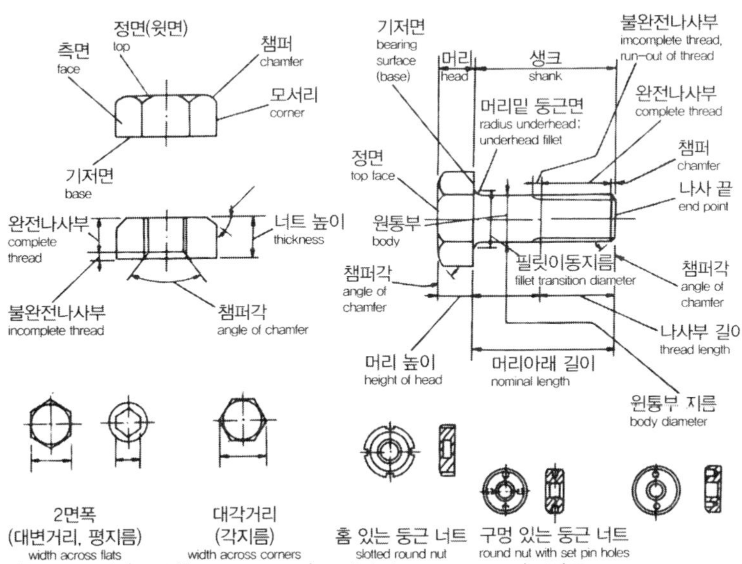

They are held with standard spring-type collets that **grip** on the threads or shanks.

이것들은 나사나 생크를 **잡는** 표준 스프링형 콜릿으로 고정한다.

The workpiece **is gripped** at one end by a chuck mounted on the end of the main spindle of the machine and is supported at the other end by a center in the tailstock.

부품의 한쪽 끝은 기계의 주축부품에 부착한 척으로 **잡고** 다른 끝은 심압대의 센터를 지지한다.

When removing a difficult split pin it should **be gripped with** the cutting edge of the pliers.

스플릿핀을 해제하기 어려울 때는 플라이어의 날로 **잡는다**.

The diaphragm chucks **grip** precision parts with controlled force.

다이어프램 척은 힘을 가감해서 정밀부품을 **파지한다**.

The tool is rotated by hand, the workpiece **being gripped** in a vise. Alternatively, the workpiece may **be gripped** in the chuck of a lathe and rotated, while the tap or die is guided by the tailstock.

절삭공구는 손으로 회전시키고 공작물을 바이스로 **잡는다**. 아니면 탭이나 다이스를 심압대로 안내해서 공작물을 선반척으로 **잡고** 회전시켜도 좋다.

Nominal grinding capacity is 76mm diameter and 114mm long, the maximum diameter which may be ground is dependent on the external dimensions of the component which can **be** effectively **gripped** in the workholding fixture within a 254mm diameter.

노미널 그라인딩 능력은 지름 76mm, 길이 114mm 이고 절삭 가능한 최대 지름은 공작물을 고정하는 부착구가 실제로 붙잡을 수 있는 부품의 외부규격 이하이다(지름 254mm 이하).

A-system collets provide more **gripping** power than any other tapered collet on the market. Plus, each collet can handle an amazing range of tool sizes.

A 방식 콜릿은 시장에 있는 다른 테이퍼 콜릿보다 **파지**력이 우수하다. 또한 콜릿은 전부 대단히 광범위한 규격의 툴을 다룰 수 있다.

The jaws **have** either ID or OD **gripping ability** depending on the finger design.

척죠는 핑거 설계에 따라 내경이나 외경을 **파지할 수 있다**.

After rough and finish turning, the chuck jaws retract, exposing the **gripping** area for

러프 혹은 마감선삭을 마치면 척죠를 집어넣고 **파지한** 부분을

finish machining. The part is complete in a single operation with greater productivity and profit.

노출시킨다. 부품은 단 한 번의 작업으로 완성할 수 있고 생산성과 이익도 크다.

The **gripper** as two heads, for simultaneous loading and unloading operations. Each head has two independently programmable, V-type jaws.

그리퍼에는 로딩, 언로딩 작업이 동시에 가능하도록 헤드가 두 개있다. 각 헤드에는 개별적으로 프로그래밍이 가능한 V형 죠가 두 개 있다.

Shafts can be loaded by using the two arms in combination. The universal **gripper** jaws are adjustable, and will accept parts 1.5" in diameter.

축은 암 두 개를 동시에 사용해서 로딩할 수 있다. 만능 **그리퍼** 죠는 조정식이고 지름 1.5인치 부품을 다룰 수 있다.

The H **grips** the paper between a hard rubber pinch wheel and a metal surface covered with aluminum oxide grit. The accuract of this alignment allows the plotter to operate with both ands of the paper free.

H는 종이를 경질 고무 핀치휠과 산화 알루미늄 입자로 피복한 금속 표면 사이에 **파지한다**. 이 정확한 얼라인먼트로 종이 양 끝을 잡지 않고도 플로터를 조작할 수 있다.

The two fabric discs **are gripped** under spring pressure between the pressure plate and the flywheel.

패브릭 디스크 두 개는 압판과 플라이휠 사이의 스프링압력으로 **파지한다**.

It is true that plastic cannot **grip** a coating at tight as metal can.

사실 플라스틱은 금속처럼 확실히 피복물을 **파지**하지 못한다.

The wheels 'bounce' to a certain extent and therefore **do not obtain** quite so good **a grip on** the road surface.

바퀴는 어느 정도 튀어오르기 때문에 노면을 그리 잘 **붙잡지 못한다**.

The **friction grip** to these parts in their seating is ample to prevent rotation.

시트 내부의 이러한 부품에 대한 **마찰파지**로 전혀 회전하지 못하게 된다.

Diamond knurling is used to improve the appearance of the part and to provide a good

다이아몬드 널링은 부품의 외관을 다듬기 위해, 그리고 레버와

gripping surface for levers and tool handles.

툴의 핸들용으로 적합한 **파지**표면을 형성하기 위해 사용된다.

<용어예>

friction grip bolt	마찰접합용 볼트
gripper	그리퍼
grip tong (upsetter)	그립 통
handle grip	핸들 그립

hook : a bent or curved piece of metal etc. for catching hold or for hanging thing on
: to grasp or catch with a hook, to fasten with a hook or hooks

(갈고리로) 걸어서 잡다

Removal of the restrictor pin is effected by **hooking** a length of wire through the hole in the end.

제한 핀은 핀 끝의 구멍을 통해 길이가 적당한 와이어를 **걸어서** 해제한다.

Hook a 50-gram weight **to** the loop at each end.

각 루프의 끝에 50그램 무게를 **건다**.

For testing an engine, one end of the chain is **hooked** on to a convenient point of the engine, and the other portion laid on all the plug terminals except the cylinder that is desired to test.

엔진시험을 위해서 체인 끝을 엔진의 적당한 부분에 **걸고** 그 외의 부분을 시험 대상 실린더 이외의 모든 플러그 단자에 얹는다.

When no pointer is fitted it is often possible to judge the tension of each adjusting nut by engaging one end of a spanner with the nut and **hooking** the spring balance to the other end, as shown in Fig. 307.

지침이 없을 때는 스패너 끝을 너트에 걸고 그림 307처럼 다른 끝에 용수철저울을 **걸어서** 각 조정너트의 장력을 대부분 판정할 수 있다.

pick up : to lift or take up　　집어 들다, 들어 올리다

As one gripper **picks up** an unground part, the other gripper deposits a finish ground part on the conveyor. The carriage then moves the grippers to the grinding station.

한 쪽 그리퍼가 연삭되지 않은 부품을 **들어 올리고** 다른 그리퍼가 마감 연삭된 부품을 컨베이어에 싣는다. 다음으로 캐리지가 그리퍼를 연삭스테이션으로 이동시킨다.

An attendant puts an unworked part on a nest. The robot **picks up** the part and automatically…….

기계 옆에 있는 사람이 미가공품을 부품상자에 넣고 로봇은 그 부품을 **집어 올려서** 자동으로…….

Do not pick up a cathode-ray tube by the neck, or let it fall even a distance of 1 or 2 inches.

브리운관은 목을 **잡으면** 안 되고, 1~2인치 높이에서도 떨어뜨려서는 안 된다.

The elevating mechanism centers the blank, positioning it to be **picked-up** by the V-type jaws of the overhead gripper.

이 승강기구는 소재의 중심을 내밀어서 오버헤드 그리퍼의 V형 죠로 **들어 올릴** 수 있는 위치에 둔다.

In automatic mode of operation, an operator fills a magazine chute with blanked parts, where individual parts are continuously shuttled from the bottom of the stack to a nested **pick up** position.

자동방식 작업에서는 작업자가 매거진슈트에 블랭크부품을 충전한다. 여기서 부품은 개별적으로 더미 아래에서 네스트의 **픽업**위치로 연속해서 반출된다.

You have misused the "file-handling" part and so not **picked up** any data.

'파일취급' 편의 사용법을 잘못 이해하면 전혀 데이터를 **얻을** 수 없나.

snatch : to seize quickly of eagerly　　급히 잡다, 움켜쥐다

Do not **snatch** the gear lever into position, but do so with a slow, firm, and progressive movement.

기어레버를 **잡고 급하게** 넣지 말고 천천히 점진적으로 움직여야 한다.

take : to lay hold of, to capture — 취하다

Take a small quantity in a test tube.

시험관에 소량 **채취한다**.

When this is the case care should be taken to remove all external locking parts. The selector locking springs and balls may have to **be taken** out, for instance, after unscrewing the plugs, before the lid is lifted.

이러한 경우에는 외부 고정부품을 전부 해제해야 하므로 주의가 필요하다. 때로는 뚜껑을 들어올리기 전에 플러그를 돌려서 연 다음에 셀렉터 고정 스프링과 볼을 **들어**내야 하는 경우도 있다.

A robot picks up a part, moves it, put it in a fixture, **takes it** out of the fixture, and moves it again.

로봇은 부품을 들어올리고, 이동하고, 설비에 넣고, 설비에서 **꺼내들고**, 다시 이동한다.

trap : to catch or hold in a trap — 잡다

The cup shaped slinger above the bearing **traps** oil as it comes to rest.

베어링이 정지하면 베어링 상부의 컵모양 슬링어가 오일을 **포착한다**.

The cage would normally be the first component to fail, and a ball or roller may **be trapped**, resulting in complete bearing seizure.

일반적으로 가장 먼저 망가지는 구성부품이 고정기이고 다음으로 볼이나 롤러가 여기에 **잡혀서** 베어링이 완전히 타버리게 된다.

자르다

cutting off : cut the right angle with tool 자르다, 절삭하다

A variety of **cut off tool** holders are used to **cut off** or make groove in workpieces.

공작물을 절삭하거나 홈을 팔 때 여러 가지 **절삭**바이트홀더가 사용된다.

Turning between centers has some disadvantages. A workpiece cannot be **cut off** with a parting tool while being supported between centers, as this will bend and break the parting tool and ruin the workpiece.

센터지지선삭에도 단점이 있다. 센터 사이에 지지한 채로는 절삭공구로 공작물을 **절삭하지** 못하는데, 왜냐하면 절삭공구가 휘어서 파손되거나 공작물이 망가질 위험성이 있기 때문이다.

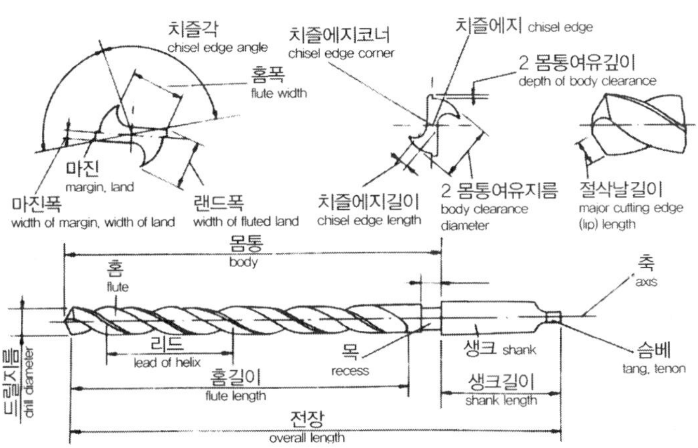

Parting or **cut off** tools are often used for necking or undercutting, but their main function is cutting off material to a correct length.

절삭이나 **절단**용 공구는 네킹이나 언더컷에 자주 사용되지만 주요 기능은 재료를 정확한 길이로 절단하는 능력이다.

<용어예>

bar cut-off machine	봉재절삭기
longitudinal feed cut-off tool	세로절삭공구
travelling cut-off saw	이동둥근톱날식 횡절삭기

part : to separate or divide, to cause to do this	절삭하다

When deep **parting** difficult material, extend the cutting tool from the holder a short distance and **part** to that distance. Then back off the cross slide and extend a bit further ; **part** to that depth. Repeat the process until the center is reached.

깊이 **절삭하기** 어려운 재료인 경우에는 바이트를 홀더에서 짧게 내밀고 그만큼만 **절삭한다**. 그 후 횡이송대를 되돌리고 다시 조금만 내밀고 그만큼 **절삭한다**. 이 과정을 중심에 닿을 때까지 반복한다.

Parting alloy steels and other metals is sometimes difficult, and step **parting** may help in these cases.

합금강과 그 외의 금속은 가끔 **절삭하기** 어려운 경우가 있는데 이러한 때는 단계적인 **절삭**이 도움이 된다.

Work should not extend very far from the chuck when **parting** or grooving, and **no parting** should be done in the middle of the workpiece or at the end near the dead center.

절삭이나 홈을 팔 때는 공작물을 척으로부터 멀리 내놓지 않는다. 그리고 공작물의 중앙이나 부동중심에 가까운 쪽에서는 **절삭하지** 않는다.

All **parting** and grooving tools have tendency

절삭공구와 홈파기 공구는 모두

to chatter, therefore any setup must be rigid as possible.

덜덜 떨리는 경향이 있다. 그러므로 부착할 때 가능한 한 단단히 부착해야 한다.

Lathe tools are often specially ground as **parting** tools for small or delicate **parting** jobs.

선반의 바이트는 작은 물건이나 섬세한 물건의 **절삭**작업용 **절삭**바이트로서 특별히 연삭되기도 한다.

<용어예>

parting tool 절삭바이트

sever : to cut or break off from a whole, to separate	절삭하다

The rotary slotting attachment is used to slot or mill the out end of a workpiece, before it **is severed** from the bar.

이 회전 슬로팅 장치는 공작물을 봉재에서 **절삭하기** 전에 바깥쪽 끝을 슬로팅이나 밀링 작업할 때 사용한다.

만들다(창조, 고안)

build : to construct by putting parts or material together	만들다, 제작하다, 조립하다

In 1779 James Watt **built** the first successful steam engine.

1779년 제임스 와트는 최초로 성공적인 증기기관을 **제작하였다**.

Manufactured by the George S. Lincoln Company in Hartford, it became famous under the name of the Lincoln Miller. Over 150,000 **were built**, and some worked continuously for more than 70 years.

하트퍼드에 있는 조지 S. 링컨 사가 **제작한** 이 기계는 L 밀링 머신이라는 이름으로 유명해졌다. 15만 대 이상이 **제작되었고** 일부는 70년 이상이나 지속적으로 사용되었다.

The first completely automatic turret lathe for turning metal was designed and **built** by Christopher Miner Spencer.

최초의 금속선삭용 완전자동터릿선반은 크리스토퍼 마이너 스펜서가 설계, **제작하였다**.

The unit **is built** from modular units to meet machining and materials handling requirements.

이 유닛은 절삭과 마테리얼 핸들링의 각 조건에 적합하도록 모듈러 유닛으로 **구성되었다**.

It **is built** to a tolerance of ±0.001 inch and, in certain areas, has to be square.

이것은 ±0.001 인치의 허용오차로 **만들어졌고** 특정 부분은 직각이어야 한다.

Some lathe **are built** with a leadscrew and a feed rod.

어미나사와 이송로드와 함께 선반도 **만들어졌다**.

Built into one of these struts is the drive shaft of the gear system.

기어계 구동축은 지주 중 하나로 **조립되었다**.

Built-in chip conveyor.

붙박이 칩 컨베이어.

The LS-1740 **is built** for high metal-removal rates in turning applications.

LS-1740은 선삭작업에서 중절삭이 가능하도록 **만들어졌다**.

We **build** special, high-production, single-purpose drilling machines — all custom **built** strictly suited to the application.

특수 고생산성 전용 드릴링머신 **제작** — 용도에 꼭 알맞도록 모두 수주 **제작**.

Every **rebuilt** machine is thoroughly inspected and tested in out plant prior to shipment.

재조립 기계는 모두 출하에 앞서 공장에서 철저하게 조사, 시험된다.

construct : to make by placing parts together	(조립해서) 만든다

A spring-loaded 4-ball wear tester **was constructed**.	스프링 부하 4볼 마모시험기를 **조립하였다**.
The landing gear is of the skid type, **constructed** of tublar aluminum alloy.	착륙장치는 관 모양의 알루미늄 합금으로 **만든** 스키드 형식이다.
A calibration curve **is constructed** from Table 1.	표 1로부터 보정곡선을 **만들었다**.
Trial construction of machine is done actively.	정력적으로 기계를 **시험제작**하였다.
Nuclear power plants **under construction**······.	**건설 중**인 원자력발전소는······.
Coaxial cable is used for a lot of data-handling jobs. It's available in many different **constructions** for different applications and environments.	동축케이블은 많은 데이터 처리 작업에 사용된다. 다양한 용도와 환경에 대응하기 위해 다양한 **구조**의 동축케이블이 존재한다.
The housing and bearing retaining washer of the bearing tester **are constructed** so that they act much like the shields of the shield bearings.	베어링 시험기의 하우징과 베어링 리테이닝 와셔는 실드 베어링의 실드와 매우 유사하게 작동하도록 **만들어져 있다**.
The welded-steel **construction** has six pieces of plates with the side members made in shape of an "E".	이 용접강 **구조물**은 E형으로 만들어진 사이드멤버와 여섯 장의 판으로 구성되어 있다.

create : to bring into existence, to originate, to give rise to	만들다

To **make** hardened cutters for his shaping machine, Fellows **created** another machine.

펠로는 자신의 세이핑머신의 열처리 커터를 **만들기** 위해 다른 기계를 또 하나 **만들었다**.

The first tantalum carbide-tungsten carbide cutting tool material **was created** by FANSTEEL is 1931.

최초의 Ta·WC 초경절삭공구는 1931년에 팬스틸의 **만들었다**.

The processors **are created** by the operator for most NC lathes machining centers and punch presses.

이 프로세서는 거의 모든 NC 선반, 머시닝센터, 펀치프레스용으로 조작자가 **만든다**.

erect : to set up, to build — 만들다, 건조하다

Frame, —A term which in motor engineering usually refers to the light frame of steel upon which the car **is erected**.

프레임—자동차제작에서는 일반적으로 차를 그 위에 **조립하는** 가벼운 철제 뼈대를 가리키는 용어.

At the time of **erection**, the teeth of the bull gears for azimuth and elevation positioning were rough—about 300rms.

건설 시점에서 방위각과 앙각을 정하는 불기어의 이가 거칠었다(약 300rms).

generate : to bring into existence, produce — 만들다

……**generate** hydrogen from zinc and sulfuric acid.

아연과 유황으로 수소를 **만든다**.

Figure 1.3(b) shows a cylindrical surface **being generated** on a work-piece by the rotation

그림1.3(b)은 공작물의 회전과 선반베드를 따라 움직이는 왕복

of the workpiece and the movement of the carriage along the lathe bed ; the operation is known as cylindrical turning.

대의 운동으로 공작물에 **만들어지는** 원통면을 나타낸다. 이 작업이 이른바 원통선삭이다.

The tooth profiles of bevel gears are **gen erated** by tools carried on a rotating cradle and representing teeth of a crown gear or another bevel gear.

베벨기어의 이 형태는 회전 크레이들에 부착되어 크라운기어 등 다른 한 쪽의 베벨기어의 이를 대신하는 툴로 **만들어진다**.

After a hole is **generated** by the drill bit, formation pins on the D tool pull up a T-joint collar, all in a single cycle.

드릴비트로 구멍을 **만든** 다음 D 툴의 포메이션 핀이 T 조인트 컬러를 끌어올리는 동작이 한 사이클이다.

A simple abrasion tester has been developed that **generates** data correlating closely with results in the field.

현장 결과와 상관관계가 밀접한 데이터를 **생성하는** 간단한 마모 시험기를 개발하였다.

invent : to create by thought ; to make or origin (something that did not ex- ist before)

발명하다, 개발하다

The transistor **was invented** in 1947 at Beel Telephone Laboratories to replace the bulky glass tubes that controlled and amplified electric currents in early TVs and computers such as ENIAC.

트랜지스터는 1947년 벨 전화연구소에서 **개발되었는데** 이는 초창기 TV나 ENIAC 컴퓨터에 사용하는 전류를 제어하고 증폭하는 부피가 큰 유리진공관을 대체하기 위해서였다.

In the cardan gears (**invented** by Cardano) shown in Fig.6, the inner wheel has half the radius of the outer.

그림 6의 카르단 기어장치(카르다노의 **발명**)에서 내륜의 반지름은 외륜의 절반이다.

make : to cause to exist, to produce, to create	만들다

A shock wave which a jet plane flying at supersonic speed **makes** in the air······

초음속으로 비행하는 제트기가 대기 중에 **생성하는** 충격파는······.

produce : to come forth, to originate	만들다

A smooth surface can **be produced**.

매끄러운 표면을 **만들** 수 있다.

The axis of the cutter is usually parallel to the axis of the workpiece, but in some cases tilting may be necessary to **produce** the helix angle of the thread.

커터의 축은 일반적으로 공작물의 축과 평행하지만 경우에 따라서는 나사의 나선각을 **만들기** 위해 기울일 필요가 있다.

만들다(구성)

formulate : made up of	만들다

Sunicool EP, a fully synthetic coolant, is specifically **formulated** for high-speed machining operations requiring high cooling and lubricity properties.

순합성냉각액 Sunicool EP는 뛰어난 내각과 윤활성이 요구되는 고속절삭작업용으로 특별히 **제조된** 제품이다.

This new coolant/lubricant for stamping and cutting tools **is formulated** to transfer friction heat from the tool to the metal chip.

형단조와 절삭공구용의 이 신제품 냉각, 윤활제는 마찰열을 공구에서 금속 칩으로 전도하도록 **만들어졌다**.

make up : to form or constitute, to put together, to prepare

만들다, 조립하다

Make up any desired dimensions by means of a thickness gage.

두께 게이지에 따라 원하는 모든 규격으로 **만든다**.

This unit **is made up** of two parts : the mechanical head which holds the workpiece and the electronic unit which controls the rotation of the spindle.

이 유닛은 두 개의 부품으로 **구성되었다**. : 하나는 공작물을 고정하는 기계헤드이고 다른 하나는 주축의 회전을 제어하는 전자유닛이다.

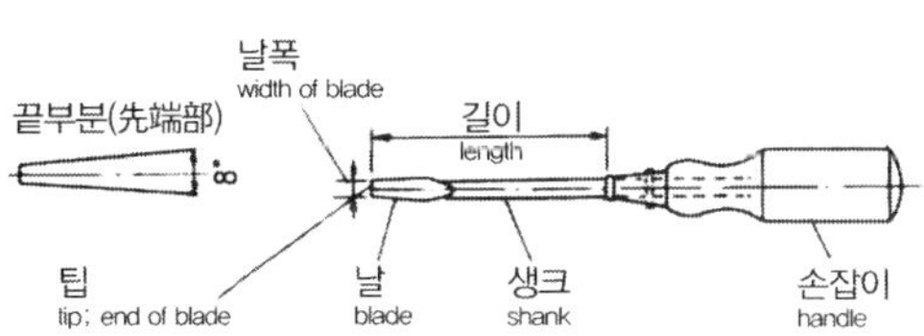

스크류드라이버 (screw driver)

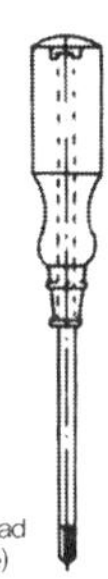
십자드라이버 (screw driver for cross recessed head screw, Phillips type)

만들다(제작, 제조, 생산)

fabricate : to construct, to manufacture 만들다

Fluorosilicone elastomers are easy to **fabricate**.

플루오로실리콘 엘라스토머는 쉽게 **만들 수 있다**.

The 202 and 205 prefixed parts may **be fabricated** by the operator on accordance with the information in the Service Letter.

202와 205를 앞에 붙인 부품은 작업자가 이 서비스레터의 자료를 보고 **만들어도** 좋다.

If shims are required as a result of this inspection, they should **be fabricated** locally from aluminum sheet material of the desired thickness.

이 검사 결과 만일 심이 필요하면 원하는 두께의 알루미늄 박판재로 현지에서 **제작하도록** 한다.

The large majority of H concrete anchors **are fabricated** from 12L14 steel, though specials are sometimes **produced** from other materials such as stainless steel where extreme corrosion resistance is necessary.

H. 콘크리트 앵커의 대부분은 12L14강으로 만들어진다. 부식에 대해 높은 내성이 필요한 경우에 스테인리스강이 사용되듯이 가끔 다른 재료로 특별한 부품을 **만들기도** 한다.

The test shafts **are fabricated** of 17-4 PH steel and are heat treated to a hardness of RC 45~47.

시험축은 17-4 PH강으로 **만들고** 경도 RC 45~47로 열처리한다.

The **fabricating** technique for the filament-wound composite bushings is as follows:

필라멘트를 감은 복합 부싱의 **제작**법은 다음과 같다. :

The standard Fixed Height Table is a casting, while the special requirements **are fabricated** to customer specifications.	표준 고정 높이의 테이블은 주물이지만 특별히 요청하면 고객의 주문대로 **제작한다**.
TN allows direct **fabrication** of optical components from suitable materials, using a single-crystal diamond tool and a specially **built** machine tool.	TN으로 단결정 다이아몬드공구와 특별 **제작한** 공작기계를 사용해서 적절한 재료로 광학부품을 직접 제작할 수 있다.

make : to construct or creat or prepare or form parts or form other substance	만들다

……**make** a 3/8-4 Acme internal thread in a cut.	한 번 절삭해서 3/8-4 애크미 암나사를 **만든다**.
……**make** a square hole in a large solid die block.	큰 솔리드다이스 블록에 사각구멍을 **만든다**.
Slots **were** previously **made** in the tubes by milling with a 0.002" wide cutter. This operation produced sharp burrs that had to be removed in a subsequent tumbling operation.	미리 폭 0.002인치의 커터를 사용한 밀링가공으로 튜브에 홈을 **만들었다**. 이 작업에서는 날카로운 흠집이 생기므로 이후의 텀블링작업으로 그걸 제거해야 했다.
This division **makes** custom-made assembly machines for the automobile industry.	이 부문은 자동차공업을 위한 주문제작 조립기계를 **생산한다**.
M **makes** four switch types in its G Series.	M은 G계열의 4종류 스위치를 **만든다**.
……**is** custom **made**.	……는 주문**생산한다**.
Cubic-structured boron nitride (CBN), a **man-made** abrasive crystal approaching the	입방결정형질화붕소(CBN) (다이아몬드의 경도에 필적하는 **인조**

hardness of diamond, is being used for tool grinding.

연마제 결정)를 툴의 연삭에 사용한다.

These aluminum complex greases **are made** by our company.

이 알루미늄 복합 그리스는 당사가 **제조한** 제품이다.

The tools used **are made** of special steel (tool steel), hard metals (cemented carbide alloys), oxide ceramic materials, and diamonds.

사용한 공구는 특수강(공구강), 초경합금(초경합금복합물), 산화철 세라믹재, 다이아몬드**제**이다.

Steel propellers **are made** of hollow construction.

강철 프로펠러는 중공구조로 **만들어졌다**.

These tools **are made** from high carbon or high speed steel.

이러한 공구는 고탄소강이나 하이스피드스틸**제**이다.

Massive bases **made** from heavy castings with thick walls and cross ribbing, or rigid weldments with sturdy reinforcements are necessary to withstand high grinding forces and maintain accuracy.

고연삭력을 버티고 정밀도를 유지하기 위해서는 두터운 벽과 크로스 리빙이 달린 무거운 주물, 혹은 튼튼한 보강재가 달린 고강도 용접구조로 **만들어진** 묵직한 베이스가 필요하다.

Make screw from coiled wire.

나사는 코일형태의 와이어로 **만든다**.

Grooves in bores **are** usually **made** by feeding a formed tool straight into the work.

구멍 안의 홈은 일반적으로 총형공구를 공작물로 똑바로 이송해오도록 **만든다**.

To **make** a part by way of the numerically controlled process, a drawing with accurate engineering dimensions **is made**.

수치제어방식이라는 방법으로 부품을 만들기 때문에 정확한 제작규격을 기입한 도면을 **만든다**.

A square shoulder **is made** with a counterboring tool.

직각숄더는 카운터보링용 커터를 사용해서 **만든다**.

Heavy duty bearings **are made** wit relatively heavy outer rings, **made** from hardened and precision-ground materials.

중하중용 베어링은 열처리, 정밀 연삭한 재료로 **만들어지며** 비교적 무거운 외륜이 달려 있다.

The cutters **are made** with various CPM grades.

커터는 다양한 CPM등급으로 **만들어진다**.

The first specimen blanks for this machine **have been made** in both cutting and forming sizes from normalized SAE 1117 steel and SAE 1018 steel.

이 기계를 위한 최초의 시험재료인 블랭크는 절삭과 성형 규격을 모두 만족시키는 SAE 1117강과 SAE 1018강으로 **만들었다**.

A dent-removing tool consists of an adjustable frame and two rollers. The rollers **are made** in various contours and are interchangeable.

요철제거공구는 조정 가능한 틀과 롤러 두 개로 구성된다. 롤러는 다양한 외형으로 **만들어졌고** 호환성이 좋다.

Because they are used for high spped, cylindrical roller bearings **are** commonly **made** in precision grade such as ABEC-5, as well as the lower grades.

고속으로 사용되므로 원통 롤러 베어링은 일반적으로 저등급뿐 아니라 ABEC-5와 같은 정밀등급으로도 **만들어진다**.

Some of these oils **are made** to be applied as an emulsion with water.

이러한 오일류는 물에 유제로 사용하도록 **만들어진다**.

J index tables **are made** from heavy box section castings to withstand clamping pressures without distortion.

J 인덱스 테이블은 클램프압에 변형되지 않고 견디도록 무거운 상자형태의 주물로 **만들어진다**.

manufacture : to make or produce (goods) on a large scale by machinery	만들다

We **manufacture** and market a complete line of lubricants.

윤활제 전 제품을 **제조**, 판매한다.

The saw blades **are manufactured** from the highest grade of M2 super high speed steel (DM05), coated with a special treatment for better blade life and lubricating qualities and hardened to an R_c of 63 ~ 65.

이 톱날은 최고급 M2 초고속도강으로 **만들어졌고** 날의 수명과 윤활성을 향상하기 위해 특수처리코팅이 되어 있으며 R_c 63 ~ 65로 열처리하였다.

Screw **is manufactured** on this type of lathe.

나사는 이러한 타입의 선반으로 **제작한다**.

Ceramic tool material must **be manufactured** in insert form.

세라믹 공구재는 인서트형태로 **제작**해야 한다.

The W vertical boring and turning mills **are manufactured** in both standard and CNC models.

W 버티컬보링, 밀링머신은 표준형과 CNC형 두 종류로 **제작된다**.

produce : to originate, to manufacture	만들다, 생산하다

Produce the desired surface shape.

원하는 대로 표면형태를 **만든다**.

Full profile inserts are available in any of the common thread forms. They **produce** a technically perfect profile (root and crest) for that particular pinch thread.

총형 인서트에는 일반적인 형태의 나사라면 모든 것이 있고 특정한 피치의 나사에 대하여 기술적으로 완벽한 형태(산봉우리와 골밑)를 **만들어낸다**.

The Eldrado Mega75 gundrilling system is capable of **producing** deep or shallow holes 0.0781" to 1.000" diameter and desired bottom form in one pass.

엘드래도 메가75 건드릴링 시스템은 0.0781 ~ 1.000인치 지름의 깊은 구멍이나 얕은 구멍, 원하는 바닥 형태를 한 번의 패스로 **만들** 수 있다.

When used to machine cast iron, the taps

주철 절삭에 사용할 때, 이 탭은

generally **produce** at least 10,000 holes (in some applications it's a much higher number) before resharpening is necessary.

다시 벼려야 할 필요가 있을 때까지 보통 최소한 10,000개의 구멍을 **만들** 수 있다(용도에 따라서는 그 이상).

……**produce** a rectangular slot in the workpiece.

공작물에 직각 홈을 **만든다**.

A 20-TON, 65" stroke, fully automated hydraulic broaching machine is **producing** a nonuniform external splined section on an automotive automatic transmission final drive internal gear at the rate of 160 pieces per hour.

20톤, 65인치 스트로크의 전자동 유압 브로칭머신은 시간 당 160개의 속도로 자동차의 자동미션 최종구동 내부기어의 비대칭형 외부 스플라인 부분을 **만든다**.

The milling machine is capable of **producing** a variety of large-and medium-sized parts.

이 밀링머신은 각종 대형, 중형 부품을 **만들** 수 있다.

Along with the millions of drill bushings **produced** annually, Welch also **makes** hundreds of thousands of different tooling components.

웰치는 연간 **제조하는** 수백만 개의 드릴 부싱뿐 아니라 수십만 개의 다양한 툴링 부품도 **만들어낸다**.

……enable the automobile and airplane to **be built** efficiently and mass **produced** economically.

……로 자동차와 항공기를 효율적으로 **제조하고** 경제적으로 대량**생산**이 가능하다.

Most spur gears **are** mass **produced** on production gear making machines. Occasionally a spur gear needs to **be made** on a milling machine.

대부분의 평기어는 생산형 기어가공기계로 대량**생산이 가능하다**. 경우에 따라서 평기어는 밀링머신으로 **만들어야** 할 때도 있다.

Screw threads can **be produced** in various ways : by hand with the aid of such devices as a screw tap, a die plate or a screw die, or by mechanical methods which comprise turning (on a lathe), milling, rolling, pressing or casting.

나사는 다양한 방법으로 **만들** 수 있다. : 나사탭, 다이플레이트, 나사다이스 같은 도구를 사용해서 수작업으로 만들 수도 있고, (선반)선삭, 밀링, 롤링, 프레스, 주조 같이 기계를 사용해서 만들 수도 있다.

Tantalum carbide **is produced** by combining tantalum with carbon and heating to about 3,000°F.

탄화탄탈은 탄탈륨과 탄소를 결합하고 약 3,000°F로 가열해서 **만든다**.

The first improved tool steel **was produced** in 1868 in England by Robert Mushet.

최초의 개량형 공구강은 1868년에 영국에서 로버트 무셋이 **만들었다**.

With his new machine, Heald **produced** finished cylinder perfectly straight and parallel to within 0.00025 inch.

그의 새 기계로 0.00025인치 이내로 완벽하게 수직, 평행으로 마감한 원통을 **만들었다**.

Greases **are produced** with Al, Ca bases.

Al, Ca 염기로 그리스를 **만든다**.

Small (7mm diameter) disks of filter paper **were produced** using a paper punch.

종이천공기를 사용해서 작은 (지름 7mm) 필터페이퍼 원판을 **만들었다**.

Brackets, flanges rails and plates of all types are just a few of the innumerable kinds of parts that can **be produced** on this remarkable new precision machining center.

이 우수한 신형 정밀 머시닝센터는 모든 형태의 브라켓, 플랜지, 플레이트를 포함해서 수많은 부품을 **제조**할 수 있다.

Carborundum **is produced** in the electric furnace.

카보런덤은 전기로로 **만든다**.

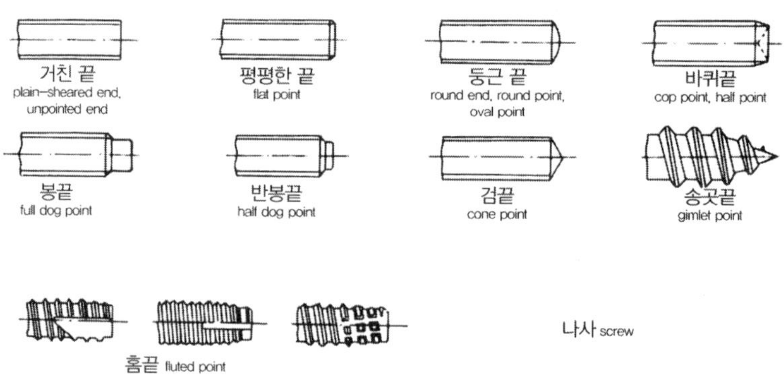

Produce a certain article in gross lots, keeping each gross separate.

특정 품목은 그로스(12다스 = 144개) 단위로 **생산하고** 그로스별로 보관한다.

Produce necessities at minimum costs.

최소 코스트로 필요한 물건을 **만든다**.

This final assembly-test transfer system **produces** front wheel drive automotive axle assemblies at a rate of one every three seconds.

이 최종 조립, 시험 트랜스퍼 시스템은 3초에 1개 속도로 전륜구동 자동차의 축 조립품을 **생산한다**.

Cylindrical grinder **produces** parts to tolerances in millionths.

원통연삭기는 부품을 허용오차 $1/10^6$ 이내로 **만든다**.

Easy operation of the machine enables relatively unskilled operators to **produce** part to close limits without expensive toolings.

기계조작이 간편하기 때문에 비교적 미숙한 작업자라도 고가의 툴링을 사용하지 않고 좁은 허용오차로 부품을 **만들** 수 있다.

Out Burkland-tooled Schmid fine-blanking presses have capacities up to 800 metric tons and can **produce** parts up to 20-in. dia. and 5/8-in. thick from coil or flat stock.

버크랜드툴드 슈미트 파인블캥킹 프레스는 최대용량이 800톤이고, 지름 20인치, 두께 5/8인치 이하의 부품을 코일이나 평재를 가지고 **만들** 수 있다.

Production of screw threads can **be accomplished** by use of taps.

탭을 사용해서 나사를 **제작할** 수 있다.

Durakut cutting tools have been **in production** for over 70 years. The KSD tools **are manufactured** by Kobe Steel Ltd. of Japan and are available through Durakut International.

듀래컷 절삭공구는 과거 70년 이상 **생산되었다**. KSD툴은 일본 코브스틸 사 제품이고 듀래컷사를 통해서 수입된다.

turn out : to produce by work (가공해서) 만들다

The **production**-boasting Excell - O - Model 1UC turn / bore / contour slant bed machine **turn out** high-volume precision work.

생산력이 우수한 Excell-O-Model 1UC 선삭/보링/콘투어/슬랜트 베드머신은 정밀가공품을 대량생산한다.

Because machines of this type generally **turn out** two parts per cycle, the production rate is about 120 parts per hour at 100% efficiency.

이러한 형태의 기계는 일반적으로 1사이클 당 부품 2개를 **만들므로** 100% 효율일 때 생산속도는 시간 당 120개이다.

Batch **manufacturing** plays an extermely important role in the nation's rate of productivity. Indeed, some 75% of the parts **manufactured** in the United States **are turned out** in lots of 50 or less.

배치**생산**은 국가의 생산성에 아주 중요한 역할을 한다. 사실상 미국에서 **제조되는** 부품의 거의 75%가 50 혹은 그 이하의 로트로 **생산된다**.

매달다

hang : to support or be supported from above so that lower end is free. 매달다

The instruments **are hung up** at the windows to dry.

도구는 창문에 **매달아서** 건조한다.

In no circumstances should the gearbox be allowed to **hang** in the clutch assembly during removal or refitting, owing to the risk of distorting the driven plate, or bending the splined shaft.

기어박스를 떼어내거나 다시 설치할 때는 절대로 클러치 기구 안에 **매단** 채로 두어서는 안 된다. 구동판이 비틀리거나 스플라인축이 구부러질 위험성이 있기 때문이다.

suspend : to hang up, to keep from falling or sinking in air or liquid etc.	매달다, 걸치다

Suspend by iron bar at each of the four corners.

네 귀퉁이마다 철봉**으로 매단다**.

Suspend a thin and light mirror by a fine quartz thread of about 1μm diameter.

얇고 가벼운 거울을 지름 약 1μm의 가는 석영 실로 **매단다**.

Suspend the substance to be measured **with** a fine thread.

측정할 물체를 가는 실로 **매단다**.

A weight is **suspended** from the end of the spindle.

추를 주축 끝에 **매단다**.

The slurry pump is equipped with an agitator to keep solids **in suspension** prior to pumping.

슬러리펌프는 펌핑에 앞서 고체를 **걸치듯** 교반기를 장비한다.

<용어예>

spring suspended type	스프링 서스펜드 타입
suspended arch	서스펜드 아치
suspension polymerization	서스펜션중합, 현탁중합
suspension spring	서스펜션 스프링
suspension type triple action oil hydraulic press	서스펜션형 3구동 유압프레스

(~로) 되어 있다, (~로) 구성되다

built-in : incorporated as part of a structure.	내장하다

This control has **been built into** the machine.	이 제어장치는 기계에 **내장되어 있다**.
The tap-holding device has a clutch **built in** it.	탭 고정장치는 클러치를 **내장한다**.
The oil hydrostatics are fed by an independent hydraulic system, and **built-in** safety devices provide an automatic out-put in the event of a pressure reduction.	오일 정압은 독립된 유압계통으로부터 전달된다. 압력이 저하하면 **내장된** 안전장치가 자동적으로 정압출력을 발생시킨다.

<용어예>

built-in antenna	내장안테나
build-in controller	내장형 제어장치

compose : to form, to make up	구성하다

Wheel teeth which **are composed of** two helical portions, one left-handed and the other right handed, to avoid end thrust on the axle…….	차축에 스러스트가 작용하지 않도록 두 헬리컬 부분(하나는 좌, 다른 하나는 우)으로 **구성된** 휠의 이는…….

The first titanium-based carbide cutting tools **were composed of** 42.5 percent titanium carbide, 42.5 percent molybdenum carbide, 14 percent nickel and 1.0 percent chromium.

최초의 티타늄계 초경절삭공구의 **조성은** 티타늄카바이드 42.5%, 몰리브덴카바이드 42.5%, 니켈 14%, 크롬 1%**였다**.

Typical simplified mechanical shaft seal theory assumes that the forces which maintain equilibrium between the seal faces **are composed of** spring, hydrodynamic, hydrostatic, and contact forces. Those tending to close the seal are the spring force plus a hydrostatic force due to stuffing box pressure.

대표적으로 단순화한 메카니컬 샤프트 실 이론에서는 다음과 같이 가정한다. 실의 면 사이의 평형을 유지하려는 힘은 스프링의 힘, 유체역학적 힘, 정수역학적 힘, 접촉력**으로 구성된다**. 실을 닫으려는 힘은 스프링의 힘과 스터핑박스의 압력에 의한 정수역학적 힘의 합이다.

<용어예>

composition and resolution of forces	힘의 합성과 분해
fiber composition in paper	종이의 조직조성
spectral composition	분광조성

comprise : to include, to consist of, to form, to make up	성립하다, 구성되다

The die head, a device that is clamped the lathe, **comprises** a cylindrical body containing chasers for cutting the thread.

다이헤드는 선반에 고정되는 도구이며 나사절삭용 체이서를 포함한 원통형 몸체로 **구성된다.**

……, Because of their method of connection the former, which consists of a large number of turns of fine wire, is called a shunt or voltage winding, and the latter, which **comprises** fewer turns of heavier guage wire, is termed a series winding.

……. 그 접속 방식에 따라 가는 선을 다수 감은 것으로 구성된 전자를 분로 혹은 전압권선이라 하고, 그보다 두꺼운 게이지선을 소수 감은 것**으로 구성된** 후자를 직렬권선이라고 한다.

If the receiver consists of two units — one containing the receiver and power unit, the other **comprising** the loudspeaker — and when the controls operate through flexible cables, the set can sometimes be housed in the tool compartment under the bonnet.

만일 수화기가 두 개의 유닛 — 한 쪽에는 수화기와 전원유닛이 내장되어 있고 다른 한 쪽에는 확성기가 **들어있음** — 으로 구성되고 제어장치가 플렉시블케이블을 경유해서 작동하는 경우에는 이 세트를 본네트 아래의 툴 컴파트먼트에 수납할 수 있다.

N is an integrated NC package, **comprising** a milling machine and control system engineered to work together.

N은 하나의 완전한 NC세트로 함께 작동하도록 설계, 제작된 밀링선반과 제어시스템으로 **구성된다**.

India rubber solution — A semi-solid substance **comprising** mainly a solution of pure rubber in a solvent such as naphtha.

인도고무용액 — 주로 나프타 등의 용제로 순수한 고무를 녹인 것으로 구성된 반고체 물질.

The machine **is comprised** basically **of** a wheel lifter system, rotating spindle, an upper hold-down, and a measuring head assembly.

이 기계의 기본**구성요소**는 휠리프터시스템, 회전축, 상부 홀드다운, 측정 헤드어셈블리**이다**.

Comprised of four separate modules, M-3 monitors all data to and from the data base.

별개의 모듈 네 개로 **구성된** M-3은 데이터베이스에 입출력되는 모든 데이터를 모니터한다.

……. This lack of engineering knowledge is a major reason why seal failures **comprise** the greatest portion of centrifugal pump maintenance costs.

……. 이처럼 공학적 지식이 결핍되었기 때문에 실의 손모가 원심펌프 유지비용의 대부분을 **차지한다**.

consist of : to be made up of	(~로) 되어 있다

Armature **consists** essentially **of** coils of insulated copper wire wounded over an iron centre.

전기자를 **구성하는** 본질적인 요소는 철심에 감긴 절연동선코일이다.

Each machine **consists of** eight independently motorized drilling units.

기계는 각각 8대의 독립된 모터구동 드릴링유닛으로 **구성된다**.

These new seals **consist of** a metal case, an elastomeric element bonded to it, plus a nonwoven fabric shaft contact surface.

이러한 새로운 실은 금속케이스와 이에 접착된 엘라스토머 요소와 부직포제 축 접촉면으로 **구성된다**.

The system is a mechanical arm which **consists of** a robotic rotating arm with magnetic or vacuum grippers combined with a loading station to preposition the workpiece.

이 시스템은 공작물을 미리 정한 위치에 두는 로딩스테이션을 조합하고, 자기, 혹은 배큠 그리퍼가 부착된 로봇 회전팔로 **구성된** 기계팔이다.

Abrasive wheel **consists of** individual grains of very hard material.

휠은 재료가 아주 단단한 개별 그레인으로 **구성된다**.

The whole roll **consists of** one material. When the roll is cast, the molten material in direct contact with the cold chill will solidify first and the roll body surface will then **consists of** hard wear-resistant white iron.

롤 전체는 하나의 재료로 **구성된다**. 롤이 주조될 때는 녹은 재료가 차가운 냉경에 직접 접촉해서 먼저 응고되고 다음으로 롤 본체의 표면이 단단한 내마모성 백주철을 **형성한다**.

Surfaces **consists of** numerous hill and valleys.

표면은 다수의 산과 계곡으로 **형성되어 있다**.

The work holding surface **consists of** a rotary table having radial T slots.

워크고정면은 방사상의 T홈이 있는 로터리테이블로 **되어 있다**.

Gear wheels are usually marked for retiming as shown. The marking may **consists of** punch

보다시피 기어바퀴에는 일반적으로 리타이밍으로 인한 표시가

dots, scribed lines, or etched marks on the gear teeth.

남는다. 이 표시는 기어의 이에 펀치도트, 스크라이브라인, 에칭 마크 **등으로 되어 있다**.

The lifetime test **consists of** a continuous rotation at 24,000 rpm at ambience temperature. At regular intervals, the deceleration time has been recorded. The lubricant loss has been determined by weight loss of the bearings.

수명시간시험의 **내용은** 실온에서의 24,000rpm 연속회전**이었다**. 일정한 간격으로 감속시간을 기록하였다. 윤활제 감소는 베어링의 무게에 따라 정해졌다.

The B provides rugged machining capabilities **consists of** ¾" drilling and tapping, one cubic inch milling metal removal in C 1040 steel, precise boring and accurate table positioning.

B는 ¾인치 지름의 드릴링과 태핑, C1040강을 1in^3 밀링, 정밀보링, 정확한 테이블위치결정 등 우수한 절삭능력을 **구비**하였다.

constitute : to make up, to form
: to be the components of
: to establish or be

구성하다, 차지하다

On an average car the sparking plugs **constitute** only about one three-thousandth of the total weight, yet if their dimensions are only very slightly unsuited to the particular engine or if they develop a quite invisible fault the whole car may be put out of action.

일반적으로 자동차에서 스파크플러그의 무게는 전체의 약 1/3,000밖에 **되지** 않지만 만일 그 규격이 조금이라도 엔진에 부적합하거나 눈에 보이지 않는 작은 결함이라도 있으면 자동차 전체가 움직이지 못하게 되기도 한다.

Usually in practice Ze **constitutes** 90 percent and Za **constitutes** 10 percent of the total metal-removal rate *Z*.

통상 실제로는 Ze가 전체 절삭량 Z의 90%, Za가 10%를 **차지한다**.

<용어예>

three-dimensional constitution's polymer 3차원 구조중합체

contain : to have within itself
: to consist of

들어 있다

An important area of instrumentation **contains** delicate components (electronic devices, precision gyro bearings, etc.) which are extremely sensitive to atmosphere-borne particulate contamination.

계산장치의 중심부에는 대기 중의 미립자오염에 대단히 민감한 섬세한 구성요소(전자장치, 정밀 자이로 베어링 등)가 **있다**.

The control station **contains** all the controls required for use of machine operation.

제어스테이션에는 기계 조작에 필요한 모든 제어장치가 **들어 있다**.

Adjusting cap assembly **contains** adjusting screw and locknut for altering length of piston travel.

조정캡기구에는 피스톤트래블의 길이를 변화시킬 수 있는 조정 나사와 고정너트가 **달려 있다**.

The control **contains** an electronic probetype sensing element that is mounted so it contacts a reference surface on the workpiece while the boring tool is being fed.

제어장치에는 천공바이트가 이송되는 동안 공작물의 기준표면에 접촉하도록 부착된 전자 프로브형 검출소자가 **내장되어 있다**.

D toolpost grinder kits **contain** toolpost grinder and accessories capable of handling a wide range of both internal and external grinding applications.

D 공구대 그라인더는 공구대 그라인더와 내외부 그라인딩을 광범위하게 처리할 수 있는 부속품으로 **구성된다**.

Milling machines are of the horizontal or the vertical type. A commonly employed horizontal machine is the knee type. It comprises a massive column which **contains** the gearbox and spindle-drive motor and is provided with bearings for the spindle.

밀링머신에는 수평형과 수직형이 있다. 일반적으로 사용되는 수평형 밀링머신은 니타입이다. 이는 기어박스와 주축구동모터가 **있는** 묵직한 칼럼으로 구성되며 주축용 베어링도 부착되어 있다.

The turret head **contains** six 5/8"-16 male threaded spindles.

터릿헤드 내부에는 5/8인치-16 수나사를 깎는 스핀들 여섯 개가 **있다**.

The cylinder **contains** a high force spring actuated plunger.

실린더 내부에는 강력한 스프링으로 작동되는 플런지가 **들어 있다**.

Common solder usually **contains** one part of lead to one part of tin, though different solders exist which are composed of lead alloyed with tin, the proportions of the latter varying from 30 to 70 percent.

일반적인 땜용합금의 성분은 통상 주석1 대 납1**이다**. 다른 땜용합금도 있는데 주석의 비율이 30%에서 70%까지 다양한 납합금이다.

All of the software you need for any type of programming **is contained** on standard, magnetic-tape cassettes.

모든 프로그래밍에 필요한 소프트웨어가 표준 자기테이프 카세트에 **들어 있다**.

equip : to supply with what is needed. 장비하다

The U **are equipped with** separate motor drive for spindle, for drive shaft, and for individual attachments.

U에는 주축용, 구동축용, 개별 어태치먼트용으로 서로 다른 모터 구동장치가 **장비되어 있다.**

The M-10 **is equipped with** a ten tool sequential automatic tool changer, it features, exceptionally high speed with a chip time of less than 5 seconds.

M-10에는 공구 10개용 시퀀스 제어 자동공구 교환장치가 **장비되어 있다**. 실제 절삭시간이 5초 이하인 탁월한 고속성능이 특징적이다.

B Automatic Hydraulic Machines **are equipped with** a 4-speed AC motor and a 2-speed electric clutch which provides 8-speeds per spindle.

B 자동유압기계는 4속 교류 모터와 2속 전기식 클러치가 **장비되어 있고** 덕분에 주축은 합계 8속이 된다.

A heavy duty mill, the Model V-2, **is equipped with** one-piece column and base, coolant system built into the base, work light, hardened and ground gears and shafts, and 1.5 ~ 2-hp two-speed motor.

중절삭용 밀링머신 V-2형에는 일체형 칼럼과 베이스, 베이스 내장식 냉각시스템, 공작물 조명 등, 열처리 연삭기어와 샤프트, 1.5 ~ 2hp 2속 모터가 **장비되어 있다**.

Along with the pallet changer, the 20"cube machining center can **be equipped with** a robot, workpiece storage towers, and pallet conveyor systems for unmanned production runs of workpieces requiring very precise machining.

팔레트 교환기와 함께 이 20인치 큐브 머시닝센터에는 아주 정밀한 기계가공이 필요한 공작물을 무인으로 연속생산하기 위한 로봇, 공작물 보관탑, 팔레트 컨베이어시스템을 **장비할 수 있다**.

……. It can be done on a lathe with the aid of a thread-rolling head, which **is equipped with** three ribbed rollers that can move in and out radially. The rollers open out automatically at the end of the operation.

……. 이 작업은 반지름 방향으로 출입하는 리브부착형 롤러 3개를 **장비한** 나사전조헤드를 이용해서 선반으로 할 수 있다. 이 롤러는 작업이 끝나면 자동적으로 개방된다.

A vertical milling machine **equipped with** variable feed and speed drives was used for performing the peripheral end milling tests. The milling machine **was** also **equipped with** a tachometer for observing spindle speed.

원 주변부의 밀링시험을 하기 위해서 이송과 속도를 조정할 수 있는 장치가 있는 수직형 밀링머신을 사용하였다. 또한 이 밀링머신에는 주축의 속도를 확인하기 위한 회전속도계도 **장비되어 있었다**.

Equipped with specially selected work-head bearings, the machine grinds the center bore.

특별히 엄선한 주축대 베어링을 **장비한** 이 기계로 센터구멍을 연삭한다.

feature : one of the named parts of the face (e.g. mouth, nose, eyes) which together make up its appearance, a distinctive or noticeable quality or a thing : to be a feature of or in	특징적인 구성요소, 특징이다

The M-7 manufacturing system **features** a robotic arm which can move in four directions with a payload of up to 55 lbs.

M-7 제조 시스템에는 최대탑재하중이 55lbs이고 4방향으로 움직이는 로봇암**이 있다**.

The D micrometer No.2 **features** a liquid-crystal display and provides inch or metric measurements. The scale is 0 to 1" or 0 to 25mm in 0.0001" or 0.001mm graduations.

D 마이크로미터 No.2에는 액정표시장치가 **있어서** 인치나 밀리미터 측정이 가능하다. 측정눈금은 0.001인치 눈금으로 범위 0.0001인치, 혹은 0.001mm 눈금으로 범위 0~25mm 이다.

The B-8 single-spindle machining canter has been designed for the toolroom and precision job shops and **features** all cast iron construction, a 3-point bed mounting, gearless AC spindle with water-cooled motor, and 18-tool changer, and CNC control.

B-8 차축 머시닝센터는 공구실이나 정밀가공공장용으로 설계되었으며 주요 특징은 전체주철구조, 3점 지지헤드, 기어가 없이 수냉교류모터가 달린 스핀들, 18툴의 툴체인저, CNC제어**이다**.

The S-10 Machining Center **features** an integral console conveniently located so that the operator has easy access to both the controls and the automatic tool changer. The console includes all the necessary controls for either automatic or manual operation.

이 S-10 머시닝센터에는 작업자가 제어장치와 자동툴체인저 모두에 간단히 접근할 수 있는 다기능 컨솔이 **있다**. 이 컨솔에는 자동, 수동조작에 필요한 모든 제어장치가 갖추어져 있다.

G-8 series tool grinders from Y are available with NT40 or NT50 spindle tapers, and **feature** a cast-iron base, bellows - protected moving parts, and angular contact bearings for the spindle head.

Y사에서 제작한 G-8 시리즈 툴 그라인더에는 주축 테이퍼 NT40, 혹은 NT50이 있고 주요 부품으로는 주철베이스, 벨로즈로 보호한 가동부품, 주축대용 앵귤러베어링 등이 **있다**.

Vertical Mill. The L-3 for CNC operations **features** a 54×11" table with 28" longitudinal capacity, 13¼" cross travel. Includes B control three-axis simultaneous contouring system.

버티컬밀링머신, CNC작업용 L-3에는 좌우 동작 28인치, 전후 동작 13¼ 인치인 테이블(54×11 인치)**이 달려 있다**. B제어 3축 동시 콘투어시스템도 장비되어 있다.

A 1,000-ton capacity press has been added to the Series 27 line of drawing and forming presses. Equipped with a 250-ton hydraulically-operated cushion, the press has a slide stroke of 30", cushion stroke of 12" and **features** remote digital set-point stroke controls and digital readout of stroke position. Ram speeds per minute include a rapid advance of 600" ; pressing of 4" to 37" ; …….

드로잉, 포밍프레스 27시리즈에 1000톤 프레스가 추가되었다. 250톤 유압작동 쿠션이 달린 이 프레스는 슬라이드 스트로크 30인치, 쿠션 스트로크 12인치, 원격조작 디지털식 설정점 스트로크 제어장치, 디지털 판독장치가 **장비되어 있다**. 분당 램속도는 급속전진 600인치, 프레스작업 4 ~ 37인치, …… 등이다.

The Y knee-type CNC vertical milling machine **features** a spindle head quipped with a ball screw Z-axis drive for heavy cuts and repeatability.

Y 니타입 CNC 버티컬밀링머신에서 **특히 주목할 점은** 중절삭과 반복성을 실현하기 위해 볼나사 Z축 구동장치를 부착한 스핀들헤드**이다**.

The L-7 **features** a 10-hp (7.5-kW) drive motor, a D1-8 camlock spindle nose, and a 3 ⅙" (80.4-mm) hole through the spindle. The lathe is equipped with an electromagnetic clutch, a built-in coolant system, and more.

L-7의 **특징**은 10마력 구동모터, 캠고정식 스핀들노즈, 스핀들을 통하는 3⅙ 인치 구멍**이다**. 이 선반은 전자클러치, 내장형 냉각시스템 등을 장비하고 있다.

The CNC Duplex horizontal twin mill **features** 3 axis CNC control for head and cutter positioning utilizing DC servomotors and ballscrew drives. Workpiece holding devices, composed of a special air indexer and tailstock assembly, rotate the steel part upon command from the CNC pendant to perform the cutting cycle in less than one second.

이 CNC 복식 2축 수평밀링머신은 직류 서브모터와 볼나사구동장치를 사용해서 헤드와 커터의 위치를 결정하는 3축 CNC 제어장치를 **장비하고 있다**. 특수 에어인덱서와 심압대 어셈블리로 구성된 공작물 고정장치는 절삭 사이클을 1초 이하로 하기 위해 CNC 펜던트(서스펜션식 제어반)가 명령하면 철부품을 회전시킨다.

The collet-type workholding fixture **features** a 360° graduated dial, an index locking pin and 24-division index plate, to ±10 seconds accuracy, and adjustable stops and locking pin for locations between indexes.

이 콜릿형 공작물 고정용 부착구의 **주요부품**은 360° 눈금 다이얼, 인덱스 고정핀, 24분할 인덱스플레이트(정밀도 ±10초), 인덱스 동안 위치를 고정하기 위한 조정식 스토퍼와 고정핀**이다**.

Available for quick delivery, this precision, highly reliable and productive 2-axis CNC turning machine **features** :

* 6-1.4" chuck
* 1-3/8" collet capacity
* 4,800 rpm
* ......

퀵딜리버리를 위한 정밀, 고신뢰성, 고생산성의 2축 CNC선삭반의 **특징은 아래와 같다**.

* 척 $6^{1}/_{4}$인치
* 콜릿 용량 $1^{3}/_{8}$인치
* 4,800rpm
* ……

PRECISION CYLINDRICAL GRINDER Model RMG 4 **Features**

* Swing 4"

* 10" between centers
* ......

정밀원통연삭반 RMG4형의 **주요제원**은,

* 스윙 4인치

* 센터 사이의 거리 10인치
* ……

The L-15 lathe has a 12-station turret, 15 hp drive motor, ……. Standard **features** include a 15¾" swing, slant bed construction, a spindle with infinitely variable speeds from 70 to 3,800 rpm, and a 2⅛" bore for big bar work.

L-15 선반에는 12스테이션 터릿, 15마력 구동모터, ……, 등이 장비되어 있다. 표준 **주요사양**은 스윙 15¾ 인치, 경사 헤드 구조, 70~3,800rpm 무단변속 스핀들, 대형봉재작업용 2⅛ 인치 구멍**이다**.

Outstanding **features** of the K include :

* 2 HP vertical drive.
* 3 HP horizontal drive.
* Builtin coolant system.
* …….
* Net weight 3,000 lbs.

K의 우수한 **특징은** :

* 2HP 수직드라이브.
* 3HP 수평드라이브.
* 내장형 냉각장치.
* …….
* 총중량 3,000lb **등이다**.

…… and safety **features** include a foot-operated spindle brake, emergency stop button, motor safety switch, and a shear pin to protect against overloads.

…… 주요 안전장치로는 페달식 스핀들 브레이크, 긴급정지버튼, 모터안전스위치, 오버로드 방어 시어핀 등**이 있다**.

Cutting-off lathe **features** :

* Setup — 30 to 45 minutes.
* Choice of Tooling — High speed steel, roller or new reversible throw-away carbide
* …….

절삭선반의 **특징** :

* 준비 — 30~45분
* 툴링 선택 — 고속도강, 롤러, 혹은 리버시블 스로어웨이 초경합금
* …….

Standard **Features** :

* Automatic lubrication system
* …….

Special **Features** :

* Easy speed and feed change
* Automatic lube of apron and ways
* ……

표준**사양** :

* 자동유활계
* …….

특별**사양** :

* 속도와 이송 변경이 용이함
* 에이프런과 안내면 자동급유
* …….

form : to mould, to produce or construct
: to bring into existence, to constitute — 형성하다

NITROGEN. — One of the gaseous constituents of the atmosphere **forming** about four-fifths of the total volume of the atmosphere.

질소 — 전체 대기의 4/5를 **형성하는** 기체구성성분.

……. This **forms** an electric circuit, stopping the machine or giving an alarm.

……. 이렇게 해서 기계를 정지시키거나 경보를 울리는 전기회로가 **구성된다**.

furnish : to equip (a room or house etc.) with furniture
: to provide or supply — 설치하다

The mounting **is furnished with** an additional sliding seal consisting of a bronze ring.

이 받침대에는 추가로 청동 링으로 만든 슬라이딩실을 **설치한다**.

For such use it **is furnished with** a rotaty index head and …….

이러한 용도로는 회전 인덱스헤드를 **장비하고**, …….

have : to be in possession of (a thing or quality), to possess, to contain. — 가지다, ~이다

The L-5 75 hp slant bed CNC lathe **has** two turrets, with 20-tool capacity, four axes,

L-5, 75마력, 경사베드 CNC선반은 툴 용량이 20이고 축이 넷인

a massive slant bed and CNC controls.

터릿 두 개, 육중한 경사베드, CNC 제어장치로 **구성된다**.

It **has** a toolholder with a compound graduated in 2-degree increments for direct and accurate setting of grinding angles.

거기에는 연삭각도를 직접 정확하게 세드힐 수 있도록 2도 단위로 눈금을 새긴 복식공구대가 달린 바이트홀더가 **있다**.

A horizontal milling machine is known as the manufacturing type which is characterized by **having** a work table that is fixed in height, the spindle being vertically adjustable, since it is mounted in a head that can be moved up or down the column of the machine.

수평밀링머신은 이른바 생산형인데 그 특징은 높이가 고정된 공작대와 수직방향 조정식 스핀들(기계의 칼럼을 아래위로 움직일 수 있는 베드가 설치되어 있음)**이다**.

A-25 system **has** three components : the H calculator, a plotter, and a tape punch. In addition a large 15K memory and various ROMs are employed.

A-25 시스템은 세 가지 요소로 **구성되어 있다**. : H계산기, 플로터, 테이프펀치. 또한 15k 대용량 메모리와 각종 ROM도 채택하였다.

The normal type of carburettor, which **has** jets of fixed size, **has** three principal parts. These are for slow-running, normal highspeed running, and for changing over from one of these conditions to the other.

고정규격 제트가 달린 일반 기화기는 세 가지 주요부품으로 **되어 있다**. 즉 저속주행용, 일반 고속주행용, 그리고 이러한 한 가지 상태에서 다른 상태로 바꾸는 변환용이다.

include : to have or regard or treat as part of a whole
: to put into a certain category or list etc.

(~의 안에) 있다, ~도 있다, 달려 있다, 포함하다

The wheelhead **includes** a 4hp, two speed motor that drives the 8" grinding wheel by means of a Polyvee belt.	휠헤드에는 폴리비벨트로 8인치 휠을 구동하는 4마력, 2속 모터가 **달려 있다**.
The S line of compact power workholding components **includes** over 70 models and sizes that can operate comfortably at up to 7,500 psi fluid pressure.	컴팩트한 동력작동 공작물고정 부품인 S계열에는 7,500psi 이하의 액체압력하에서 안정적으로 작동할 수 있는 70종 이상의 모델과 사이즈가 **있다**.
The line consists of an induction heater **including** a hot shear unit, a press line with the biggest die-forging press in the world, press power 16,000 tonnes, and a cooling line.	이 라인은 열간전단장치**가 내장된** 고주파 가속장치, 세계 최대의 형단조프레스(프레스력 16,000톤)가 설치된 프레스라인과 냉각라인으로 구성된다.
The total system **includes** a lightweight overhead conveyer and a S sorting system.	시스템 전체에는 경량 오버헤드 컨베이어와 S 선별 시스템이 **포함된다**.
Two video display terminals and a dotmatrix printer **are included in** the system.	이 시스템**에는** 두 개의 비디오 표시장치와 하나의 도트프린터가 **있다**.
Components **include** low height edge clamps and self-adjusting work supports that advance and lock automatically.	구성부품으로 높이가 낮은 에지 클램프와 자동으로 전진하고 고정시키는 자기조정형 공작물 서포터가 **있다**.
Accessories **included** a 5" diameter magnetic chuck, a 5¼" face plate, and a 3-jaw chuck with reversible jaws.	부속품 **내역은** 지름 5인치 자기 척, 5¼ 인치 페이스플레이트, 리버서블 3-죠 척**이다**.
Features **include** an automatic toolchanger, horizontal/vertical swing toolhead and a rotary table.	주요 장치**로는** 자동공구교환장치, 수평 · 수직선회툴헤드, 로터리테이블**이 있다**.

Such standard features as induction hardened headstock gears, precision spindle bearings, ……, and induction hardened and ground bedways **are included in** the lathe.

이 선반**에는** 고주파열처리 주축대 기어, 정밀 스핀들베어링, ……, 고주파열처리·연삭 베드안내면 등의 주요 표준부품이 **있다**.

Fig. 5 — Groove dimensions that are most critical in determining cutting performance **include** land width, groove width, groove angle, and groove depth.

그림 5 — 절삭성능을 결정하는 가장 중요한 홈 규격 제원으로는 랜드폭, 홈폭, 홈각, 홈깊이**가 있다**.

Iron-base superalloys **include** various types of martensitic, semiaustenitic, and austenitic steels. Proprietary materials in this classification **include** Discaloy, Incoloy 800, 19-9 DL, A286, and N-155.

철 계열 초합금으로는 마텐자이트, 세미오스테나이트, 오스테나이트강 등 여러 종류**가 있다**. 이 분류에 곧잘 포함되는 재료로는 Discaloy, Incoloy 800, 19-9 DL, A286, N-155 등**이 있다**.

Machine specifications **include** a 10" chuck size, 24" shaft length, 2" bar capacity, maximum swing of 22¾", cross travel of 6.5" and longitudial travel of 24.4"…….

기계의 사양은 척 크기 10인치, 샤프트 길이 24인치, 바 용량 2인치, 최대 스윙 22¾ 인치, 전후작동 6.5인치, 좌우 작동 24.4인치, ……, **등이다**.

The grinder is capable of grinding cutting tools without special accessories. Grinding capabilities **include** ball, taper, ……, and high speed and carbide end mills ; reamers and tool bits.

이 그라인더는 특수한 부속품을 사용하지 않고도 절삭공구를 연삭할 수 있다. 연삭할 수 있는 것은 볼, 테이퍼, ……그리고 고속 초경 엔드밀 : …… 리머와 완성바이트 **등이다**.

The X-axis table travel of the F-4 is 500mm as is the Z-axis table travel. Travel rates **include** a rapid traverse of 10 m/min and a feedrate that varies from 1 to 2,997 mm/min.

F-4 테이블의 X축 방향 동작은 Z축 방향 테이블 동작과 같은 500mm이다. 동작속도는 고속동작 10m/min이며 1mm/min ~ 2,997 mm/min 범위로 이송속도를 조정할 수 **있다**.

Options **include** internal grinding attachments, static wheel balancing stand and 3-jaw chuck.

옵션으로 내면연삭 어태치먼트, 스태틱휠 밸런싱대, 3죠 척 등**이 있다**.

Optional equipment **includes** a collet storage rack, bar feeders, Brown & Sharpe No.21 spindle headstock, magazine parts loader, part take-off chute and a vertical cut-off slide.

옵션장치로는 콜릿 보관 랙, 바 피더, B&S No.21 주축대, 매거진 파츠로더, 부품 반출 슈트, 버티컬 컷오프 슬라이드 등**이 있다**.

Options **including** conveyors and handling equipment are available.

컨베이어, 핸들링 장치 등의 옵션은 재고**가 있다**.

Heavy ribbed knee and saddle construction for rigidity **includes** hard chrome plating on X-Y ways and gibs.

강도를 위해 강력한 리브를 설치한 니와 새들 구조에는 경질크롬 플레이팅 X-Y 안내면과 깁도 **포함되어 있다**.

Applications **include** bar work, chucking, and second operation drilling and milling.

용도는 봉재작업, 척킹, 2차작업 드릴링, 밀링 등**이다**.

There are many forms of data collection **including** : strip and circular chart recording, punched tape and digital printers of either the tape or carriage type.

데이터수집**에는** 다음과 같은 다양한 방식**이 있다**. 선형 · 원형 차트기록, 천공테이프, 그리고 테이프나 캐리지타입의 디지털 프린터.

incorporate : to take in or include as a part or parts of itself.

~도 있다, 추가하다

Assembly operations. The final assembly machine **incorporates** 12 active stations, plus four open stations. These open stations are

조립작업. 최종조립기에는 12개의 액티브스테이션, 4개의 오픈스테이션**이 있다**. 이 오픈스테이션은

to accommodate possible future changes in manufacturing operations.

이후의 모든 제조작업의 변경에 대응하기 위해서이다.

The gauge **incorporates** a micro-in-dicator.

이 게이지**에는** 마이크로인디케이터도 **달려 있다**.

The spindle head **incorporates** constant mesh helical gears.

이 스핀들헤드에는 컨스턴트 메시 헬리컬기어**도 있다**.

Where "Log Out" is required for permanent records a printer type recorder **is incorporated** into a J Control Center.

기록을 영구보존하기 위해서 계산기를 조작한 기록이 필요할 때는 J제어센터에 프린터 방식의 기록장치를 **추가한다**.

……. The device **incorporated** for this purpose is the universal joints, of which there are many types.

……. 이 목적으로 **추가된** 장치가 유니버설 조인트이며 다양한 종류가 있다.

The pallets **incorporated** in this line are somewhat unusual due to the auxiliary fixtures mounted on them. Each is equipped with part nests for carrying two gears, a transfer shaft, and a slave tool.

이 라인에 **추가된** 팔레트는 보조부착기구가 고정된 점이 다소 특이하다. 각 팔레트에는 기어 두 개, 전도축, 종속도구를 싣기 위한 부품상자가 장비되어 있다.

Input sheets are sent on a monthly base to the computer center for **incorporation** into the master catalog.

입력카드는 마스터 카탈로그에 **추가되기** 때문에 월 단위로 계산센터에 보낸다.

To accommodate billets up to 190mm square section, and rolling billets up to 2,200mm long, the forging roll unit **incorporates** horizontal operation with a roll diameter of 1,000mm.

단면 190mm 각도 이하의 빌렛과 길이 2,200mm 이하의 압연빌렛에 대응할 수 있도록 이 단조압연장치는 롤의 지름이 1,000mm이고 수평조작방식을 **채택하였다**.

involve : to contain within itself
: to include or affect in its position — 포함하다, ~도 있다

The most drastic example of the contribution to production by synthetic lubricants **involves** some 6,000-horse-power vertical electric motors driving the reactor-cooling water pumps in a nuclear power plant.

합성윤활제가 생산에 기여한 가장 대표적인 사례로 원자력발전소의 원자로냉각제펌프를 구동하는 6,000마력 수직전기모터를 **들 수 있다**.

A typical part turned on E **involves** feeding bar stock through the spindle to a specified length, rough facing and rough OD turning, drilling, rough boring to within 0.002" of depth and ID, and finish boring to specified depth and ID. Stock hardness ranges from 220 to 240 Brinnell.

E로 선삭하는 대표적인 부품작업으로는 봉재를 주축을 통해 지정 길이까지 이송하고 러프페이싱, 러프 OD 선삭, 드릴링, 깊이와 내경이 0.002인치 이하인 러프보링, 깊이와 내경을 지정하는 마감보링 등의 작업이 **있다**.

This is not a cutting method and **involves** no removal of metal, the thread being formed by plastic deformation. Not only is there a saving in metal, but the rolling operation causes cold working and thus improves the mechanical properties of the thread.

이는 절삭하는 방식이 아니기 때문에 금속을 제거하지 **않고** 나사를 소성변형으로 성형한다. 금속을 절약할 뿐 아니라 전조작업으로 가공경화하므로 나사의 기계적인 성질도 향상된다.

The machines were continued in production for eight hours and no downtime **was involved**.

이 기계는 8시간 동안 생산을 계속하였지만 그 동안 전혀 고장으로 정지하는 시간이 **없었다**.

……. Communication systems enable the operating engineer to talk with personnel at the actual equipment or system location **involved**.

……. 조작하는 기술자가 장치나 시스템 현장에서 작업에 **종사하는** 인원과 통신시스템으로 통화할 수 있다.

make up : to form or constitute, to put together.	만들다, 형성하다, 구성하다

The photograph in Fig.1 shows the two units, machine and control cabinet, that **make up** the tapping torque test machine.

그림 1의 사진은 태핑 토크 시험기를 **구성하는** 두 개의 유닛, 즉 기계와 제어캐비닛을 나타낸다.

P builds a line of 20" geared-head drill presses, some of which can be mounted on production tables to **make up** a multispindle unit (they can be used individually).

P사는 20인치 기어식 헤드 드릴 프레스를 제작한다. 그 중에는 다축 유닛을 **구성하기** 위해 작업용 테이블에 부착할 수 있는 제품도 있다(별도로 사용할 수도 있음).

You can't **make** it **up** in the laboratory by putting all the proper chemicals together.

연구실에서는 적절한 약품을 전부 섞어도 **만들지** 못한다.

A plug **is made up of** three main parts, the central electrode, the insulator and the body.

플러그는 세 개의 주요부품, 즉 중앙전극, 절연물, 보디로 **구성된다**.

Another answer to multiple hole drilling is the multiple spindle drill press (also referred to as a gang drilling machine). These rigs **are made up of** a number of individual drill presses mounted on one table.

여러 개의 구멍을 파는 또 하나의 방법은 다두 드릴링머신(혹은 갱 드릴링머신이라고도 한다)을 사용하는 방법이다. 이 장치는 하나의 테이블 위에 여러 대의 드릴프레스를 개별적으로 부착해서 **구성한다**.

Those registers which can be controlled by the operator **are made up of** tiny units <u>consisting</u> of a capacitor and a switching transistor with connects in to the other circuitry.

조작자가 제어할 수 있는 이러한 레지스터는 작은 유닛으로 **구성되는데** 다른 회로와 연결할 수 있는 스위칭 트랜지스터와, 콘덴서로 <u>되어 있다</u>.

MoS_2 has a lamilar structure, each lamina is a sandwich **made up of** two layers of surfur atoms with a layer of Mo atoms between.	MoS_2는 적층구조이다. 각 층은 황 원자 2층과 그 사이의 몰리브덴 원자 1층으로 **형성된** 샌드위치구조이다.
On a typical five stand mill, **make-up** water is required at a rate of about 800 to 1,000 gallons per hour.	대표적인 5스탠드 압연기는 **보급수**가 시간 당 800 ~ 1,000갤런 필요하다.

possess : to hold belonging to oneself, to have or own	가지다, 지니다

An insulate conductor **possesses** an external protective covering of metal.	절연된 도선에는 외부에 금속 외피가 **있다**.

provide : to cause, a person, to have possesion or use of something, to supply, to make preparation for something	설치되어 있다, 달려 있다, 준비되어 있다

An exceptionally large capacity coolant reservoir **is provided** in the base of the machine.	특대용량의 냉각제 탱크가 기계의 베이스 안에 **설치되어 있다**.
The machine provides an additional 19½" between centers. Also **provided** as standard **are** a program-controlled tail-stock body and quill. Special steady rests are optionally available.	이 기계는 센터 사이의 거리를 19½" 더 벌릴 수 있다. 또한 표준적으로 프로그램 제어 심압대 본체와 퀼이 **달려 있다**. 특수 방진구는 옵션으로 사용할 수 있다.

These chucks **are provided** with a taper shank for locating in the drill-press spindle.

이러한 척에는 드릴프레스의 스핀들에 위치를 결정하기 위한 테이퍼 생크가 **달려 있다**.

The back of the dovetail ways on the saddle and spindle head **are provided with** hardened and ground steel jibways for minimum wear and long life.

새들과 스핀들헤드에 있는 도브테일 홈의 안내면 배면에는 마모를 감소하고 수명을 연장하기 위해 열처리하고 연삭한 철제 지브웨이를 **장비한다**.

……. It comprises a massive column which contains the gearbox and spindle-drive motor and **is provided with** bearings for the spindle.

……. 이것은 기어상자와 스핀들 구동모터를 내장한 육중한 칼럼으로 되어 있고 스핀들용 베어링도 **부착되어 있다**.

The machining head has a total vertical travel of 25mm and **is provided with** a pneumatically operated static loading system, which provides precise control.

이 가공헤드는 세로방향으로 25mm 움직이고 공기로 작동하는 스태틱 로딩 시스템을 **갖추고** 있어서 이것으로 정밀하게 제어할 수 있다.

The panel **provides** START and STOP button for the spindle and START, STOP and JOG button for the drive shaft.

패널에는 스핀들의 시동, 정지 버튼과 구동축의 시동, 정지, 조그 버튼이 **있다**.

Speed change gears, at lower left side of machine, **provide** for changes of spindle speed in either direction.

스핀들속도를 어느 쪽으로든 변경할 수 있도록 기계의 왼쪽 아래에 변속기어장치가 **달려 있다**.

A selector switch **is provided** for each of the six spindles.

여섯 축에 각각 선택스위치가 **달려 있다**.

Alarms **are provided** for a system trouble indication as well as power failure.

전원고장용과 시스템 고장표시용으로 경보장치가 **달려 있다**.

Controls **are provided** to maintain oil and air temperatures at proper levles and, in some

오일과 공기온도를 적절한 수준으로 유지하기 위해, 또한 경우에

case, to maintain correct oil level.	따라 적당한 유면을 유지하기 위해 제어장치를 **장비한다**.
Readouts on the panel **provided** digital displays of the momentary values of the radial and lateral runouts on the inner and outer bead seats. Analog meters also **are provide** to determine the TIR values of these amse readings.	패널리딩장치는 내외부의 비드(용착금속) 시트의 반지름방향과 횡방향 런아웃의 순간수치를 디지털로 표시**한다**. 또한 아날로그 계측기가 이와 같은 리딩의 TIR 수치(인디케이터 전 진동)를 구하기 위해 **부착되어 있다**.

supply : to give or provide with (something needed or useful) : to make up for, to make available for use	공급하다

In case the pump **has been supplied** with a geared motor the grease in the gear unit should be changed after about 8,000 hours of operation and not later than after 2 or 3 years of operation.	펌프에 기어드모터가 **부착된** 경우에 기어장치의 그리스는 운전 약 8,000 시간, 혹은 2년이나 3년 이내에 교환해야 한다.
This **is supplied**, together with the upper bearing, as a unit with a small axial clearance, accurately adjusted by means of an intermediate spacer sleeve of caliculated length.	이 부품은 어퍼베어링과 함께, 길이를 보정한 중간 스페이서슬리브로 정확하게 조정한 소형 축방향 간격 유닛으로 **사용하도록 되어 있다**.

with : having, characterized by	가진, 달린

High productivity CNC Machining Center — **with** H microprocessor control and 24-tool automatic tool changer.	고생산성 CNC 머시닝센터 — H 마이크로프로세서 제어장치와 24개 자동공구교환장치가 **부착됨**.
The advantages of ball bearing **with** seal permanently built-in have become recognized.	실을 항구적으로 **내장한** 볼베어링의 장점이 인정받는다.
M also sells spiral and spade-type drills made from high-speed steel **with** 9.5% cobalt, solid carbide, ······.	M사는 또한 코발트를 9.5% **함유한** 고속도강, 솔리드카바이드, ······, 로 만든 스파이럴드릴과 스페이드드릴을 판매하고 있다.

할 수 있다, 할 수 없다(가능, 능력)

ability : the quality that makes an action or process possible, capacity or power to do something	할 수 있다(능력, 자질)

The user **has** the **ability** to edit programs at the machine and **may** choose manual / single block / automatic operation.	사용자는 기계로 프로그램을 편집**할 수 있고** 또한 수동/싱글블록/자동조작 중 하나를 선택**할 수 있다**.
The microcomputer provides the **ability** to measure and analyze, as well as the **capacity** to receive and store operator instructions.	이 마이크로컴퓨터에는 측정하고 해석하는 **기능**과 작업자의 명령을 받아 기억하는 **기능**이 있다.

able : having the ability to do something — 할 수 있다

With this information the designer will **be** better **able to** design the machine tool so that the natural frequency …….

이 자료를 사용해서 설계자는 고유진동수가 …… 가 되도록 더욱 우수한 공작기계를 설계**할 수 있다**.

Grade 9 ceramic-coated tungsten carbide inserts combine the features of ceramic and carbide in one insert capable of cutting at high speeds while **being able to** withstand shock.

9급 세라믹코팅 초경합금 인서트는 충격에도 견딜 **수 있는** 한편 고속절삭도 가능한 인서트 공구로서 세라믹과 초경합금의 특징을 동시에 갖추고 있다.

allow : to permit, to tolerate — 할 수 있다, 해도 좋다

The infinitely variable cutting speed of from 52 to 280 fpm is adjustable by remote control from control panel and **allows** cutting of most materials with high or low tensile strength.

52~280fpm 무단변속의 절삭속도는 제어판에서 원격제어로 조정할 수 있으므로 인장강도의 고저에 관계없이 대부분의 재료를 절삭**할 수 있다**.

Dial-in electronic control to **allow** fast, easy setups.

빠르고 편리하게 준비**할 수 있는** 다이얼 인 전자제어.

Other features include clutches on the X and Y axis drives to **allow** full manual milling capabillities, a power feed mode for straight milling cuts and a pressure control manifold which **allows** the use of single pressure power unit in this three pressure system. The system **can** be adapted to

그 외에 다음과 같은 특징이 있다. 수동밀링능력을 최대로 발휘**할 수 있**게 해주는 X축과 Y축 구동장치, 직선밀링절삭용 동력이송방식, 세가지 압력계통에 하나의 압력출력장치를 **사용할 수 있**는 압력제어 매니폴드. 이 시스템은 작게는

many different types of mills from small, toolroom mills to large airframe profilers.

공구실에서 크게는 항공기를 제작하는 밀링머신에까지 다양한 밀링머신에 적용**할 수 있다**.

This technique **allows** diagnostic execution during normal machine operation **enabling** production to continue while fault testing.

이 기술을 사용하면 일반적인 기계가공 작업을 하면서 진단**할 수** 있으므로 고장을 조사하는 동안에도 생산을 계속**할 수 있다**.

This system **allows** high speed data transmission unaffected by electrical fluctuations or noise.

이 시스템은 전기적인 변화나 잡음에 영향받지 않고 고속으로 데이터를 전송**할 수 있다**.

There is an RS-232-C interface that **allows** attachment of both input and output devices.

입력장치와 출력장치를 모두 부착**할 수 있는** 인터페이스 RS-232-C가 있다.

A 12-station crown turret above the spindle axis **allows** the mounting of very long boring bars and a 6-station turret below the spindle axis **permits** use of additional tools for external machining.

스핀들보다 위쪽에 있는 12스테이션 크라운터릿은 대단히 긴 보링바를 부착**할 수 있고** 스핀들보다 아래에 있는 6스테이션 터릿은 외면절삭용 툴을 추가로 장비**할 수 있다**.

The unit **allows** a printing speed of 30 characters per second as compared to the 10 or 15 cps typically available.

일반적인 장치의 인쇄속도가 매초 10 혹은 15문자인데 반해 이 장치는 30자 속도로 인쇄**할 수 있다**.

Now if the nose **is allows** to rest on the side of the nut or some other part of the car, and pressure in applide to the handles, great leverage can be applied.

만일 끝부분을 너트의 옆면이나 자동차의 다른 부분에 놓아**두고** 핸들에 압력을 가하면 지레의 힘이 그게 걸린다.

The Power Lift **allows** one man to load and position workpieces, tools, fixtures, inserts, dies, and jigs up to 250 lb.

이 파워리프트를 사용하면 혼자서 250톤 이하의 공작물, 바이트, 부착구, 인서트, 다이스, 지그를 싣고 위치를 정**할 수 있다**.

Conversational language **allows** even a beginner to complete machining center programs in less than 5% of the time required for conventional CNC equipment.

회화형 언어이므로 초보자라도 보통 CNC 장치의 5% 이하의 시간으로 머시닝센터의 프로그램을 완성**할 수 있다**.

The Nibbler rotary broach attachment **allows** many different shapes to be broached as part of many screw machine operations.

이 회전 브로치 어태치먼트로 여러 나사절삭작업의 일부로서 다양한 형태를 브로칭가공**할 수 있다**.

If carefully carried out this procedure should **allow** the bearings to be presses out of their housings.

명심하면 이 요령으로 하우징에서 베어링을 압출**할 수 있다**.

Splined shaft is a shaft in which keyways or slot are cut, thereby **allowing** a gear-wheel to be driven by the shaft and at the same time to be moved along the shaft at will.

스플라인축이란 키홈이나 홈이 파인 축이기 때문에 이렇게 해서 기어를 구동함과 동시에 축을 따라 마음대로 움직**일 수 있다**.

Levers on the front of the headstock **allow** various rotational speeds to be selected.

주축대 전면의 레버로 여러 가지 회전속도를 선택**할 수 있다**.

In this way **it is possible to** obtain good manoeuvrability with the additional advantage that the propeller **can** be rotated in one direction, at constant speed. This in turn **allows** a low-cost synchronous electric motor to be used as the power source.

이렇게 해서 프로펠러가 한 방향으로 일정한 속도로 회전할 수 있다는 장점과 함께 우수한 조선성을 얻을 **수 있다**. 또한 동력원으로 비용이 저렴한 동기모터를 사용**할 수 있다**.

Ball assembly **allows** the index table to float a limited amount and **permits** index plungers to freely and accurately find their locations in bushings in the J table.

볼 어셈블리를 통해 인덱스 테이블은 제한적이나마 떠오를 **수 있고** 인덱스 플런저는 자유롭고 정확하게 J테이블의 부싱에 위치를 정**할 수 있다**.

Mode switches which are used to select the desired cycle of operation, **make** additional flexibility **possible** by **allowing** the operating engineer to select any one of up to eight standard modes of operation.

원하는 작업사이클을 선택하는 모드 스위치로 조작원은 8가지 표준작업 모드 중 하나를 선택할 수 있으므로 더욱 작업의 유연성을 **늘릴 수 있다**.

In this case the dynamo is mounted eccentrically, so as to **allow** of adjusting the tension, or it is mounted on a sliding spigot for the same purpose.

이 때 다이나모는 장력을 조정**할 수 있**도록 편심해서 부착한다. 혹은 같은 목적으로 슬라이딩 스피거트에 다이나모를 부착한다.

Keyway and Tee slot locations **allow for** easy table tooling using simple clamps or vises.

키홈과 T홈의 위치는 단순한 클램프나 바이스를 사용해서 손쉽게 테이블 위에서 툴링이 가능하도록 **배려되어 있다**.

The overall design of the table **allows for** operator convenience in loading and unloading.

테이블 전체의 설계는 작업자가 로딩/언로딩을 손쉽게 할 수 있도록 **되어 있다**.

A clearance is always left between the tappet and the valve or push-rod to **permit** of the valve closing properly and to **allow** for slight expansion of the valve when the engine is hot.

터릿과 밸브 혹은 푸시로드 사이에는 엔진이 뜨거울 때 밸브가 다소 팽창하는 점을 **감안해서** 밸브가 정상적으로 닫**힐 수 있**도록 항상 간격을 남겨 둔다.

can : auxilary verb expressing ability or knowledge of how to do something or permissions or desire or liberty to act	할 수 있다

Only when you use the proper cut-off wheel, you **can** get the best results.

최고의 결과를 **얻으려면** 알맞은 컷오프휠을 사용해야 한다.

Greater oil flow would be obtained if the oil-supply hole **could** be placed at the point of maximum clearance.	간격이 최대인 위치에 급유공을 **둘 수 있**으면 유류량을 좀더 늘릴 수 있다.
A tool **can** be operated by hand.	도구는 손으로 조작**할 수 있다**.
Scissors with a carbon content of up to 0.35 percent **can** be produced economically by cold forming.	탄소함유량 0.35% 이하인 철은 냉간성형으로 저렴하게 생산**할 수 있다**.
The material **can** rarely be used for cutting tools.	이 재료를 절삭공구에 사용**가능한** 경우는 드물다.
Continuous CO lasers **can** produce deeper welds at higher rates of speed than those **possible** with the Nd : YAG laser.	연속파 CO 레이저는 Nd : YAG 레이저보다 더욱 고속으로 훨씬 깊게 용접**할 수 있다**.
A choice of spindle types is **available** and a 12-station automatic toolchanger **can be** added as an option.	주축 형식은 선택이 **가능**하고, 옵션으로 12스테이션 자동공구 교환장치를 추가**할 수 있다**.

capable : competent, having a certain ability or capacity	할 수 있다

A battery of 40 amp-hour **capacity is capable of** discharging at the rate of 1 amp. for 40 hours, or 4 amp. for 10 hours, and so on in proportion.	**용량**이 40암페어인 배터리는 40시간에 1암페어, 10시간에 4암페어 등의 비율로 방전이 **가능하다**.
Tool changeovers **can** be accomplished in 6 seconds. The machine **is capable of** producing a complete part every 100 seconds.	툴교환은 6초 만에 **가능하다**. 이 기계는 100초마다 하나의 완성 부품을 생산**할 수 있다**.

The Model D824-12 surface grinder is said to **be capable of** a variety of surface grinding. With the proper accessories, cylindrical and form grinding operations on a production basis **are possible**.

이 모델 D824-12 평면연삭기는 다양한 평면연삭을 **할 수 있다**고 한다. 알맞은 부속품을 사용하면 생산 베이시스로 원통연삭과 총형연사을 **할 수 있다**.

The N is an extremely versatile machine with **capability** of efficient and accurate sharpening of cutters and tools.

N은 커터와 바이트를 효과적이고 정확하게 연마**할 수 있는** 대단히 범용성이 뛰어난 기계이다.

The grinder **is capable of** grinding cutting tools without special accessories. Grinding **capabilities** include ball, taper, …… ; reamers.

이 연삭기는 특수한 부속품을 사용하지 않고도 절삭공구를 연삭**할 수 있다**. 연삭**할 수 있는** 절삭공구는 볼, 테이퍼, ……, 리머 등이다.

capacity : the ability to contain or accommodate, ability, capability	할 수 있다(용량, 능력)

Model T-125 **has the capacity** for cold forming solid pins, shafts, tenons, and rivets up to 1/8" diameters, larger sizes from tubular stock.

T-125형은 지름 1/8인치 이하의 솔리드핀, 축, 테논, 리벳을 냉간성형**할 수 있다**. 1/8인치보다 큰 규격은 파이프재료로 만든다.

It **is able to** perform a series of functions and **has the capacity** to change quickly and easily to an alternate pattern with little or no retooling.

일련의 기능을 수행**할 수 있고**, 툴링의 패턴을 거의 바꾸지 않고도 신속하고 쉽게 교환**할 수 있다**.

Programs **can** be stored on a small magnetic tape cassette, with **capacity** to accept up to 32 part programs, that **can** be edited as required.

프로그램은 최대 32종의 파트 프로그램을 수용하는 작은 자기 테이프카세트에 기록**할 수 있고** 필요하면 편집**할 수도 있다**.

Tapping **capacity** from 10/32" up to 1½/16" in mild steel.

나사절삭**능력**은 연강으로 10/32인치 이상 1½/16인치 이하.

The machine has a 14" swing over the table, and a 30" **capacity** between centers. It has a hydrostatic headstock for precision grinding, with the **capability** of holding roundness within 0.000010" and producing surface finishes as smooth as 3μin.

이 기계는 테이블 위 스윙이 14인치이고 센터 사이의 **용량**이 30인치이다. 진원도를 0.000010인치 이내로 유지하고 3μ인치 정도로 매끄러운 마감표면을 만들 **능력**이 있는 정밀연삭용 정압주축대를 장비하고 있다.

This drillhead has a 5/32" chuck. Its **capacities** are 1/8" diameter in brass.

이 드릴헤드에는 5/32인치 척이 달려 있다. **용량**은 브래스에서 지름 1/8인치이다.

CNC, rotary tables with 6 to 100 ton load **capacities**.

적재**능력** 6~100톤인 CNC 회전테이블.

enable : to give the means to do something　　할 수 있다.

The coating **enables** the tiles to withstand temperatures up to 2,300°F.

이 코팅으로 타일은 2,300°F 이하의 고온에도 견**딜 수 있다**.

It is the operation of this principle which **enables** one of the water-cooling systems of car engines to function.

자동차 엔진의 수냉방식 중 하나는 이러한 원리로 기능**한다**.

Off-set jaws **enable** the spanner to be used in a confined space.

오프셋 죠로 스패너는 좁은 곳에서도 사용**할 수 있다**.

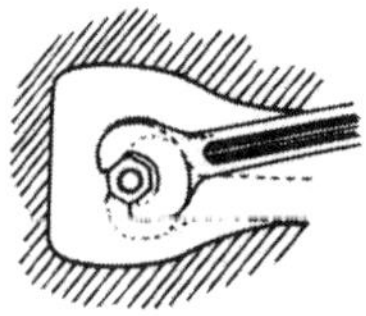

The ease and simplicity of operation of the D **enable** relatively unskilled operators to produce parts to close limits without expensive tooling.

D는 간단하고 쉽게 조작할 수 있으므로 비교적 숙련도가 낮은 작업자라도 복잡한 툴링을 사용하지 않고 적은 오차로 부품을 만들 **수 있다**.

The gears are illuminated from below, **enabling** the operator to see that they are machining correctly and free from shock.

기어장치는 아래에서 빛이 비추어지므로 작업자는 기어가 정상적으로 절삭되고 충격이 없는지 확인**할 수 있다**.

Visual alarms **enable** the operating engineer to perform other tasks in the vicinity of the control center without requiring his constant supervision.

경보장치가 보이므로 조작원은 항상 감독할 필요 없이 컨트롤센터 옆에서 다른 작업을 **할 수 있다**.

This package **enables** diagnostic tapes to be read via the standard control tape reader.

이 패키지는 진단데이터를 표준제어 테이프리더기로 읽**을 수 있다**.

The gearing **enables** screws of varying pitch and diameter to by varying the speed of rotation of the lead screw.

이 기어장치로 어미나사의 회전속도를 변경해서 다양한 피치와 지름의 나사를 절삭**할 수 있다**.

Fortunately all modern carburettors are provided with adjustments, so that the maker **is enabled** to adjust the instrument to the particular car.

다행히도 오늘날의 기화기는 모두 조정장치가 달려 있다. 따라서 메이커는 장치를 특정 자동차에 알맞게 조정**할 수 있다**.

fail : to be unable to do something — 할 수 없다

The tool **fails** to cut satisfactorily.

바이트로 제대로 절삭되**지 않는다**.

Work hardening **fails** to increase the resistance of material to wear.

가공경화로 재료의 내마모성을 향상할 수는 **없다**.

If a catalog **fails** to provide this information, it **can** be approximated by averaging the bearing ID and OD.

만일 카탈로그로 이 정보를 얻을 **수 없을** 때는 베어링의 내경과 외경의 평균으로 추산**할 수 있다**.

The more obvious reason for a variation in output is a loose driving belt ; this might drive the dynamo at low speed, but **fail** to do so when engine speed rises.

출력이 변동하는 더욱 확실한 이유는 구동벨트의 느슨함 때문이다. : 이런 상태에서는 저속일 때는 다이나모가 구동할 수도 있지만 엔진 속도가 올라가면 구동이 **불가능하다**.

If, after this has been done, the petrol still **fails** to flow freely, the pipe line itself must be removed and examined for a blockage.

만일 이렇게 처리해도 연료가 여전히 원활하게 흐르지 **않으면** 파이프라인 자체를 해체해서 막힌 부분을 조사해야 한다.

The cut-out points **fail** to make good contact due to their being pitted and dirty.

컷오프포인트는 작은 구멍이 있고 지저분하기 때문에 접촉이 **원활하지 않다**.

Failing this the radiator will require raising a little.

이것이 **안 되면** 래디에이터를 조금 들어 올릴 필요가 있다.

feasible : able to be done, possible — 할 수 있다

The measurement of cage motion using proximity probes was difficult but proved to **be feasible**.

근접 프로브를 사용해서 고정기의 운동을 측정하기가 쉽지는 않았지만 **가능하다**는 사실은 확인했다.

Without altering the mechanical aspects of the system, a couple of ways exist to reduce the amount of mist. One is to increase the viscosity of the oil (if this **is feasible**) and the other is to use antimist additive.	시스템을 기계적으로 변경하지 않고 미스트의 양을 줄이는 방법이 두 가지 있다. 하나는 오일의 점도를 올리는 방법(만일 **가능하다**면)이고, 다른 하나는 안티미스트제를 사용하는 방법이다.

give : to permit a view of or access to	할 수 있다

The extra-heavy columns and cross rail **give** the support for the horse power needed to drive modern cutters to full capacity.	특별히 육중한 칼럼과 크로스레일은 신형 커터를 최대출력으로 구동하는 데 필요한 마력을 지탱**할 수 있다**.
Continuous CO_2 lasers **give** much faster cutting speed with very good edge quality.	연속파 CO_2 레이저를 사용하면 절삭속도가 훨씬 빠르**고** 절단면의 품질이 대단히 양호**해진다**.
The bench vise is a basic but very necessary tool in the shop. With proper care and use, this workholding tool will **give** many years of faithful service.	벤치바이스는 공장에서 기본적으로 꼭 필요한 도구이다. 올바르게 사용법을 숙지하면 이 공작물 고정구는 오랫동안 안심하고 사용**할 수 있다**.

may (might) : expressing possibility or permission	할 수 있다, 해도 좋다

Next, lever the valve stem through its washer so that a grip **may** be obtained on its head to withdraw it.	다음으로 밸브 머리를 잡**아서** 밸브를 끄집어내고 와셔를 통해서 밸브스템을 비틀어 연다.

The maximum diameter which **may** be ground is dependent of the external dimensions of the component which **can** be effectively gripped in the workholding fixture.

연삭 **가능한** 최대 지름은 공작물고정구가 실제로 잡**을 수 있는** 외부치수와 같다.

permit : to make possible

할 수 있다, 하도록 만들다

A keyboard entry control panel **permits** machine programming and cutting regulation.

키보드입력방식 제어패널로 기계의 프로그래밍과 절삭을 조정**할 수 있다**.

An articulated arm **permits** lifting, turning, and placing of heavy and awkward-shaped workpieces into restricted work zones.

관절팔로 무겁고 불편한 모양의 공작물을 한정된 작업권 내에서 들어올려서, 회전시키고, 다시 위치를 정하는 작업을 **할 수 있다**.

A floating main drive pulley **permits** headstock travel with the spindle.

유동식 주축구동 풀리는 주축대가 주축과 함께 움직**일 수 있다**.

Unit construction of the power elements **permits** their removal without disassembling the entire machine.

동력부의 주요부품은 유닛구조이기 때문에 기계부품을 분해하지 않고도 해제**할 수 있다**.

The heavy duty bearing has a relatively thick and rigid outer rave **permits** its use in a split housing.

중하중용 베어링은 비교적 두껍고 외륜이 단단하기 때문에 스플릿하우징에 사용**할 수 있다**.

The toolchanger is a stand-alone unit. It **permits** a 25-second tool-to-tool time.

툴체인저는 독립형 유닛이며 툴에서 툴까지 25초 만에 **완료된다**.

All bearings are permanently lubricated. This bearing design and the elimination of

베어링은 모두 무급유식이다. 이러한 설계와 무빙퀼의 제거 덕분에

a moving quill **permit** very high radial and thrust loads, and facilitate chatter-free milling over the speed ranges.

대단히 높은 레이디얼과 스러스트 하중이 **가능**하고 모든 속도 영역에 걸쳐 흔들림 없이 손쉽게 밀링가공을 할 수 있다.

DoALL power saws are designed to **permit** higher band tension for more accuracy, **allow** higher feed rates, and **provide** greater work efficiency and less operator fatigue with centralized controls.

D사의 동력톱은 정밀도를 향상하기 위해 밴드의 장력을 높이**고**, 이송속도를 빠르게 하**고**, 작업효율을 높이**고**, 집중제어장치를 통해 작업자의 피로를 줄이**도록** 설계되었다.

The gearbox **permits** higher and lower speeds than those of the prime mover, **allows** "hot shifting" at any point within the selected speed ranges, and **can** be easily set up for automatic shifting at points that give the greatest efficiency.

기어상자는 속도를 원동기보다 고속이나 저속으로 만들 수 있고 선정속도범위 내의 모든 속도로 즉시 변경할 수 있으며 가장 효율적인 속도로 자동으로 변경되도록 쉽게 준비**할 수 있다**.

An electromagnetic brake is designed to stop the spindle fast, and hydraulic clutches help **permit** the spindle to reverse quickly and easily.

전자브레이크는 스핀들을 신속하게 정지시키도록 설계되었으며 유압클러치의 보조로 스핀들을 신속하고 손쉽게 역전시**킬 수 있다**.

The UI vision system **permits** U robots to assemble, inspect, and perform metal handling functions.

이 UI 시각시스템으로 로봇은 조립, 검사, 금속핸들링 기능을 수행**할 수 있다**.

The patented Unisorb Fixator System **permits** alignment adjustments to be made after anchor nuts are tight. Thus, tolerance to tenths (0.0001") **can** be achieved without trial-and-error jacking and tightening during installation.

이 특허받은 UF시스템은 앵커너트를 죈 다음 얼라인먼트를 조정할 수 있다. 그러므로 설치하는 동안 재킹이나 조임의 시행착오 없이 허용오차 0.0001인치로 설치**할 수 있다**.

New Positive Depth Control **permits** the self-feed, or pull-out, of a tapping spindle to be set from 1/16" to 1/2".

새로운 PDC는 태핑, 스핀들 자동이송, 혹은 되돌리기를 1/16~1/2 인치로 세트**할 수 있다**.

It is the first programming system that **permits** operators with absolutely no knowledge of NC programming to generate a program-merely by pressing buttons.

이것은 NC 프로그래밍에 대한 지식이 전혀 없는 조작자가 - 버튼을 누르기만 해서 - 프로그램을 만**들 수 있**도록 한 최초의 프로그래밍 시스템이다.

Flow control valves **permits** precise adjustment of stroke speed ; adjustable actuating arm controls stroke length. Foot Switch **permits** operator to use both hands on the work piece.

유량제어밸브로 스트로크 속도를 정밀하게 조정**할 수 있다**. : 가변식 작동암은 스트로크 길이를 제어할 수 있고 스위치는 발로 조작하므로 오퍼레이터는 양손으로 부품을 다룰 수 있다.

The purpose of removing the pistons is generally to fit new rings and/or pistons or to **permit** of re-boring.

일반적으로 피스톤을 해제하는 목적은 새로운 링 및(혹은) 피스톤을 부착하거나 리보링이 **가능하게** 하기 위해서이다.

Exhaust valve.—The cylinder valve of the engine which is made to open once for every two revolutions of the crankshaft in order to **permit** of the escape of the burnt mixture.

배기밸브—연소된 혼합가스가 배출**되**도록 크랭크축 2회전에 1번 열리는 엔진의 실린더밸브

possible : capable of existing or happening or being done or used etc.

할 수 있다

This chuck is seldom **possible** with ball bearings.

이 척은 볼베어링에는 거의 사용**할 수** 없다.

It is usually **possible** to tap the shaft gently in an endwise direction form each end alternately.

일반적으로 축 각 끝부분에서 축방향으로 교차해서 천천히 태핑**할 수 있다**.

Full-film lubrication under very high load, very slow-speed conditions is **possible** by using hydrostatic lubrication.

정압윤활방식으로 고부하, 초저속상태에서 완전유막윤활이 **가능하다**.

It is possible to do this also with a cassette tape, but at any serious level of operation it is probably better to use disks, although they are much more expensive.

또한 카세트테이프를 **사용할 수도 있으나** 중요한 작업을 할 때는 대단히 고가이지만 디스크를 사용하는 편이 더욱 바람직하다.

With small cubic components **it is possible to** machine pockets or internal surface using an end-milling cutter as shown in Fig.12.

작은 입방체부품은 그림12에 나타난 대로 엔드밀을 사용해서 포켓이나 내면을 절삭**할 수 있다**.

It is possible that a cutting tool is held …….

바이트를 ……에 고정**할 수 있다**.

Since each step of the procedure is in numerical sequence **it is possible to** reduce the chance for human error.

작업의 각 스텝은 숫자순이므로 작업자가 실수할 가능성을 줄**일 수 있다**.

Rotation in the opposite direction is also **possible** provided the motion is not oscillatory in nature.

운동의 성질이 진동이 아니면 반대방향회전도 **가능하다**.

The coating increases the tool's surface hardness and friction resistance, thus **allowing** higher cutting speeds. This **is made possible** because of the elimination of cobalt on the cutting surface and the addition of new materials such as nitrides and oxides.

코팅은 바이트의 표면 경도와 내마찰성을 향상하므로 절삭속도를 빠르게 **할 수 있다**. 이는 절삭날 표면의 코발트를 제거하고 질화물과 산화물 같은 새로운 물질을 첨가해서 가능하게 되었다.

Many lathe operations would **not be possible** without the use of the steady and follower rests. These valuable attachments **make**

대부분의 선반작업에서는 고정방진구와 추가방진구를 사용한다. 이러한 효과적인 부속장치 덕분에

internal and external machining operations on long workpieces **possible** on a lathe.

긴 워크의 내면과 외면 절삭작업을 선반으로 **할 수 있다**.

Research at Cincinnati Milacron **has made it possible to** successfully broach both thin-wall ferrous castings and aluminum castings.

신시내티 밀라크론 사의 연구로 얇은 주철물과 알루미늄주물의 브로치가공이 **가능하게** 되었다.

The accuracy of the headstock and the use of high quality precision bearings **make** it **possible** for the company to grind heavy workpieces with no problems.

주축대의 정밀도를 개선하고 고품질 정밀베어링을 사용해서 이 회사는 무거운 공작물을 전혀 문제없이 연삭**할 수 있게 되었다**.

……have **as** equal a flow **as possible** of polymer.

……는 **가능한** 한 폴리머와 같은 유량으로 한다.

To minimize the <u>possibility</u> of strain cracking, hardened parts should be tempered **as** soon **as possible** and not left at room temperature for long periods.

왜곡과 균열의 <u>가능성</u>을 최소화하기 위해 열처리부품은 **가능한 한** 곧바로 다시 가열해야 하며 상온에 장기간 방치해서는 안 된다.

Apply thinnest **possible** film of A4 Metal set to face of tip block to fill crack.

균열을 메우기 위해 칩, 블록의 경사면에 A4 금속을 **가능한 한** 얇은 막으로 처리한다.

The X-and Y-axis **possible** positioning accuracy is ±0.0002" ; **possible** X-, Y-and Z-axis repeatability is ±0.0001".

X축과 Y축의 위치결정이 **가능**한 정밀도는 ±0.0002인치; X, Y, Z축의 반복 **가능**한 정밀도는 ±0.0001인치이다.

provide : to cause (a person) to have possession or use of something

할 수 있다, ~가 가능하다

……, thus **providing** easy access for cleaning.

이렇게 해서 세정을 위해 쉽게 접근**할 수 있다**.

The grease **is able to** withstand high temperature and **provides** proper lubrication.

그리스는 고온에 버**틸 수 있**으면서도 적절한 윤활성을 유지한다.

정돈하다(준비, 제조)

improvise : to compose (a thing) imprompt : to provide in time of need, using whatever materials are at hand	(즉석에서) 만들다

An **improvised** method of removing a pulley or similar part is illustrated, but leverage should be applied with discretion.

풀리나 이와 유사한 부품을 **즉시 해제하는** 방법을 나타내지만 조작은 신중히 해야 한다.

In working out kinks in the rather difficult area near the channel of the wing an **improvised** swage **made** from a large sawn-off tyre lever will come in useful.

윙의 채널 가까이에 있는 상당히 고치기 힘든 비틀림을 고칠 때는 톱으로 절단한 큰 타이어 레버로 만든 **즉석** 금형이 도움이 된다.

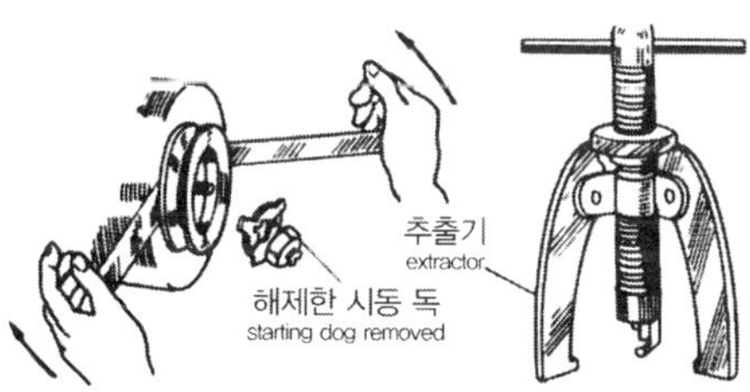

prepare : to make (food or other substances) ready for use	만들어두다

Prepare a patch of T3 aluminum alloy, 0.020 inch thick.	두께 0.020인치의 T형 알루미늄 합금 패치로 **만든다**.
A final plan **is prepared**.	최종안을 **준비한다**.
In **preparing** these samples, one shield was removed and 10 microliters of oil were applied from a syringe along the race.	이러한 시료를 **제조**할 때는 실을 하나 해제하고 궤도륜을 따라 스포이드로 10μl 오일을 넣는다.
The test bar SAE 1020 (0.2 percent carbon) hot rolled steel with a Brinell hardness number (Bhn) of about 120, **are prepared** according to the specifications in Fig.2.	시험용 바(브리넬 경도(Bhn) 약 120의 SAE 1020(0.2% 탄소) 열간압연강)를 그림 2의 규격에 따라 **만들었다**.
C coating, **prepared** to meet MIL-L-46010 specification, ······.	MIL-L-46010의 규격에 따라 **만든** 피막 C는······.
A tape head cleaning system maintains clean heads and rollers in NC tape **preparation** systems.	테이블헤드 클리닝시스템은 NC 테이블 **제작**시스템의 헤드와 롤러를 깨끗하게 유지한다.
Carbide inserts are available with several different edge **preparation**.	초경 인서트는 **이미 제조된** 다양한 날이 준비되어 있다.

모따기하다

chamfering ; chamfer : to bevel the edge or corner of.	모따기하다, 챔퍼링

Chamfer workpiece before using die.	다이스를 사용하기 전에 공작물을 **챔퍼링 가공한다**.
Chafcr thc cnd of the thread to protect it from damage.	나사가 손상되지 않도록 끝부분을 **챔퍼링 가공한다**.
With special tool parts may **be chamfered**, formed, grooved or flanged.	특수한 바이트로 부품**챔퍼링**, 형태, 홈, 플랜지절삭을 할 수 있다.
Chamfering is accomplished in a similar manner.	같은 방법으로 **챔퍼링 가공한다**.

<용어예>

bearing chamfer	베어링 모따기
gear tooth chamfering machine	기어 챔퍼링머신

round : to make or become round	라운딩

It should be noted that the **rounding** of the corner of the basic rectangular shape is ignored in deciding the geometric code.	단 이 규격, 형태의 코드결정에서는 기본 사각형 구석의 **라운딩**을 무시한다.

Make sure the wrench you select fits properly, If it is a loose fit, it may **round off** the corners of the nut or bolt head.

선택한 스패너가 확실히 맞물리는지 확인한다. 만일 맞물림이 느슨하면 너트나 볼트의 머리각을 **둥글게 만드는** 경우가 있다.

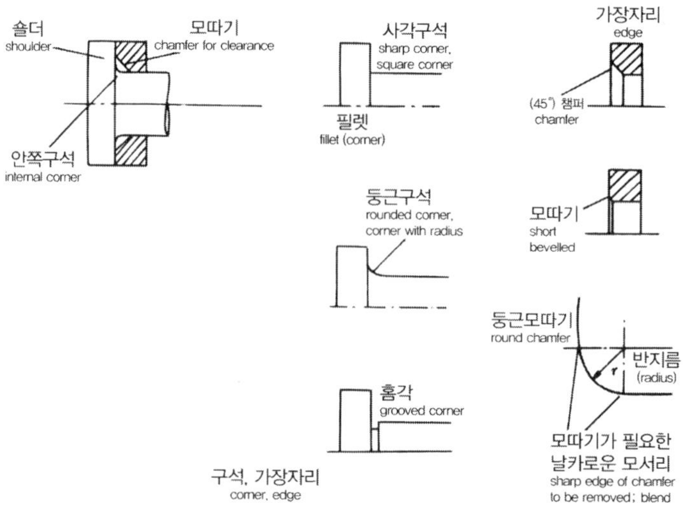

부착하다, 설치하다

attach : to fix to something else — 부착하다

Fix one end and **attach** a weight to the other end of the thread.

실의 한쪽을 고정하고 다른 한쪽에 추를 **부착한다**.

The dynamometer **was attached** to the fixture and the fixture clamped to the bed of a universal testing machine.

다이나모미터를 부착구에 **부착하고** 이것을 만능시험기의 베드에 고정하였다.

To this central system various NC and CNC controls may **be attached**.

이 중앙시스템에는 다양한 NC, CNC 제어장치를 **부착할 수 있다**.

Prop the window open while the screws by which **it is attached** to the frame of the window are removed.

창틀에 창을 **부착하는** 나사를 해제하는 동안 창을 봉으로 지지해서 열어둔다.

Cap-nut : A nut which covers the end of the bolt to which **it is attached**, thus giving a better appearance to the finished part than an ordinary nut.

캡너트: 볼트에 **부착하고** 끝을 덮는 너트. 이걸 사용하면 보통 너트보다 마감부품이 더욱 보기 좋아진다.

Attach···horizontally at 20cm height from the ground surface.

……을 지면으로부터 높이 20cm에 수평으로 **부착한다**.

The **attaching** and **detaching** of parts···.

부품의 **부착, 해제**에는…….

A maintenance schedule should **be attached** to the report giving details of relubrication, inspection routines, operating temperature, etc.

유지스케줄에는 재급유, 검사절차, 운전온도 등의 세부항목을 기록한 보고서를 **첨부**하도록 한다.

deposit : to lay
: to put down

두다, 내리다

Both tools **are deposited** in the storage position, and two new tools are then inserted in the spindles.

두 툴을 격납스테이션에 **두고** 새로운 툴 두 개를 스핀들에 삽입한다.

A rotating arm then swings into place at the pick up position, descends and picks up the part, elevates and swings into the die area where the workpiece **is deposited**.

다음으로 회전암이 픽업위치의 소정의 위치에서 선회하며 하강해서 부품을 집어 들고, 다이의 영역 내에서 선회해서 그곳에 공작물을 **내려놓는다**.

The total cycle time is six seconds, made up of a 0.75 sec. index, 0.62 sec. for raising yoke to clamp, 4 sec. for units to operate and 0.62 sec. for yoke to lower and **deposit** parts on the transfer bar.

전체 사이클 시간은 6초. 세부적으로는 인덱스 0.75초, 요크를 올려서 클램프하는 데 0.62초, 장치 작업에 4초, 요크를 내리고 트랜스퍼바에 부품을 **내려놓는** 데 0.62초이다.

A M robot with dual grippers exchanged a blank workpiece with a finished on at the machine chuck, then transferred the workpiece to a gaging station, and then **deposited** the workpiece either on an "accept" conveyor or a "reject" conveyor according to feedback from the gaging station.

듀얼그리퍼 M 로봇은 기계척의 위치에서 미완성부품과 완성부품을 교환한 다음 측정스테이션에 완성부품을 이송한다. 다음으로 측정스테이션의 피드백에 따라 합격 컨베이어 혹은 불합격 컨베이어에 완성부품을 **내려놓는다**.

Parts catcher **deposits** finished part behind access door in chip guard.

부품 수납기는 완성부품을 칩가드의 액세스도어 너머에 **내려놓는다**.

The processing cycle requires the robot to find the material on the input conveyor, place it on a saw, then transfer the cut piece through the wash, dry and etch processes and **deposit** the part **at** an output station.

이 처리공정에서는 로봇이 입력 컨베이어의 부품을 발견해서 톱에 두고, 절단한 부품을 세정, 건조, 에칭공정으로 이송한 다음 출력스테이션에서 **내려놓는다**.

……. The second gripper takes the part and rotates. The now-inverted part is then **deposited** in the second chuck, ready for machining.

……. 제 2그리퍼가 부품을 잡고 회전한다. 다음으로 거꾸로 든 이 부품을 곧바로 절삭할 수 있도록 제 2척에 **놓는다**.

fit : to put into place	끼우다, 부착하다

Faulty seatings, burrs, dirt, and similar causes, prevent correct ring expansion. It is then necessary to dismantle the parts, correct the fault, and **re-fit**.	결함이 있는 시트, 흠집, 찌꺼기 등은 링의 정상적인 팽창을 방해한다. 이러한 경우에는 부품을 떼어내서 결함을 수정한 다음에 다시 **부착할** 필요가 있다.
When a replacement bearing **is fitted**, new shims will probably be required.	대체 베어링을 **부착할** 때는 아마도 새로운 심이 필요할 것이다.
Bearings **are**, usually, **fitted** in their housing after being placed on the shaft.	베어링은 일반적으로 축에 부착한 다음에 하우징에 **부착한다**.
The milling cutter is mounted on a shaft called an arbor, whose extremity **fits** into a tapered socket in the driving spindle.	밀링커터는 아버라는 축에 부착되고 아버의 끝은 구동스핀들의 테이퍼소켓에 **고정된다**.
……with a screw driver which **fits** perfectly into the slot.	나사홈에 완전히 **들어맞는** 드라이버로…….
If **fitted** to the nut in the opposite way the spanner will be damaged and the grip will be weakened.	만일 너트에 거꾸로 **끼우면** 스패너가 손상되고 파지력도 약해진다.
The test assembly **fits** onto the upper end of vertical drive shaft which is driven at 1,500 rpm by a 3/4 Hp motor.	시험조립품을 3/4마력의 모터가 1,500rpm으로 구동하는 수직구동축의 상단에 **부착한다**.
Sleeves **fit** snugly over the workpiece.	슬리브는 공작물에 확실히 **고정한다**.
A spacer **is fitted** between bearing inner ring and the shoulder.	스페이서를 베어링 내륜과 숄더부 사이에 **부착한다**.

ZZ : Shield **fitted** at both sides of bearing.	ZZ: 베어링의 양 측면에 **부착하는** 실드.
The complete bearing **is fitted** square with the shaft axis.	베어링 전체는 샤프트축에 직각으로 **부착된다**.
An excellent and easy method of **fitting** an inner ring is to put the shaft (if short enough) under the ram of a hand-screw mandrel press, using a tubular sleeve to transmit the pressure to the inner ring.	내륜을 간단하고 효과적으로 **부착하는** 방법은 내륜에 압력을 전달하기 위해 튜브형 슬리브를 사용하고 축을 수동 스크류 맨드럴 프레스의 램 아래에 (짧아서 충분히 둘 만하면) 두는 것이다.
Self-aligning bearings should swivel easily in all directions. With roller bearings it is usually possible to check the diametric slackness after **fitting** by inserting feelers between the rolling elements and the outer-ring track, lifting the outer ring mean while to take the weight off the feeler gauge.	셀프얼라이닝베어링은 모든 방향으로 쉽게 회전한다. 롤러베어링 **부착** 후에 전동체와 외륜궤도 사이에 간격 게이지를 끼우고 (이 때 간격 게이지가 눌리지 않도록 외륜을 들어올리고) 지름의 빈틈을 확인할 수 있다.
If the bearing has an **interference fit** on the shaft, a puller should be used.	베어링이 축에 **억지끼워맞춤**이면 풀러를 사용하도록 한다.
The inner ring of bearings with a tapered bore is always mounted with an **interference fit** usually on an adapter sleeve or a withdrawal sleeve.	테이퍼보어가 달린 베어링내륜은 일반적으로 어댑터슬리브나 해제슬리브에 항상 **억지끼워맞춤** 방식으로 부착한다.
The spline **fit** (circular clearance) is 0.20 ~ 0.25 mm.	스플라인의 **피트**(원주방향 간격)는 0.20 ~ 0.25mm이다.
The **fit** of washer (rotating ring) of a thrust bearing on the shaft is not quite so important as the corresponding **fit** for a radial bearing.	스러스트베어링의 와셔(회전축)의 축과의 **피트**는 레이디얼 축에 대한 피트만큼 중요하지 않다.

After the bearing has been in operation under load, the nut should be tighten up slightly to take up any looseness in the **fit** that may have developed.

베어링을 부하운전할 때는 이따금 **피트**가 느슨해지는 경우에 대처하기 위해 너트를 좀더 죄어야 한다.

<용어예>

clearance fit	끼워맞춤
interference fit	억지끼워맞춤
transition fit	중간 끼워맞춤
thread plug gauge for checking fit	피트점검용 나사플러그 게이지

fit up : to supply or equip — 설치하다, 부착하다

The spindle adapters for the A-2 **fit up** into the lower bearings of the spindles and offer positive retention by the locking nut. A spindle brake is provided for the spindle in the operating position to facilitate tool loading.

A-2용 주축 어댑터는 주축의 하부베어링 안에 **부착되고** 잠금너트로 확실히 고정된다. 주축에는 작업위치에서 쉽게 툴을 장전할 수 있도록 주축브레이크가 달려있다.

install : to settle in a place, to set (apparatus) in position and ready for use — 설치하다, 부착하다

Oil leaks can occur at the filter housing if the filter adapter gasket **is** not **installed** properly, or if excessive torque is applied to the attaching bolt.

필터어댑터가스켓이 정상적으로 **부착되지** 않거나 부착볼트에 토크가 과도하게 걸리면 필터하우징에 오일누수가 발생하기도 한다.

Prior to **installing** a bushing <u>with</u> the arbor press, what two important steps must be taken?	아버프레스로 부싱을 **설치하기**에 앞서 거쳐야 하는 두 가지 중요한 절차는?
Temporarily **install** retaining nut <u>on</u> fitting.	부착할 쇠장식<u>에</u> 임시로 고정용 너트를 **부착한다**.
The Oil-Mist **installed** <u>on</u> top of 2 tandem mill ······.	탠덤압연기의 머리부분<u>에</u> **부착한** 오일미스트(장치)는······.
Install new O-ring <u>in</u> <u>groove</u> in top of transmission case.	트랜스미션케이스의 윗면 <u>홈에</u> 새로운 O링을 **부착한다**.
Install new stud to project 10~12mm above the surface.	새로운 스터드를 표면에서 10 ~ 12mm 돌출되도록 **부착한다**.
Install ······ in the reverse order of removal.	해제할 때의 역순으로 ······을 **부착한다**.
Careful **installation** and <u>removal</u> of stylus assembly should **be accomplished** while protected by the stylus guard.	연주용 침조립품은 침 가드로 보호한 채로 주의해서 **조립하고** <u>분해해야</u> **한다**.
In some **installation**, the rolling elements are carried in a flexible cage similar to a roller chain.	**부착방법**으로는 전동체를 롤러 체인과 비슷한 유연한 고정기에 수납하는 방법도 있다.

lay : to place or put on a surface or in a certain position	두다

The bearing should be removed from its protective wrapping just prior to fitting. It should **be laid on** this wrapping and <u>not</u> directly on the bench or the shop floor.	베어링은 부착하기 직전에 보호용 포장에서 꺼낸다. 베어링은 이 포장 위에 **두어야 하며** 직접 작업대나 공장 마루바닥에 두어서는 <u>안 된다</u>.

If assembly is not in balance, **lay** small washers **in** base to attain balance.	조립품이 밸런스가 잡히지 않을 때는 밸런스가 잡히도록 베이스 안에 작은 와셔를 **둔다**.
A Straight-edge **is laid** across the boss of the adjustment gauge and the bearing surface of one lever ; the adjustment nut is then turned until the lever touches the underside of the straight-edge.	스트레이트에지를 조정게이지의 보스와 레버 하나의 지지표면에 걸쳐서 **둔다**. 다음으로 레버가 스트레이트에지의 아랫부분에 접촉하도록 조정나사를 돌린다.

locate : to assign to or establish in a particular location, to be situated there	위치를 정하다, ~에 있다, 부착하다

The block **is** automatically **located** in a fixture.	블록은 부착구에 자동적으로 **부착된다**.
The automatic tool changer **is located** on the column and away from the work area.	자동공구교환장치는 작업영역에서 떨어진 칼럼에 **부착되어 있다**.
The spindle selector, which indexes with the turret, **is located** on the top side within easy reach of the operator.	터릿으로 인덱스하는 스핀들 셀렉터는 작업자가 쉽게 손이 닿는 윗부분에 **부착되어 있다**.
Operating buttons, automatic oiler, ……, and indicators **are located** at the right front corner of the machines where easily and quickly reached.	조작버튼, 자동급유기, ……, 인디케이터는 빠르고 쉽게 손이 닿는, 기계의 오른쪽 앞부분에 **있다**.
Two spherical roller bearings, which **are** not **located** axially, are used to support the radial loads.	축방향으로 **위치결정**되지 않은 스페리컬 롤러베어링 두 개가 레이디얼하중을 지지하는 데 사용된다.

The spindle unit then **relocates** to the tool change position.

다음으로 스핀들 유닛은 다시 툴을 교환하는 **위치에 자리한다**.

mount : to put into place on a support, to fit in position for use or display or study

부착하다

Mount the separable ring first and oil its raceway slightly. After oiling or greasing the rollers, fit the other ring with roller and cage assembly.

먼저 분리할 수 있는 궤도륜을 **부착하고** 그 궤도에 오일을 조금 바른다. 롤러에 오일이나 그리스를 바른 다음 롤러와 고정기가 달린 또 하나의 궤도륜을 부착한다.

······ **is** normally **mounted** with zero clearance.

······는 일반적으로 간격이 없게 **부착한다**.

Most bearing applications have a rotating inner race and stationary outer race, so the inner race should **be mounted** to the shaft or adapter ring with a press fit and the outer race should **be mounted** to the housing with a slip fit.

베어링은 내륜은 회전하고 외륜은 정지된 상태로 사용하는 경우가 많다. 이 때 내륜은 축이나 어댑터링에 프레스피트로 **부착되고** 외륜은 하우징에 슬립피트로 **부착된다**.

The model I turret head **is mounted** to the turret slide by means of a large diameter ball bearing.

I형 터릿헤드는 지름이 큰 볼베어링으로 터릿슬라이드에 **부착되어 있다**.

······ **is mounted** against to the nose of spindle.

······는 주축 끝에 맞닿은 형태로 **부착되어 있다**.

The tool holder **was mounted** in a vertical slide with manual adjustment.

툴홀더를 수직슬라이드에 손으로 조정해서 **부착하였다**.

Mount the workpiece in a bench vise so that the hole is in a vertical position.	구멍이 세로가 되도록 공작물을 탁상바이스에 **부착한다**.
The main spindle and the gears are all **mounted** in the headstock.	주축과 기어는 모두 주축대에 **설치되어 있다**
The duplex-pair test bearings **were mounted** on the shafts and the outer race pairs were fitted into free-floating housings.	시험용 듀플렉스페어베어링을 축에 **부착하고** 외부 한 쌍의 외륜을 자유롭게 유동하는 하우징에 끼워넣는다.
Work table **on** which the work **is mounted** ······.	공작물을 **부착하는** 워크테이블은······.
Mounted on the guideways of the lathe bed is the saddle or carriage, which is constructed as a compound slide.	선반베드의 안내면에는 복식 슬라이드 구조의 새들 혹은 캐리지가 **부착되어 있다**.
The push button control station **is mounted** in a convenient position on the spindle head and contains all the controls required for ease of machine operation.	누름버튼식 제어스테이션은 주축 머리부분의 편리한 위치에 **부착되어 있고** 기계를 쉽게 조작하기 위해 필요한 모든 제어장치가 들어 있다.
An electric motor **mounted** at the rear of the machine ······.	기계 뒷부분에 **부착된** 전동기는······.
All controls **are** front-**mounted** for safety and convenience.	모든 제어장치는 안전함과 편리함을 위해 전면에 **부착된다**.
All CNC controls for the Series M **are** pendant-**mounted** for easy, total control of machine operation.	시리즈 M의 모든 CNC 제어장치는 기계를 손쉽게 조작하고 모든 제어가 가능하도록 매달려서 **부착되어 있다**.
Machine controls **are** stanchion-**mounted** for convenience. The operator can easily and	기계의 제어장치는 편의를 위해 지주에 **부착되어 있다**. 조작자는

automatically locate and grind precision holes, radii, blends, and surfaces.

정밀보링, 레이디얼, 접합면, 표면을 자동으로 손쉽게 위치를 정해서 연삭할 수 있다.

The model **is** caster **mounted** and said to be readily portable since no water connections are required.

이 모델은 캐스터가 **부착되어 있고** 수도에 연결할 필요가 전혀 없기 때문에 손쉽게 운반할 수 있다고 한다.

Wheelhead with two wheels is swivel **mounted** at 30° angle on the machine base. Swivel mounting permits adjustment to make sure the part is ground straight.

휠이 두 개인 휠헤드를 회전시켜서 기계베이스에 30° 각도로 **부착한다**. 회전해서 부착하므로 부품을 확실하게 직선형으로 연삭할 수 있도록 조정할 수 있다.

These rollers can **be** shaft **mounted** on new conveyor lines.

이러한 롤러는 새로운 컨베이어 라인의 축에 **부착할 수 있다**.

All are a fully enclosed design with recessed or flush-**mounted** air, electrical, and circulating oil controls, ……

공기, 전기, 순환유의 제어장치 등을 오목하거나 수평한 위치에 **부착한** 완전밀봉설계.

Mounting should **be carried out** in a dust-free, dry environment.

설치작업은 먼지나 습기가 없는 환경에서 **하도록** 한다.

The most expert maintenance people have harmed bearing in **mounting** through inattention and carelessness.

관리전문가라도 누구나 한 번쯤 부주의로, 혹은 무심코 베어링을 **설치**하다가 손상시키는 경우가 있다.

Front-**mount** plug-in design is now standard throughout the H. series, which simplifies **mounting** and makes installation quicker.

프론트 **설치** 플러그인 방식은 현재 H시리즈의 표준설계방식이므로 간단하고 빠르게 **설치할** 수 있다.

Normally delivered with four 7/16 holes for

보통은 일반**설치**용으로 7/16인치

conventional **mounting**, it can be delivered undrilled for custom **mounting**.

구멍이 네 개 있는 부품을 인도하지만 고객이 독자적으로 **설치**할 때는 구멍이 없는 부품을 인도할 수도 있다.

……**mountable** in any position without affecting efficiency.

……는 효율에 영향을 받지 않고 어떠한 자세에서도 **설치할 수 있다**.

<용어예>

back-to-back mounting, indirect mounting	배면설치
face-to-face mounting, direct mounting	정면설치
mounting distance	설치거리
mounting machine	설치기
mounted unbalance	장착언밸런스
mounted wheel	축을 부착한 휠
outside diameter of mounted snap ring	정지륜을 부착한 외경
tandem mounting	병렬설치

place : to put into a particular place or rank or position or order, to locate — 두다, 설치하다

……. They **are** next **placed** on a belt conveyor.

다음으로 벨트컨베이어에 **둔다**.

A shaft is then manually **placed** into a part nest on the pallet.

그리고 손으로 축을 팔레트 위에 있는 부품상자에 **넣는다**.

Vises should **be placed** on the wokrbench at the correct height for the individual.

바이스는 작업대에 개인에게 알맞은 높이로 **설치한다**.

A drill sleeve **is placed** on the drill so that it will fit the taper in the tailstock spindle.

심압대축의 테이퍼에 꼭 알맞도록 드릴에 드릴슬리브를 **설치한다**.

Place the wheel in position and finally mount the outside bearing inner ring with its roller and cage assembly.

휠을 정해진 위치에 **설치하고** 마지막으로 고정기와 롤러가 달린 외측베어링의 내륜을 설치한다.

Place a rubber bung in the container.

용기를 고무마개로 **막는다**.

By **placing** a plastic bullet-shaped cap over the housing end during wheel assembly, the threads are protected, and assembly is facilitated. After assembly, the plastic tool is removed.

휠을 조립하는 동안 플라스틱 탄두형 캡을 하우징 끝에 **덮어** 두면 나사를 보호할 수 있고 조립도 수월하다. 조립이 끝나면 이 플라스틱캡을 벗긴다.

Place a drop of CCl_4 on the top of the workpiece.

공작물에 CCl_4를 1방울 **떨어뜨린다**.

A chip is made of semiconductor material, usually, silicon, and is not in fact a chip of silicon but a rectangle formed from wafer thin slices of silicon **placed on** top of each other as a sandwich.

칩은 반도체재료로 만드는데 보통은 실리콘이지만 실제로는 하나의 실리콘이 아니라 샌드위치처럼 여러 장의 얇은 직사각형 실리콘 조각을 **겹쳐서** 만든 조각이다.

…… use microcomputers to program a robot arm for picking up and **placing down** objects.

……는 로봇암이 물체를 집어 올렸다가 아래에 **내려놓도록** 프로그램하기 위해 마이크로컴퓨터를 사용한다.

When refitting care must be taken to see that they **are placed** with the polished side downward.

다시 설치할 때는 연마한 쪽이 아래로 **놓였는지** 반드시 눈으로 확인하도록 한다.

If the maker's instruction book **has been misplaced** it is a good plan to make a copy of the fuse positions on a sheet of card which can be kept inside the lid of the fuse box.

만일 메이커의 사용설명서를 **잃어버렸으면** 종이에 퓨즈의 위치를 나타내는 복사품을 만들어서 퓨즈상자의 덮개 안쪽에 보관하는 것도 한 방법이다.

It will be safe to **replace** the fuse **with** the spare provided in the clips on the frame of the mechanism.

퓨즈는 기구의 프레임 내부의 클립에 보관된 예비품**으로 교체하는** 편이 안전하다.

All tool **placements** are automatically calculated at ±0.0008" positional accuracy and stored in memory.

공구의 **배치**는 모두 위치정밀도 ±0.008인치이며 자동으로 계산되어 기억장치에 저장된다.

The bench should **be placed** in such a position that it receives as much light as possible from the window.

작업대는 가능한 한 창문에서 많은 빛을 받을 수 있는 위치에 **두도록** 한다.

When making a seal of this kind, the tapered side of the groove should **be placed** to come nearest to the bearing it is to protect.

이런 종류의 실을 제작할 때는 홈의 테이퍼측을 실이 보호할 베어링에 가장 가깝게 **둔다**.

The company introduced the M30 robot control based on programmable controller technology for load/unload, **pick / place applications**.

이 회사가 발매한 M30 로봇컨트롤러는 로드/언로드와 **픽/플레이스용**이며 프로그램제어기술에 기반을 두고 있다.

We develop a robot that can "handle the **pick-and-place** tasks and the press-feeding" tasks.

우리는 **픽앤플레이스** 작업과 프레스이송작업을 처리할 수 있는 로봇을 개발하였다.

…… for the purpose of removing dirt or **placing** grease between.

찌꺼기를 제거하거나 틈새에 그리스를 **채울** 목적으로…….

Use a screwdriver or blunt chisel to lever the tacks out, **placing** the blade under the cloth and not directly under the head of the tacks.

압정을 비틀어 뽑는 데는 드라이버나 날 없는 끌을 사용하거나 칼날을 헝겊 아래로 **넣지** 직접 압정머리 아래로 넣지는 않는다.

Place one end of a wooden listening rod, screwdriver or similar object **against** the bearing housing as close to the bearing as

목제 청음봉, 드라이버, 혹은 이와 유사한 도구의 한쪽 끝을 가능한 한 베어링에 가까운 베어링

possible, **place** the ear **against** the other end and listen.	하우징에 **대고** 다른 한쪽 끝에 귀를 **대서** 듣는다.
Controls **are placed** above the machine, requiring less floor space.	제어장치는 기계 위에 **있으**므로 필요한 바닥면적은 크지 않다.

position : the place occupied by a person or thing : to place in a certain person or thing	두다, 위치를 정하다

Essentially the same operation is performed in the manual mode, although in this case the operator must **position** the part at the pickup nest.	이 때 조작자는 부품을 집어서 상자에 **내려놓아야** 하지만 이와 같은 작업은 실질적으로는 사람 손으로 한다.
Reposition the workpiece so it is upright in the machine vise with the solid flange of the body up.	기계바이스에 본체와 일체형인 플랜지를 위에 두고 공작물의 **자세를** 똑바로 **바로잡는다**.
The tools do not have to **be** <u>located</u> and **positioned** relative to each other.	툴은 서로 상대적인 <u>위치</u>와 **자세를 정할** 필요는 없다.
The device has a rate of 3,600 cycles per hour and can **position** workpieces to within 0.001".	이 장치는 매시간 3,600사이클의 속도로, 0.001인치 이내로 공작물의 **위치를 정할** 수 있다.

put : to move (a thing) to a specified place, to cause to occupy a certain place or position	두다, 설치하다

Put the sample on the plate.	시료를 접시 위에 **둔다**.
Put the cutter and spacing collar in place.	커터와 간격통을 정해진 위치에 **설치한다**.
Lock the nut and **put on** the hub cap immediately.	너트를 고정하고 직접 허브캡을 **설치한다**.
It is very important that these tools **not be put into** a drill chuck, because a burred shank can ruin a reamed hole as the shank is passed through it.	이러한 툴은 드릴척에는 **설치하지 않는다는** 점이 대단히 중요하다. 왜냐하면 흠집이 있는 생크를 리머가공한 구멍으로 통과시키면 구멍이 망가질 위험성이 있기 때문이다.
The springs should certainly **be put** in order when repairing the covering, otherwise not only will the seat continue to sag but the covering will be subject to extra stresses.	커버를 수리할 때는 스프링을 바르게 **두어야** 한다. 그렇지 않으면 시트가 계속해서 처질 뿐 아니라 커버가 불필요한 응력을 받기도 하기 때문이다.

rest : to place or be placed for purpose 두다, 놓다, 정치하다

A ball **rests on** a plane surface.	볼은 평면상에 **정치**되어 있다.
The usual method of weighting the con-rod is to support one end at the same height as the scale pan, **resting** the other end **on** the scale ; the rod then is in a horizontal position and the little end can be weighted while the big end is <u>on</u> the support.	커넥팅로드의 무게를 측정하는 일반적인 방법은 한쪽 끝을 저울접시와 같은 높이로 지지하고 다른 한쪽 끝을 저울에 **두는** 방법이다. 이 때 로드가 수평위치에서 큰 끝부분을 지지하는 동안 작은 끝부분의 무게를 잴 수 있다.

The method of inserting the paper is a simple operation and can be performed rapidly. Hold the paper to be inserted with the left hand and place it behind the cylinder so that it **rests** lightly **on** the feed rolls — the small rollers between the paper table and the cylinder.

종이를 삽입하는 방법은 간단하고 신속하다. 삽입할 종이를 왼손에 들고 이송롤러 — 종이의 테이블과 실린더 사이의 작은 롤러 — 에 가볍게 **태우듯이** 종이를 실린더 뒷편에 놓는다.

A spherical base **rests in** a corresponding seating in the housing.

구체의 아랫부분은 하우징의 여기에 대응하는 시트 안에 **정치한다**.

The handle **is rested against** the compound. The chuck may be turned by hand.

핸들은 복식공구대에 **맞닿은 상태로 둔다**. 척은 손으로 돌릴 수 있다.

reset : to place again in some particular position ; to return a device to zero or an initial or arbitrarily selected conditions

재설치하다, 리셋하다

This table can **be** easily **reset** by the hand lever.

이 테이블은 핸들레버로 쉽게 **재설치할** 수 있다.

Feed the compound (rest) in 0.005 in and **reset** the cross feed dial to zero.

복식공구대를 0.005인치 이송하고 횡이송 다이얼을 제로로 **재설정한다**.

<용어예>

reset group total	그룹별 합계점검(그룹별 합계정산)
reset to zero	제로로 리셋
reset to total	합계정산
reset total key	정산키
reset wheel for transaction	회수기 리셋휠

ride : to sit on and be carried by (a horse etc.) : to be supported on	타다

Strip of fluoroplastic anit-friction material are bonded to the table and saddle female way, which **ride on** hardened and ground inserted rectangular steel ways.	작은 플루오르플라스틱 내마찰재 조각이 테이블과 새들 사이의 움푹 파인 안내면에 접착된다. 그리고 이 조각이 열처리 연삭 인서트가 부착된 직사각형 강철 안내면에 **탑승한다**.
Two brass bearings **ride on** the journal of axle.	황동베어링 두 개가 액슬 저널에 **탑승한다**.

set : to put or place, to cause to stand in position	부착하다, 설정하다

Set the gauge <u>by using</u> the bore indicator.	내경용 인디케이터를 <u>사용해서</u> 게이지를 **설치한다**.
……. Thus the gauge can only use to **set** the bearing with the aid of a gauge.	……. 그러므로 이 게이지는 다른 게이지로 보조해서 베어링을 **설치할** 때만 사용할 수 있다.
For speeding up "<u>length setting</u>" of the turret tools.	터릿툴의 '길이설정' 스피드업에.
When a job is reordered, this gauge **is set** <u>to</u> previously recorded figures, and the respective tools **are set** <u>to</u> the gauge. The turret slide screw adjustment is then used to	작업을 재발주하였을 때는 이 게이지를 앞에 기록한 숫자로 **설정하고** 해당 게이지<u>에</u> 각각 툴을 **설정한다**. 다음으로 툴 하나를

position one tool on the workpiece.	공작물에 위치결정하기 위해 터릿 슬라이드의 나사조정을 사용한다.
Set a indicator at zero.	인디케이터를 제로로 **설정한다**.
The compound is most often **set** at 14½ degrees to the right for tight-hand external threads.	오른쪽 수나사는 복식공구대를 오른쪽 14½°로 **설정하는** 경우가 많다.
Parting tool is clamped in the holder and should **be set** on or slightly above the center (line) of the workpiece.	절삭바이트는 홀더에 고정하고 공작물의 중심선이나 조금 위에 **설정한다**.
The compound micrometer collar should also **be set on** the zero mark.	또한 복식공구대의 마이크로미터 칼라를 제로마크에 **설정한다**.
Set fixture in their right place.	부착구를 올바른 위치에 **부착한다**.
Set apparatus in position and ready for use.	곧바로 장치를 사용할 수 있도록 정해진 위치에 **정치한다**.
……by **setting** the gears that drive the lead screw to give the required pitch of the machined threads.	절삭나사에 필요한 피치를 얻고자 어미나사를 구동하는 기어를 **설정해서**…….
Set the gauge so that the bore indicator again shows zero.	내경용 인디케이터가 다시 제로를 표시하도록 게이지를 설**정한다**.
All **setting are made** on direct reading dials, on **set** for horizontal and the other for vertical dimensions.	직독식 다이얼(게이지)을 전부 **설정한다**. 하나는 수평방향 규격용, 다른 하나는 수직방향 규격용으로 **설정한다**.
All operations are completed at one **setting** of the workpiece.	공작물을 한 번 **부착**하면 모든 가공을 할 수 있다.

Infeed **is set** by a microdial, with an accuracy of 0.0003".

인피드는 마이크로다이얼로 정밀도 0.0003 인치로 **설정한다**.

The cutting speed and feed should **be set** according to the material being machined as shown in Table 11.1.

절삭속도와 이송은 표 11.1처럼 절삭재료에 따라 **설정하도록** 한다.

These operators can also be used to calibrate and zero **set** the probe systems.

이러한 오퍼레이터는 프로브시스템 보정과 영점**설정**에도 사용할 수 있다.

Insert the tap in a drill chuck in the tail stock and **set** the lathe on low speed.

심압대의 드릴척에 탭을 삽입하고 선반을 저속으로 **설정한다**.

Set speeds and feeds on a horizontal milling machine.

수평밀링머신의 속도와 이송을 **설정한다**.

<용어예>

king pin inclination set	킹핀의 기울기
permanent set	영구변형
permanent set in fatigue (settling)	작업에서의 영구변형
set hammer	세트해머
setting angle	부착각
setting drawing	정치도
setting thread plug gage	조정나사 플러그게이지
set pressure of safety valve	안전밸브설정압
set point	설정수치
set ring	세트링
set screw	멈춤나사
set spring	멈춤스프링
tool setting (tooling, tool layout)	공구세팅

set up : to arrange　　부착하다, 준비하다

Set up a machine.

기계를 **정치한다**.

We **set** the die stock **up** <u>in</u> a shaper and cut a groove.

형재를 셰이퍼<u>에</u> **부착해서** 홈을 절삭한다.

The part to be threaded **is set up** <u>between centers</u> in a chuck, or in a collet.

나사절삭부품을 척이나 콜릿에 <u>센터로 지지해서</u> **부착한다**.

Boring and other operations are frequently done on workpiece **set up** <u>on</u> a face plate.

보링 등의 작업은 공작물을 면판<u>에</u> **부착해서** 할 때가 많다.

Set up a dial indicator on the end of the center to check for runout.

런아웃을 점검하기 위해 센터 <u>끝부분에</u> 다이얼 인디케이터를 **설정한다**.

The horizontal mill was easier to **set up** than vertical one and was more accurate.

수평밀링머신은 버티컬밀링머신보다 **준비**가 쉬우므로 더욱 정밀하다.

How can a steady rest **be set up** when there is no center hole in the shaft?

축에 센터구멍이 없을 때 방진구는 어떻게 **설정**하면 좋을까?

This **set up** let us do punching and forming of a ¼ inch plate in one operation.

이 **준비**로 ¼인치 판의 펀칭와 성형을 한 번에 할 수 있다.

With the H. machine there is virtually no limit to the variety or types of operations that can be performed **in one set-up**.

H기를 사용하면 **준비** 1번으로 할 수 있는 작업의 종류, 방식은 무한하다.

situate : to place or put in a certain position

두다, 부착하다

A hydraulic servo device **situated** in the hub adjusts the propeller blades; in addition

허브 <u>안에</u> **부착된** 유압서보장치로 프로펠러의 날개를 조절한다.

the oil from the servo lubricates the gear and bearings.

더욱이 이 서보에서 나오는 오일이 기어와 베어링을 윤활한다.

해제하다

detach : to release or remove from something else or from a group

해제하다

The test was stopped periodically every 20,000 times, each test piece **being detached**.

시험에서는 20,000번마다 정기적으로 정지하면서 각 테스트피스를 **해제한다**.

Once the cylinder-head retaining nuts and any other components likely to interfere with the removal of the head **have been detached** the head may be withdrawn from the studs.

실린더헤드를 해제하는 작업에 방해가 될 소지가 있는 실린더헤드의 고정너트와 그 외의 부품을 해제하면 헤드를 스터드에서 빼낼 수 있다.

To change the grease the fixation bolts are to be unscrewed and the bearing cover is to **be detached** from the gear housing (in the case of gear motor, together with the motor).

그리스를 교환하려면 고정볼트를 돌려서 빼내고 기어하우징에서 베어링커버를 **해제해야** 한다(기어모터일 때는 모터와 함께).

<용어예>

detachable chain — 분리할 수 있는 사슬

detachable head (of cylinder) — 분리식 실린더헤드

disconnect : to break the connection of	해제하다, 연결을 풀다

Disconnect the plug from the receptacle.	소켓에서 플러그를 **해제한다**.
It will, of course, be necessary to **disconnect** the universal joint, and the torque tube attachment, when fitted from the rear of the gearbox.	유니버설조인트나 토크튜브를 해제하는 금속구가 기어박스 후면에 부착되어 있을 때는 당연히 이를 **해제해야** 한다.
When the gearbox is attached to the clutch housing, it may be necessary either to **disconnect** the gearbox from the bell housing or to remove the housing complete with the gearbox, according to the particular car.	기어박스가 클러치하우징에 부착된 경우에는 차종에 따라 벨하우징에서 기어박스를 **해제하거나** 클러치하우징 전체를 기어박스와 함께 해제할 필요가 있다.

dismount : to get off or down from something on which one is riding	해제하다

Never **dismount** an undamaged bearing unless it is absolutely necessary!	꼭 필요한 경우가 아니면 손상되지 않은 베어링은 결코 **해제해서는** 안 된다.
If a bearing is to **be dismounted**, it is advisable to mark it to show its relative mounted position-i,e., which section of the bearing was up, which side was "front"etc.	베어링을 **해제할** 때는 상대적인 부착위치, 다시 말해 베어링의 어느 부분이 위이고, 어느 면이 '앞'인지 알 수 있도록 표시를 해두는 편이 좋다.
Larger bearings can easily **be dismounted** from their sleeves by using an SKF hydraulic nut.	SKF의 유압너트를 사용하면 큰 베어링일수록 손쉽게 슬리브에서 **해제할** 수 있다.

The advantage of using a sleeve are that the shaft seating does not need such accurate machining and that **mounting** and **dismounting** are considerably facilitated.

슬리브를 사용하는 장점은 축의 베어링시트가 별다른 고정밀 절삭이 필요없다는 점과 **부착**과 **해제**가 아주 간편하다는 점을 들 수 있다.

remove : to take off or away from the place occupied

해제하다

Remove nuts, washers, bushings and bolts attaching wing spars to fuselage.

윙스파를 동체에 부착하는 너트, 와셔, 부싱, 볼트를 **해제한다**.

Identify parts for reinstallation on same side if both rotor grips **are removed**.

양쪽 로터그립을 **해제할** 때는 같은 면에 다시 부착할 수 있도록 부품에 표시를 해 두도록 한다.

A special tool for withdrawing a self-aligning roller bearing inner ring — the outer ring and rollers having **been removed** first — is shown in Fig. 19.

셀프얼라이닝 롤러베어링의 내륜을 해제하는 데 사용하는 특수강 공구 — 외륜과 롤러는 가장 먼저 **해제한다** — 를 그림 19에 표시한다.

If a cover is installed on nut, it will be necessary to **remove** cover prior to **removing** nut.

커버가 너트 위에 부착되어 있을 때는 너트를 **해제하기** 전에 커버를 먼저 **해제해야** 한다.

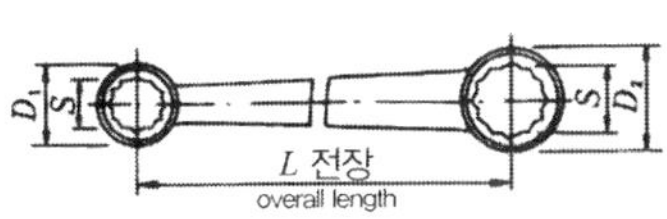

오프셋렌치 (offset wrench)

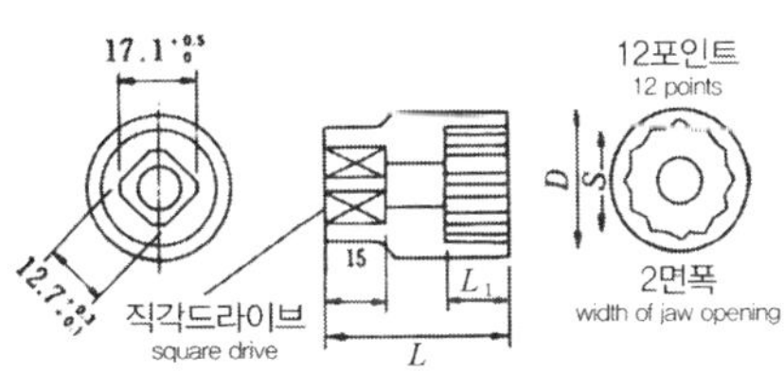

소켓렌치용 소켓 (socket for socket wrenches)

The drill **is removed** by tapping a wedge (drift) into the slot in the machine spindle as illustrated in Fig. 24.	그림 24의 그림풀이처럼 기계의 스핀들 홈에 웨지(드리프트)를 가볍게 두드려 넣어서 드릴을 **해제한다**.
Remove the drill from the socket.	드릴을 소켓에서 **해제한다**.
Operators function is to **remove** finished part from the machine.	작업자의 역할은 완성된 부품을 기계에서 **해제하는** 일이다.
Drain hydraulic fluid by **removing** drain plug from bottom of the reservoir.	저장고 밑바닥의 드레인플러그를 **해제해서** 유압액을 방수한다.
In difficult cases it may be necessary to head the inner ring to facilitate its **removal**, but the use of a blow-lamp is out of question unless it does not matter if the bearing is destroyed.	이것이 어려울 때는 손쉽게 **해제하기** 위해 내륜을 가열할 필요가 있다. 단 베어링이 손상되어도 상관없는 경우가 아니라면 토치램프를 사용해서는 안 된다.

take away : to remove or carry away	해제하다

Take away fittings from ······.	······에서 부착구를 **해제한다**.

take off : to take (clothing etc.) from the body	해제하다

When egreasing, the bottom plug be **taken off**.	재급유시에는 바닥의 플러그를 **해제한다**.

withdraw : to take back or away

해제하다, 되돌아가다, 끌어당기다

As a rule, there is no difficulty removing **withdrawal** sleeves of the type shown, it being only necessary to tighten the appropriate sleeve nut against the face of the inner ring to **withdraw** the sleeve.

일반적으로 그림에 표시한 **해제**용 슬리브를 해제하기란 전혀 어렵지 않다. 이 슬리브를 **해제하는** 데 필요한 작업은 내륜의 옆면에 적당한 슬리브너트를 대고 죄는 작업뿐이다.

The primary shaft is usually carried in a large double-ball or roller bearing. In most cases on removal of the bearing cover the bearings and constant-mesh pinion can **be withdrawn** without great difficulty.

1차 샤프트는 일반적으로 큰 더블 볼베어링이나 롤러베어링에 내장되어 있다. 대부분의 경우 베어링커버를 해제하면 베어링과 항상 맞닿은 기어는 큰 어려움 없이 **해제할** 수 있다.

When the tool reaches the end of the workpiece, the lead screw **is** disengaged, the tool **withdrawn** and the saddle returned to its starting position ready to take another cut.

바이트가 공작물의 끝부분에 도착하면 어미나사는 연결이 풀리고, 바이트는 **들어가며**, 새들은 다음 절삭을 위해 시작위치로 돌아간다.

The stock pusher advances by an adjustable hydrostatic pressure system and **withdraws** automatically while the last workpiece is being machined.

재료 푸셔는 조정식 정압압력시스템으로 앞으로 나아가며 마지막 공작물이 절삭되는 동안 자동으로 **되돌아간다**.

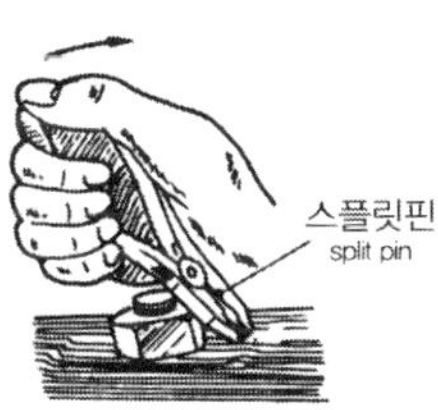

Withdrawing split-pin by levering it against the nut with pair of pliers.

플라이어로 스플릿핀을 너트에 대고 비틀면서 **끌어당긴다**.

재다, 측정하다

determine : to find out or calculate accurately, to detect or calculate precisely

정량하다, 정확하게 재다

Determine flatness of lapped plate or machine ways with scraped, ground or lapped surface.

래핑가공한 판재나 기계의 안내면의 편평도를 줄, 밀링, 래핑 등으로 가공한 표면을 사용해서 정밀도를 **측정한다**.

Breaking loads of thin-wall iron castings **were determined** with this experimental setup.

씬월 주철품의 파괴하중을 이 실험장치로 **정확하게 측정하였다**.

The width of the wearland can **be determined** by means of a toolmaker's microscope.

마모폭은 공구현미경으로 **계측할** 수 있다.

The tool force **is determined** by measuring the deflection or strain in the elements.

바이트에 가해지는 힘을 엘레멘트의 굴곡이나 변형을 측정해서 **구한다**.

A series of tests were run in one system which included 25 pumps and 13 turbines to **determine** how much oil condensed in bearing housings.

베어링 하우징에 얼마나 오일이 응축되는지 **파악하기** 위해 펌프 25대, 터빈 13기의 시스템으로 일련의 시험을 수행하였다.

The ball separators **were** removed from all test specimens after the life tests and the ball-pocket wear **determined** by a series of measurements of the war scar.

수명시험 이후 모든 시험대상에서 볼 분리기를 해제해서 일련의 마모흔 측정을 통해 볼포켓의 마모도를 **정밀하게 조사하였다**.

Determined from Co-60 gamma spectrum analysis using NBS SRM 4215-F, Cobalt is present in M50 as a contaminant to a maximum concentration of 2,500 ppm.

NBS SRM 4215-F를 사용한 Co-60 감마 스펙틀 분석으로 **정확하게 측정하였다**. Co는 M50 안에 최대농도 2,500ppm 이하의 오염요인물로 포함되어 있다.

Friction torque, wear, and load-carrying capability **were determined** for the clean bearings and for bearings contaminated with MIL H-5606 paraffinic base, hydraulic oil.

깨끗한 베어링과, MIL H-5606 파라핀계 유압유로 더러워진 베어링을 대상으로 마찰토크, 마모, 부하용량을 **측정하였다**.

Friction and wear characteristics **were determined** for loads, temperatures, and oscillating conditions that typical of current airframe bearing applications.

현행 항공기본체용 베어링을 사용하는 부분 특유의 부하, 온도, 진동조건하에서 마찰성능과 마모성능을 **조사하였다**.

The **determination** of the temperature in the tool in metal cutting…….

금속절삭시 바이트 온도를 **정확하게 측정**…….

<용어예>

limit of determination 정량한계

gauge (gage) : to measure exactly 측정하다

……can **gauge** the amount of oil being fed to the bearing.

……는 베어링에 이송되는 유량을 **정확하게 측정할** 수 있다.

Convenient visual inspection methods cannot

일반적인 목시검사로는 봉강의

gauge the extent of seam or crack in a steel bar.

균열 정도를 **정밀하게 측정하지** 못한다.

Do not attempt to rotate the bearing while **gauging** the slackness, but carefully slide the feeler over a roller.

간격을 **측정하는** 동안 베어링을 돌리지 말고, 필러는 하나의 롤러 위를 신중하게 미끄러지도록 한다.

The dimension **gauged** extends from the mounting surface on the case to the shoulder of the bearing. The corresponding distance on the transmission assembly is also measured automatically and the two dimensions are compared to determine the shim size required.

측정할 규격은 케이스에 부착된 표면부터 베어링 숄더부까지이다. 이에 해당하는 트랜스미션기구의 거리도 자동측정해서 이 두 개의 규격을 바탕으로 하는 심(shim)의 규격을 정하기 위해 비교한다.

Gauging is accomplished through a linear transducer and rotary encoder.

리니어트랜스듀서와 로터리인코더로 **측정한다**.

<용어예>

gage interferometer	간섭계
gauging line of furfural	푸르푸랄 검량선

measure : to find the size or quantity or extent of something by comparing it with a fixed unit or with an object of known size. ; to be a certain size

측정하다, 계측하다, 규격은 ~이다

Rotate hub assembly and accurately **measure** amount of play present.

허브 조립품을 회전시키고 이 때의 플레이의 양을 정확하게 **측정한다**.

Measure quantitatively the amount of heat given to or taken from the object.

물체에 가해지거나 제거되는 열량을 정량적으로 **측정한다**.

The instrument generally used for **measuring** temperature is called a thermometer.

온도를 **측정할** 때 일반적으로 사용하는 계기를 온도계라고 한다.

The Verimatic Model 8800 automatic hardness tester is an air - operated computerized system thar **measures** the Rockwell hardness of materials.

8800형 자동경도시험기는 재료의 록크웰 경도를 **측정하는** 에어작동 컴퓨터화 시스템이다.

These large machines use precision scales to precisely **measure** slide position.

이러한 대형기계는 슬라이드의 위치를 정밀하게 **측정하기** 위해 정밀한 측정도구가 필요하다.

Strains are large enough to **be measured** accurately.

왜곡이 충분히 크므로 정확하게 **측정할 수 있다**.

This instrument **measures** basic pitch for spur and helical gears, while they are mounted on the production machine itself.

이 계기는 평기어와 헬리컬기어의 기준피치를 가공기계에 부착한 상태에서 **측정할** 수 있다.

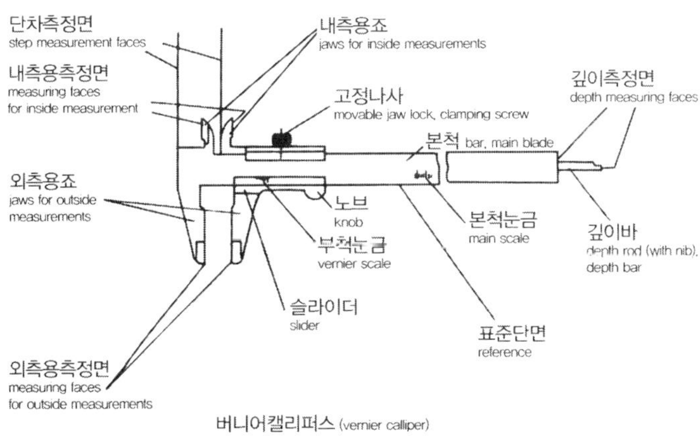

버니어캘리퍼스 (vernier calliper)

Wear rates were **measured** for bearings operating under 1,000psi.

1,000psi로 운전한 베어링의 마모율을 **측정하였다**.

The tool forces and chip-thickness **are measured** for each test conditions.

바이트에 걸리는 힘과 칩의 두께를 각 시험조건 별로 **측정하였다**.

Remove the bolt and **measure** for the correct length.

볼트를 해제하고 길이가 올바른지 **측정한다**.

Measure cutting angle to five minutes.

절삭각을 5분까지 **측정한다**.

The Zygo bench gage automatically **measures** the diameter or gap to 20 milionths of an inch in approximately one second.

Zygo 벤치게이지는 지름이나 갭을 백만 분의 20인치까지 약 1초만에 자동으로 **측정할** 수 있다.

In what units of measure are there velocities **measured**?

이러한 속도는 어떤 측정단위로 **측정하는가**?

B & S measuring microscope **measures** in ten thousandths.

B&S 측정현미경의 **측정**정밀도는 1/10,000이다.

Temperature is degree of hotness and coldness **measured** on a definite scale based on some physical phenomenon as the expansion of mercury in a thermometer.

온도란 온도계 내부의 수은의 팽창과 같은 물리적인 현상에 바탕을 둔 특정 척도로 **측정한** 춥고 따뜻함의 정도이다.

The volume of the combustion chamber can **be measured** in the way already described

연소실의 용적은 앞서 설명한 방법으로 **측정할** 수 있다.

Measure by the eye.

눈대중한다.

······**is measured** with one's eye estimate.

······는 **눈대중**이다.

Measure small length by means of a micrometer.

마이크로미터로 짧은 길이를 **측정한다**.

Measure the thickness and the width at several points with a micrometer.

마이크로미터로 여러 군데의 두께와 폭을 **측정한다**.

The long diagonal lengths of the indentations **were measured** by a microscope before and after a run.

운전을 전후해서 요면의 길이 쪽의 대각선의 길이를 현미경으로 **측정하였다**.

The distance between the standard markers and the abraded surface **were measured** with a measuring microscope. The volume of material removed was, then, estimated by the average distance.

기준인과 문질러서 벗거진 표면 사이의 거리를 측정현미경으로 **측정하였다**. 다음으로 제거된 재료의 부피를 평균거리를 기준으로 측정하였다.

The roughness of the lapped surfaces **measured** by a surface profilometer was 0.2μm for the maximum height of irregularities.

표면 프로필로미터로 **측정한** 래핑면의 조도는 요철의 최대 높이가 0.2μm 였다.

The surface roughness of each section is **measured** with a surface finish measuring instrument.

각부의 표면조도를 표면마감측정기로 **측정하였다**.

The impact value **is measured** by the Charpy specimen.

충격치는 샤르피 시험편으로 **측정한다**.

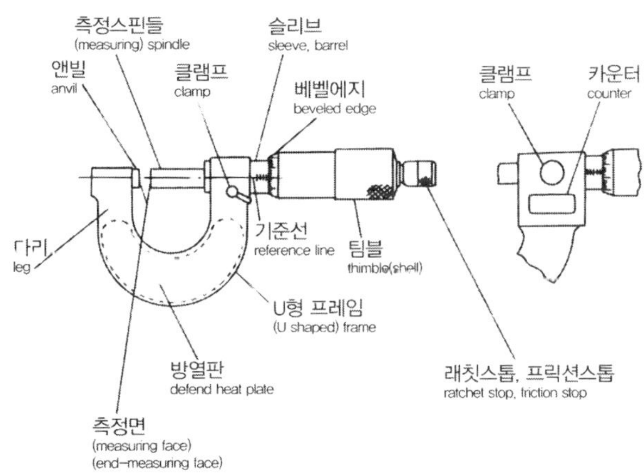

Conventionally, power **is measured** by the energy which is necessary to raise a given weight to a given hight a given time. I footpound per minute of power being the amount of energy required to raise a weight of 1 pound to a height of 1 foot in 1 minute.

일반적으로 일률은 특정 무게를 특정 시간으로 특정 높이만큼 들어올리는 데 필요한 에너지로 **측정하며** 일률 1ft · 1b/min이란 무게 1lb를 1분에 높이 1ft 들어 올리는 데 필요한 에너지량이다.

It **is measured** by determining the amount of speed increase taking place in a given period of time.

이는 특정 시간 내에 발생하는 속도증가량을 계산해서 **측정한다**.

The centrifugal separation **is measured** by using Koppers K 36 method, which……

이 원심분리는 Kopper K36법을 사용해서 **측정하고**…….

The quality of machined surfaces **were measured** using a portable surface indicator.

절삭표면의 품질은 포터블 표면 인디케이터를 사용해서 **측정하였다**.

Fuel consumption **was measured** in accordance with the Standard by a volumetric method. Thet is, the fuel was drawn from a container graduated by 10㎖ increments. Total equivalent vehicle kilometers **were** also **measured** for the test using a digital counter on the output shaft.

연료소비는 규격에 따른 용량법으로 **측정하였다**. 다시 말해 10㎖로 눈금을 잰 용기로 연료를 주입하였다. 또 이 시험에서는 출력축의 디지털카운터를 사용해서 동일한 차종의 총 주행 킬로수를 **측정하였다**.

Average grain size **was measured** from scanning election micrographs.

평균 그레인사이즈는 주사전자현미경사진으로 **측정하였다**.

The wear rate of a coupling determines its useful life. An extensive study was performed to determine which factors have the most influence on coupling wear rate. It was first decided to **measure** wear through weight loss.

커플링의 내용수명은 마모속도로 결정된다. 어느 요소가 마모속도에 가장 큰 영향을 주는지 알아보기 위해 광범위한 연구를 수행하였고 우선 무게를 줄여가며 마모를 **측정하기로** 결정하였다.

Temperatures **were measured** at five different locations in the system : supply oil temperature, ······, and support bearing.	온도는 이 시스템의 다섯 부분<u>에서</u> **측정하였다**. : 급유온도, ······, 지지베어링.
Measure <u>in</u> <u>the</u> <u>plane</u> containing the direction of primary and feed motion and perpendicular to the direction of feed motion.	주운동과 이송운동의 방향을 포함해서 이송운동 방향과 직각<u>면으로</u> **측정한다**.
Measure <u>in</u> <u>the</u> <u>direction</u> <u>of</u> the feed motion.	이송운동의 <u>방향으로</u> **측정한다**.
Measure <u>parallel</u> <u>to</u> the feed direction.	이송운동과 <u>평행으로</u> **측정한다**.
Measure <u>perpendicular to</u> the plane.	면과 <u>직각으로</u> **측정한다**.
Strictly, this dimention should be **measured** both <u>normal</u> <u>to</u> the cutting edge and <u>normal</u> to the resultant cutting direction.	엄밀하게 말하면 이 규격은 절삭날<u>과도 직각</u>이고 합성절삭력 방향<u>과도 직각</u>으로 **측정해야** 한다.
Measurements of a surface **are made** <u>at</u> <u>right</u> <u>angle</u> <u>to</u> the layer.	표면을 이 층과 <u>직각으로</u> **측정한다**.
No measurement should **be made** while the cutter is revolving.	커터가 회전하는 동안은 절대로 **측정하지 말** 것.
Fifty **measurements were made** <u>for</u> each speed of the presses.	프레스의 각 속도를 50번 **측정하였다**.
The measurement of the hardness indentation **is made** <u>with</u> 8× or 16× <u>eyepiece</u> at a total magnification of 480× or 960×.	8배 혹은 16배 접안경<u>을 사용해서</u> 전배율 480배 혹은 960배로 압입경도를 **측정한다**.
In order to clarify the characteristics and the problems of gas seals, **measurements** of frictional forces and temperatures were **carried out** <u>on</u> the piston-ring type seals <u>with</u> a special experimental <u>apparatus</u>.	가스실의 특성과 문제점을 파악하기 위해 피스톤링 형태의 실을 대상으로 특수한 <u>실험장치로</u> 마찰력과 온도를 **측정하였다**.

What **are** two common gear **measurements performed** by a mechanist?

기계기술자가 일반적으로 사용하는 기어**측정**법 두 가지는 무엇인가?

The P 2 has been designed to **take** all **measurements** simultaneously for fast, efficient troubleshooting.

P 2는 고장을 신속하고 효율적으로 탐지하기 위해서 모든 **측정을** 동시에 수행하도록 설계되었다.

The standard micrometer is used to **take measurements** to the nearest one-thousand part of an inch.

이 표준 마이크로미터는 약 1/1,000인치를 **측정**하는 데 사용한다.

Measurement is taken as near to the bearing as possible.

가능한 한 베어링에 가까운 장소에서 **측정한다**.

One should not remove his hand from the handle while **taking measurements**.

측정하는 동안 핸들에서 손을 떼지 말 것.

Leave it for a while and start **measurements** after the effect of the body temperature is removed and it is convenient to repeat the **measurements**.

잠시 방치해서 본체 온도의 영향을 제거한 다음에 **측정**을 시작한다. 이렇게 하면 여러 번 **측정**하기도 편리하다.

One of the most practical and common **measuring tools** available in the machining and inspection of parts is the steel rule.

스틸룰은 부품의 기계가공과 검사에 이용할 수 있는 실용적이면서도 일반적인 **측정구** 중 하나이다.

The amplifier has a meter which indicates the position of the **measuring stylus** for measuring full profile.

이 증폭기에는 모든 프로필을 측정하기 위해 **측정침**의 위치를 나타내는 미터가 부착되어 있다.

The **measurement** must be between 3.061 and 3.063 inches.

측정치는 3.061과 3.063인치 사이가 되어야 한다.

The **measurement** of flank wear-land width are plotted against time.

여유면의 마모부위 폭의 **측정치**를 시간에 대하여 플롯한다.

Generally the standard deviation of the mean of thirty holes is ±2 percent and ±10 percent for the individual **measurement**.

전반적인 구멍 30개의 평균표준편차는 ±2%이고 각 **측정치**에 대해서는 ±10%이다.

Machinability is a **measure** of the ease of cutting various materials.

피소성은 여러 재료의 절삭 난이도 중 하나의 **측도**이다.

In experimental work, the depth of the crater is usually a **measure** of the amount of crater wear and can be determined by a surface-measuring instrument.

일반적으로 실험에서 크레이터의 깊이는 크레이터의 마모량의 **측도**이며 이것은 표면측정기로 계측할 수 있다.

The objective of this life test program were to (1) obtain an accurate **measure** of gimbal bearing performance, (2) determine the degree of correlation between materials wear tests and full-scale bearing tests and (3) …….

이 수명시험프로그램의 목표는 (1) 짐벌베어링의 정확한 성능측도 확보, (2) 재료마모시험과 베어링현물시험과의 상관도 확정, (3) ……, 이다.

The vertical and horizontal components of the deflection on the cantilever under the action of the resultant tool force are taken as a **measure** of the two force components.

바이트의 합성력이 작용하는 외팔보에서 굴곡의 수직과 수평방향 성분을 두 개의 힘성분의 **척도**로 삼는다.

Surface roughness **measures** 0.711 μm and the visual appearance of the slab was smooth and shiny bright.

측정표면조도는 0.711 μm**이고** 슬러그의 외관은 매끄러우며 광택이 난다.

Workload capacity is 4,400 lb and worktable **measures** 19 × 63".

적재 가능한 공작물의 무게는 4,400lb 이하이고 워크테이블의 규격은 19 × 63인치**이다**.

A miniature clamp **measuring** 2 $\frac{3}{8}$" in length and 1$\frac{3}{8}$" in height has been designed for electronic applications.

규격이 길이 2$\frac{3}{8}$인치, 높이 1$\frac{3}{8}$인치인 미니어처 클램프는 전자기기용으로 설계된 제품이다.

The interior **measured** 17 feet long, 7 feet wide, and 7 feet high.

내부**규격**은 길이 17ft, 폭 7ft, 높이 7ft였다.

The 102-L work tank **measures** 762 × 406 × 356 mm providing ample room for five parts at once, while its removable front door permits easy loading and unloading of parts.

102-L 작업용 탱크의 **규격**은 762 × 406 × 356mm이고 한 번에 다섯 개 부품을 충분히 수납할 수 있으며 더욱이 전면 도어를 떼어낼 수 있어서 편리하게 부품을 싣고 내릴 수 있다.

<용어예>

direct measurement	직접측정
measurand	측정량
measured drawing	실측도
measured internal clearance	측정간격
measuring apparatus	측정기구
measuring funnel	측정깔때기
measuring instrument	측정기구
measuring tape	줄자
measurement	측정, 마감규격, 측정치
quantity measuring fuse	측량퓨즈
region of tooth profile measurement	치형검사범위
steel tape measure	금속줄자
thread measuring three wire	나사측정용 3침

meter : to measure by meter — 측정하다, 계량하다, 양은 ~이다

With a four-minute lube interval, one of these lube pump can **meter** as low as 473 cm^3 (one pint) per year of oil to a lube point on the compressor.

4분 간격으로 윤활하는 이러한 윤활펌프 하나는 압축기의 윤활개소 한 곳에 연 473cm^3(1파인트) 정도로 소**량**공급할 수 **있다**.

A third approach — microlubrication — provides accurate **metering** of minimum amount of oil required for lubrication of the compressor cylinder walls.

세 번째 방법 — 마이크로윤활 — 을 사용하면 압축기의 실린더벽을 윤활하는 데 필요한 최소 유량을 정확하게 **계량할** 수 있다.

Two of these lubricators are used to feed oil to the compressor air suction. Each lubricator **meters** only 118 cm^3 over the cource of six month.

이 두 개의 윤활기구는 압축기의 공기흡입부에 오일을 전달하기 위해 사용된다. 두 윤활기구 모두 반년 동안의 **유량**이 118cm^3에 지나지 않는다.

The **metering** device : A predetermined amount of lubricant required for the lubrication point **is measured** in the time intervals between applications.

계측장치: 윤활지점에 필요한 정해진 윤활량을 급유 사이의 시간간격으로 **계측한다**.

Analog devices are often used in **telemetry** applications for **measuring** river levels, electrical current, air pollution, and other such continuously variable values.

아날로그소자는 강의 수위, 전류, 공기오염 등 연속해서 변화하는 수치를 측정하는 데 **원격측정**용으로 자주 사용된다.

<용어예>

meter rule	미터자
metered flow	정격흐름
metering rod, metering pin	측정봉, 측정핀
metering pump, proportioning pump	측량펌프
metering screw	계측스크류
tele metering	원격측정

pick up : to measure　　측정하다

Pick up the outside of the solid jaw of the vise body.

바이스 본체에 부착된 고정죠의 바깥쪽을 **측정한다**.

With an edge finder, **pick up** the edges of the workpiece.

에지파인더로 공작물의 가장자리를 **측정한다**.

read : (of a measuring instrument) to indicate or register	읽어내다, 해독하다, 나타내다

The thermometer **reads** 20°.

온도계는 20°를 **나타낸다**.

The Angle-Check gauge <u>measures</u> the total included angle or a taper in less than two seconds. It **reads** directly in degrees and minutes, requires no calculation, …….

앤젤체크 게이지로 각도나 테이퍼를 2초 이내로 **측정한다**. 도와 분으로 직접 **읽어 들이므로** 전혀 계산할 필요가 없고, …….

The difference in measurements can **be read** by resetting to zero at any point in the range.

이 범위 내의 모든 지점에서는 제로로 리셋해도 측정치의 차이를 **읽어낼** 수 있다.

The height of the meniscus **is read** on a millimeter scale.

요철의 높이를 밀리미터 눈금으로 **읽는다**.

Instrumentation. The measuring cycle is controlled and recorded with a programmable gauging system. This equipment includes a Hewlett-Packard 9825 A computer which is programmed via cassette tapes to take **readings** at specific points in the cycle.

측정장치. 측정사이클은 프로그램이 가능한 계측시스템으로 제어되고 기록된다. 이 장치에는 사이클 진행 도중의 지정된 부분에서 **읽어 들이기** 위해 카세트테이프에 프로그램을 준비한 휴렛팩커드 9825A 컴퓨터가 장비되어 있다.

<용어예>

read group total	그룹종합점검
reading	읽어 들이기, 해독
read-only store	읽기전용 기억장치
read/write head	읽기, 쓰기 헤드

scale : to represent in measurements of extent in proportion to the size of the original	측정하다

Scale the drawing.

도면의 규격을 **측정한다**.

size : to group or sort according to size — 규격을 정하다

A. M. in-process, double finger, automatic gage **sizing** unit is used throughout this operation. The gagehead continuously measures the bearing race during grinding, sending back a signal to initiate rapid wheel head retraction the instant required size is reached.

이 작업에는 시종일관 A.M. 인프로세스 더블핑거 자동 **규격결정**장치가 사용된다. 게이지헤드는 연삭 중에 베어링의 레이스를 연속측정하다가 정해진 규격이 되는 즉시 휠을 급속후퇴시키라는 신호를 보낸다.

The most important factor when selecting a mist generator head is not the type but the size. A mist generator head must **be sized** to match its application.

미스트 제네레이터 헤드를 선정할 때 가장 중요한 조건은 형태가 아니라 규격이다. 미스트 제네레이터 헤드는 용도에 적합하도록 **규격을 정해야** 한다.

<용어예>

automatic sizing device — 자동규격결정

sizing reel — 사이징릴

survey : to measure and map out the size, shape, position, and elevation etc. (of an area of the earth's surface) — 실측하다, 측량하다

……**make a survey** of……

……을 **측량한다**.

<용어예>

surveyed drawing — 실측도

surveying laser product — 측량용 레이저제품

take : to find out and record → **measure**	~을 측정하다

Take temperature.	온도를 **측정한다**.
Take your measurement.	당신의 치수를 **측정한다**.
A series of carefully **taken** measurements…….	신중하게 **측정한** 일련의 **측정수치는**…….

weigh : to measure the weight of, especially by means of scale or a similar instrument	(무게를) 측정하다, 재다, 무게는 ~이다

Weigh 100mg accurately, put in a 200mℓ measuring flask and make it to 200 mℓ with water.	100mg을 정확히 **재서** 200mℓ 측정플라스크에 넣은 다음 물을 부어서 200mℓ로 만든다.
Weigh out accurately 12.5mg of amine.	아미노산 12.5mg을 정확하게 **측정한다**.
Any production worker can master the operation of a S. counting system in seconds. Just **weigh** the reference parts, set the reference indicator, and start **weighing**. Read the count on the R in seconds.	어떤 작업자든 S 카운팅시스템은 수 초만에 마스터할 수 있다. 먼저 기준부품을 **측정하고** 기준 인디케이터를 세트한 다음에 **측정**을 시작한다. 그러면 즉시 R 수치를 읽을 수 있다.
Weigh the parts on a S. electronic scale that is connected to an R. part counter.	R 부품계수기에 연결한 S 전자저울로 부품의 무게를 **잰다**.
S. has systems that can count quantities up to 99.999 and parts that **weigh** as little as 10 mg.	S사에는 **무게** 10mg 정도의 경량부품을 수량 99.999까지 계수

할 수 있는 시스템이 있다.

The robot can handle parts **weighing** up to 20kg….

이 로봇은 **무게** 20kg 이하인 부품을 다룰 수 있고, …….

The machine operates at 20 spm, has a stroke length of (660mm), **weighs** more than 240,000 kg and measures 6m wide and 6.70 m long.

이 기계는 20spm으로 운전되고, 스트로크 길이는 660mm, **무게** 240톤 이상, 규격은 폭 6m, 길이 6.70m이다.

<용어예>

weighing bottle	웨잉보틀
weighing capacity	저울로 무게를 잼

세우다(계획, 설계, 입안)

arrange : to from plans 계획을 세우다

If control of the two horizontal axis of the table supporting the workpiece **is arranged**, the machine can be programmed to locate and then drill a specified pattern of holes.

공작물의 지지테이블이 2수평축 제어로 **설계되었다면** 지정된 구멍 패턴의 위치를 결정해서 구멍을 파도록 기계를 프로그램할 수 있다.

contrive : to plan cleverly 고안하다

Piston is a cast circular piece of metal so **contrived** that it works with an oscillating or up-and-down movement within a hollow cylinder.

피스톤은 중공원통 안에서 왕복 및 상하운동하도록 **고안된** 원기둥형 금속주조부품이다.

design : to plan — 계획하다, 설계하다, 디자인하다

Like all machine tools, the C/C is **designed** and built to the highest standards of quality, with induction-hardened head-stock gears, and precision Gamet spindle bearings.

모든 C공작기계와 마찬가지로 C/C는 최고규격의 품질로 **설계**, 제작되었으며 고주파 열처리 주축대 기어, 정밀 가넷 주축 베어링을 사용한다.

We can custom **design** and manufacture to meet your particular requirements.

특정 요구조건에 발맞추어 수주**설계**하고 제작할 수 있다.

The company **redesigned** basic castings to make them easier to machine.

가공하기 쉽도록 주물 원형을 **새롭게 설계하였다**.

The machine **is designed** to remove more metal at faster speeds with less power consumption.

이 기계는 동력을 적게 소비하면서도 더욱 고속, 대량으로 절삭할 수 있도록 **설계되었다**.

A noncontact scanning laser beam gage, small enough to fit on a bench top, has **been designed** to eliminate the human error factor associated with conventional gaging methods.

벤치에 부착할 수 있을 정도로 충분히 소형인 비접촉주사레이저광선게이지는 일반적인 규격 측정방식에 따라 인적오차요인을 제거하도록 **설계되었다**.

The control **is designed** to permit programming by inexperienced operators without having to consider the tool path.

이 제어장치는 숙련되지 않은 조작자가 툴패스를 고려하지 않고도 프로그래밍할 수 있도록 **설계되었다**.

The rugged jamieson JD 6 Cam Unit **is designed** for easy, problem-free operation with a high degree of reliability.

이 튼튼한 JD6 캠 유닛은 높은 신뢰성을 바탕으로 손쉽고 문제없이 조작할 수 있도록 **설계되었다**.

The Mega 75 shaft drilling system **designed** for drilling deep holes in cylindrical or long rectangular parts or for drilling shallow holes, can drill up to a 45" hole in one pass. **Designed to** hold size, straightness, roundness and accuracy, hole drilling capacity ranges from 0.0781" to 1.000" in diameter depending on application.

원통이나 긴 직각부품에 깊은, 혹은 얕은 구멍을 파기 위해 **설계된** 이 M75축 드릴링시스템은 1패스로 45인치 구멍을 팔 수 있다. 규격, 진직도, 진원도, 정밀도를 일정하게 유지하도록 **설계되었고** 드릴링 범위는 용도에 따라 지름 0.0781 ~ 1.000인치이다.

The collet-type straight shank tool holders **are designed** for any machine with a hollow spindle.

콜릿형 직선 생크 툴홀더는 주축이 중공인 모든 기계에 사용할 수 있도록 **설계되었다**.

Ball and roller bearings must **be designed** for actual life requirements (usually millions or billions of cycles) and they can not **be designed** for infinite life.

볼베어링과 롤러베어링은 실제 수명필요조건(일반적으로 10^6 혹은 10^9 사이클)에 알맞도록 **설계**해야 한다. 그리고 무한한 수명으로 **설계**하지는 못한다.

Both series **are designed** for use on conventional machine tools and machining centers and **are designed** to provide greater economy in production applications.

두 시리즈 모두 보통 공작기계와 머시닝센터에 사용해서 생산에 경제적으로 이용하기 위해 **설계되었다**.

The SAFI (Servo Actuators For Industry) line **has been designed** for use in robotic and factory automation applications to meet a variety of industrial automation requirements from complex robots to simple material handling and parts positioning devices.

이 SAFI (산업용 액추에이터) 계열은 복잡한 로봇에서부터 간단한 재료취급과 부품위치결정 시스템에 이르기까지 각종 자동화 요건에 발맞추어 로봇화와 공장자동화용으로 사용할 수

The actuator units **are designed** to provide precise rotary motion and act as a self-contained hinge point for articulated robotic joints.

있도록 설계되었다. 이 액츄에이터는 정밀한 회전운동을 제공해서 로봇관절의 내장 경첩관절로 작동하도록 **설계되었다**.

This feature allows users of CAD/CAM systems to **design** parts on the screen and immediately produce a tool tape for the NC machines.

이러한 특징 덕분에 CAD/CAM 시스템 유저는 스크린상에서 부품을 **설계해서** 곧바로 NC 기계용 툴테이프를 제작할 수 있다.

To **design** a machine around a cutting tool, however, requires accurate knowledge of the potential performance of the tool.

특정 절삭공구를 중심으로 기계를 **설계**할 때는 공구의 잠재능력에 대한 정확한 지식이 필요하다.

Fixturing should **be** specifically **designed** around the peculiarities of the workpiece to be carried.

운반되는 공작물의 특성을 고려해서 부착방식을 특별하게 **설계한다**.

The Series BP blanking and progressive die press line customized for greater productivity in the 100 to 800 tonnage range, **is designed for** automatic production utilizing various types of feeds or transfer mechanisms. Feeding and quick die-changing systems **have been designed** so that short run production may be automated.

100 ~ 800톤 범위에서 더욱 생산성을 향상하기 위해 수주제작된 BD 블랭킹, 연속 다이프레스 라인은 각종 이송방식과 이송기구를 사용하는 자동생산용으로 **설계되었다**. 이송과 퀵다이체인지시스템은 소량생산의 자동화가 가능하도록 **설계되었다**.

The tools **are designed** with a split point which self-centers for hole location accuracy. The pilot diameter, then **is designed** to ease penetration and stabilize the tool in the part, to help allow a cleaner, free cutting action by the drill diameter.

이 툴은 구멍의 위치를 정밀하게 결정하기 위해 툴 자체가 센터의 스플릿포인트에 **설계되었다**. 더욱이 파일럿 지름은 쉽게 들어가고 툴 안에서 안정되도록 **설계되었**는데 이는 드릴지름으로 깨끗하고 손쉽게 절삭하기 위해서이다.

Computer **designed** cast-iron construction maintains rigidity, vibration damping and thermal stability.	컴퓨터로 **설계**한 주물구조이므로 강성, 진동감소, 열안정성이 유지된다.
The sturdy **design**, employed throughout the machine, enables accomodation of workpiece up to 2,000 lb.	기계의 모든 부분을 튼튼하게 **설계**하였으므로 2,000lb 이하의 공작물을 다룰 수 있다.
Single belt unit can transmit up to 50hp, with capacities up to 100hp being offerred **in** double belt **design**.	벨트유닛 하나는 50마력 이하를 전달할 수 있으므로 벨트유닛 둘로 **설계한** 부품은 100마력 이하를 전달할 수 있다.
Lacking a suitable guide to the solution of grease flow problems, the tendency is to over- or under- **design**.	그리스 흐름의 문제를 해결할 적절한 방법이 없으면 과잉**설계**나 과소**설계**로 이어지기 쉽다.

engineer : to construct or control as an engineer to contrive or bring about (to plan clevery, to manage)	설계하다, 처리하다

How to **engineer** a centralized lubrication system.	집중윤활방식 **설계제작**방법.
Properly **engineered**, operated and maintained, centrifuges will remove all except trace amounts (20 ppm) of free water from turbine lube oils.	조작과 유지가 편리하도록 **설계, 제작된** 원심분리기는 터빈윤활유에서 유래한 흔적수(20ppm) 이외에는 모두 제거한다.
The massive bidirectional turret **is** precision-**engineered**, mounted on a slant saddle, rigidly supported and unaffected by any heavy tool imbalance.	육중한 2방향 터릿은 경사새들에 부착되고 튼튼하게 지지되어 있으며 툴이 아무리 심하게 밸런스를 잃어도 영향을 받지 않도록 정밀하게 **설계, 제작되었다**.

Whether you need a component or a complete plant, Paxson will **engineer** it to meet your needs.	팩슨 사는 부품이든 공장전체든 필요에 알맞게 **설계, 제작한다**.
A line of sliding headstock automatics **is engineered** to hold extremely close tolerances in the production of precision components from bar stock.	주축대 이동형 자동기계 시리즈는 봉재로 정밀부품을 생산할 때 허용오차가 아주 작도록 **설계, 제작되었다**.

plan : to arrange a method etc., for to make a plan or design of	계획하다, 설계하다

Plan a fully-automatic production line.	전자동생산라인을 **계획한다**.
It this is done, good record of the bearing will be obtained and any future replacement can **be planned** well in advance.	이렇게 하면 베어링에 대한 좋은 기록을 얻을 수 있고 장래에 필요한 교환을 미리 **계획**할 수 있다.
Where there is a possibility of overhead drip, **plan** on protecting the pump and its drive with some type of drip pan.	머리 위에서 액체가 떨어질 때는 받침접시를 준비해서 펌프와 구동장치를 보호하도록 **설계한다**.
Every detail of system engineering **is planned** for positive protection of machine mechanism for operator safety and convenience.	시스템엔지니어링의 세부사항은 기계구조를 확실히 보호하고 조작자가 안전하고 쉽게 사용하도록 **설계되었다**.
An R & D **plan** in tribology, when realized and implemented, offers a potential saving of 11 percent of total u. s. energy consumption.	마찰학의 이번 연구개발**계획**이 구체화되어 실행에 옮겨지면 미국의 전체 에너지소비량의 약 11%가 절감될 가능성이 있다.

program (programme) : a plan of intended proceedings	프로그램을 짜다, 프로그램, 실행 가능한 프로그램, 루틴

This can **be** accomplished manually or **programmed**.	이 장치는 수동으로도 **프로그램으로도** 작동할 수 있다.
The minicomputer-based CNC control permits shopfloor **programming** and editing.	미니컴퓨터에 기반을 둔 CNC 제어장치로 공장현장에서 **프로그래밍**과 편집이 가능하다.
With machines incorporating feed back control, **program** can be provided in the form of punched tape or punched cards which are inexpensive to produce compared with disc and drum cams.	피드백제어기계는 디스크와 드럼캠에 비해 비용이 절감되는 종이테이프나 천공카드 방식으로 **프로그램을** 만들 수 있다.

schedule : a programme or timetable of planned events or of work, to include in a schedule, to appoint for a certain time	계획하다, 일정계획

The computer **schedules** an NC gantry robot which loads machine tool changers as needed for job orders and replaces worn of broken tools.	이 컴퓨터는 필요한 작업절차에 따라 기계공구교환장치를 탑재하거나, 마모되거나 파손된 툴을 교환하는 NC 건트리 로봇의 **작업순서를 결정한다**.
It is equally important to be able to calculate the effects of delays and to **reschedule** as the project progresses.	계획이 진행됨에 따라 지연의 영향을 계산해서 **일정을 재조정하는** 작업도 마찬가지로 중요하다.

High quality jobs **schedule** on the presses average 220,000 pieces, but may range from a low of 25,000 to a high of between two and three million.

프레스로 정밀하게 **작업할 때**는 평균 220,000개이고 적게는 25,000개, 많게는 2 ~ 3,000,000 개 사이이다.

Sixty-nine automatic pressworking lines **are scheduled** to be built in 1978.

69 자동프레스작업라인은 1978 년에 세워지도록 **계획되었다**.

Separate magazines may **be programed** in or out of the working position, depending upon the workpiece that is **scheduled** for the individual machining center.

각 머시닝센터에 공정이 예정된 공작물에 따라서 각 매거진은 작업위치의 출입을 **프로그램한다**.

집다, 물다

nip : to pinch or squeeze sharply, to bite quickly with the front teeth

집다, 물다

The gudgeon pin is held in place by means of two circlips fitting in the grooves just inside the pin holes in the piston. The ends of these can **be nipped** together by means of fine-pointed pliers and the clips removed.

피스톤핀은 피스톤의 핀 구멍의 바로 안쪽 홈에 꼭 들어맞는 서클립 두 개로 지정된 위치에 고정된다. 서클립의 끝부분을 가늘고 뾰족한 플라이어로 **집어서** 클립을 해제할 수 있다.

pinch : to squeeze tightly or painfully between two surfaces, especially between finger and thumb
: as much as can be held between the tips of the thumb and forefinger

집다, 물다

In using the inlet valve for retiming, the feeler **is pinched** between tappet and valve at the correct moment of opening and released when it closes.

타이밍 재조정에 흡입밸브를 사용할 때 필러는 밸브가 정상적으로 열리면 태핏과 밸브 사이에 **끼이고**, 밸브가 닫히면 풀린다.

Insert a feeler gauge 0.016 in. thick between tappet and valve, and turn the engine until it **is pinched by** the rising tappet.

0.016인치 필러게이지를 태핏과 밸브에 삽입한 다음, 올라오는 태핏에 필러게이지가 **끼일** 때까지 엔진을 회전시킨다.

Fingers are interchangeable with internal gripping, external gripping and soft blank options. Two-or three-finger configurations operate on plant air, where pressure acts to open or close fingers. **Pinch force** is proportional to inlet pressure and varies between 2 lbs. and 55 lbs.

핑거는 내부그리핑, 외부그리핑, 소프트블랭크옵션과 호환이 가능하다. 2핑거나 3핑거 구성은 핑거를 여닫는 공장 내 에어로 작동된다. **닫는 힘**은 유입압에 비례하는데 2~55톤 사이이다.

톱질하다

sawing : cutting off with saw	(톱질하듯) 앞뒤로 움직이다, 소잉

Sawing is used mainly for cutting off and for cutting plate material of not too great a thickness.

소잉은 주로 절삭작업이나 별로 두껍지 않은 판재를 자르는 작업에 사용된다.

Saw it in half lengthwise.

세로방향으로 절반만 **톱질한다**.

분해하다

break up : to separate	분해하다, 해체하다

Break up the things which are fastened.

고정된 부품을 **분해한다**.

disassemble : to separate	분해하다

Without **disassembling** the machinery, a mechanic or technician can use a direct reading

기계공이나 전문기술자는 기계를 **분해**하지 않고도 윤활제 시료를

F-graph on site to quick screen lubricant samples.	신속하게 분석해서 현장에서 직독식 F 그래프를 사용할 수 있다.
Since the AC servo is preventive-maintenance-free, it is best suited for this application with need to regularly **disassemble** the machine for periodic servo maintenance.	AC서보는 보수가 자유로우므로 서보를 주기적으로 보수하기 위해 기계를 정기적으로 **분해**해야 하는 이 용도에 안성맞춤이다.

dismantle : to take away fittings or furnishings from, to take to pieces	분해하다

Secure the connecting rod to the pin and give the shaft a turn or two and **dismantle** it again.	커넥팅로드를 크랭크핀에 확실히 부착하고 크랭크샤프트를 1~2번 회전시켜서 다시 **분해한다**.
After 300, 1,000, 3,000, 10,000, and 25,000 hours, the bearings **are dismantled** for observation of the components and the lubricant : once the observation is accomplished, the bearings are assembled again, without replacing the lubricant.	300, 1,000, 3,000, 10,000, 25,000 시간 후에 부품과 윤활제를 관찰하기 위해 베어링을 **분해한다**. 관찰한 후에는 윤활제를 교환하지 않고 다시 베어링을 조립한다.
On **dismantling** of temporary constructions, the contacting surfaces are easily damaged.	가조립한 부품을 **분해할** 때 접촉면에 곧잘 손상을 내곤 한다.
The **dismantling** of the drive depends on the type of drive.	구동장치 **분해**작업은 구동형식에 따라 다르다.

take apart : to separate	분해하다

To **take apart** the pump body see section 5.1.

펌프 본체의 **분해**에 대해서는 5.1항을 참조하도록 한다.

Bench vises **should** occasionally **be taken apart** so that the screw, nut , and thrust collars may be cleaned and lubricated. The screw and nut should cleaned in solvent.

벤치바이스는 나사, 너트, 스러스트칼라를 깨끗이 하고 윤활이 가능하도록 종종 **분해한다**. 나사와 너트는 용제 안에서 세정한다.

연마하다

polish : to make or become smooth and glassy by rubbing — 연마하다, 연삭하다

Polish well to make the surface flat.

표면을 평평하게 **연마한다**.

Minor nicks, scratches, and gouges may be **polished** out, Blend edges of repaired area into surrounding surface with a smooth contour.

사소한 상처나 흠 등은 **연삭해서** 제거한다. 처리한 부품의 가장자리를 주위 표면과 매끄러운 형태가 되게끔 다듬는다.

Polish steel parts only to a depth sufficient to remove traces of corrosion.

철제 부품은 부식흔이 제거되는 깊이까지 **연삭한다**.

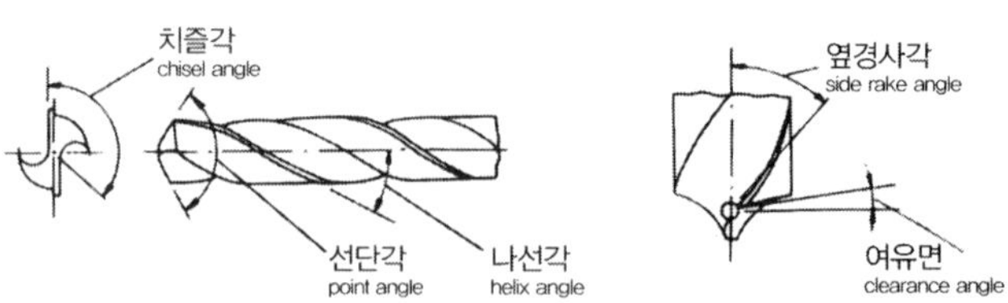

For **polishing** <u>with</u> abrasive cloth, set the lathe for a high speed and move the cloth back and forth across the work. Hold one of the cloth strip in each hand.	<u>연마포로</u> **연마할** 때는 선반을 고속으로 세트하고 연마포를 공작물의 끝에서 끝까지 앞뒤로 왕복한다. 양손으로 연마포의 끝을 잡는다.
Polish to remove corrosion pitting on the outer 2/3 of the vane.	날개의 바깥쪽 2/3의 부식흔을 제거하기 위해 **연마한다**.

<용어예>

electro-polishing	전자연마
polisher	폴리셔
polishing	광내기
polishing machine	폴리싱머신
polishing powder	미분

sanding : to smooth or polish sand or sand paper	연마하다, 연삭하다

Let dry until not tacky and lightly **sand** <u>with</u> No.400 <u>paper</u> and wipe with a cloth.	끈적이지 않을 때까지 건조시키고 No.400 <u>페이퍼로</u> 가볍게 **연마한** 다음 천으로 닦는다.
Sanding shall <u>be</u> <u>accomplished</u> <u>by</u> <u>hand</u> only.	(페이퍼) **연마**는 손으로 한다.

<용어예>

belt sanding	벨트연마
water proof sand paper (glass paper)	내수성 연마포

발견하다(검출)

ascertain : to find out by making enquiries 조사하다(확인)

Before attempting to turn a screw it should **be ascertained** that the screwdriver blade is well down in the screw slot. If it rides on the edge through being too blunt, it will injure the slot.

나사를 돌리기 전에 드라이버의 끝이 나사홈 아래쪽까지 충분히 들어갔는지 **확인한다**. 만일 드라이버의 끝이 마모되어서 윗부분에 걸치기만 한 상태라면 나사홈이 상하고 만다.

Long-term testing is required to **ascertain** whether deleterious or beneficial effects of this kind exist.

이러한 종류의 부품이 효과가 좋은지 그렇지 않은지 **조사하기** 위해서는 장기간에 걸쳐 시험할 필요가 있다.

Dipstick. —A narrow metal rod which, being dipped into a petrol-or oil-tank, is used to **ascertain** the depth of fluid therein.

검출봉—가솔링탱크나 오일탱크 속에 넣어서 안에 있는 액체의 깊이를 **확인하기** 위해 사용하는 가느다란 금속막대.

Ascertain by inspection.

검사해서 **확인한다**.

detect : to discover the existence or presence of 찾다(발견, 확인)

Detect a week spring by inserting a screw driver in the coil.

코일 안에 드라이버를 집어넣어서 약한 스프링을 **찾아낸다**.

A force can **be detected** by the gauges.

힘은 게이지로 **확인**할 수 있다.

The variations **are detected** with a current transformer which relays the effect to a multimode process controller.

이 변화는 해당 결과를 멀티모드 프로세스 제어기에 중계하는 변류기를 통해 **감지된다**.

Where evaporation loss has been eliminated, as in sealed foil envelopes, lubricated bearings are stored for many months without **detectable** loss of this additive.

윤활된 베어링은 증발되지 않도록 밀봉한 경우에는 장시간 보관해도 이 첨가제의 손실이 거의 **탐지되지** 않는다.

<용어예>

error detecting code	오류검사코드
gas detection tube	가스감지관
undetective error rate	탐지하지 못한 오류의 비율

determine : to find out or calculate accurately
: to detect or calculate precisely

조사하다

The test fixture was monitored hourly with a stethoscope to **determine** when rolling contact fatigue failure had occurred.

회전접촉피로현상이 발생하는 경우를 **조사하기** 위해 시험부착구를 1시간마다 청진기로 모니터하였다.

Efficiencies of recovering oil from the resin, **were determined** for three different oils commonly used in cold rolling foil or sheet.

일반적으로 롤링포일이나 시트의 냉간압연에 사용되는 세 종류의 서로 다른 오일을 대상으로, 레진에서 회수되는 오일의 비율을 **조사하였다**.

<용어예>

limit of determination	정량한계

trace : to follow or discover by observing marks os tracks pieces of evidence

추가로 조사하다

Water is also an electrical conductor. This fact should be borne in mind when **tracing** electrical faults due to short circuits in the electrical system.

물도 전기의 전도체이다. 전기계통의 합선에 따른 전기적인 고장을 **추가로 조사할** 때는 이 점을 염두에 두어야 한다.

The variation in each bead seat **is traced** by a mechanical probe which physically contacts the rim.

각 비트시트의 변동률은 림에 물리적으로 접촉하는 기계적인 프로브로 **추적한다**.

Sometimes the rattling can **be traced to** the corners of the bonnet, …….

진동의 원인을 **추적해보면** 그 원인이 본넷의 구석인 경우가 왕왕 있는데…….

Fully 90 percent of all fatigue failures occurring in service or during laboratory and road tests **are traceable** to design and production defects.

실험 중, 혹은 연구실이나 노상시험에서 발생하는 모든 피로손상의 90%는 전부 설계와 제작상의 결함으로 **귀결된다**.

<용어예>

tracing program	추적프로그램
tracing routine	추적루틴
traced drawing	트레이스도
tracer	트레이서
tracer controlled lathe	트레이서 조작 선반
tracing cloth	트레이스포
tracing paper	트레이스지

trouble shoot : to trace and correct faults in machinery etc.

조사해서 수정하다(고장탐지)

……be checked first when **trouble-shooting** this system.	이 시스템의 **고장을 탐지할** 때는 우선 ……, 를 조사한다.
Cycle counters are aids in **trouble-shooting**.	사이클카운터가 **고장을 탐지하**는 데 도움이 된다.

가지다, 잡다, 고정하다, 유지하다

hold : to take and keep in one's arms, hand (s), teeth, etc. : to grasp or keep so as to control : to have or keep as in a grasp : to support, to bear the weight of	가지다, 잡다, 지지하다, 고정하다

Hold the chisel firmly enough to guide it, but the same time light enough to ease the shock of the blows.	끌은 확실히 잡되 동시에 해머 타격 쇼크를 완화할 수 있을 정도로 가볍게 **잡는다**.
Withdrawal of the paper should be done rapidly. The paper should **be held** at the lefthand corner between the thumb and the first finger of the left hand and lightly pulled at the same time as the paper release lever is operated. The paper can thus be removed quickly from the machine.	종이를 신속하게 제거한다. 종이의 왼쪽 끝을 왼손 엄지와 검지 사이에 끼우고 오른손으로 종이를 해방하는 레버를 조작하면서 가볍게 잡아당긴다. 이렇게 하면 기계에서 종이를 신속하게 제거할 수 있다.
Hold the test-tube with the open end firmly between the first and second fingers.	시험관의 열린 부분을 검지와 중지 사이에 확실히 **잡는다**.

If a weighted stick or pendulum **be held** in one hand the stick may be made to swing slowly from side to side with the other hand.

만일 추가 달린 봉, 즉 진자를 한 손에 **잡으면** 다른 손으로 봉을 천천히 좌우로 흔들 수 있다.

Surface heat dissipates so quickly that a tile can **be held** with the bare hand only seconds out of the oven and while the tile's interior is still red hot.

표면의 열이 대단히 빠르게 발산된 다음에 노에서 집어낸 지 수 초 후, 다시 말해 타일 내부가 아직 심하게 뜨거운 상태에서도 맨손으로 타일을 **잡을** 수 있다.

Detachable tappet blocks, if fitted, **should** be removed, or each tappet **held up** by hand clear of the cams as the camshaft is with drawn.

해제할 수 있는 태핏 블록을 (만일 달려있다면) 해제한다. 혹은 캠축을 빼낼 때 캠에 닿지 않도록 태핏을 각각 손으로 **들어올린다**.

Solder …… while **holding** it with a tweezers.

그것을 핀셋으로 **잡은** 채로 ……을 납땜한다.

Hold the belt ends wide enough apart to allow the portion of he belt passing round the crank-pin to make contact with an area equal to no more than a quarter of the circumference.

크랭크핀의 주위를 통과하는 벨트 부분이 원주의 1/4을 넘는 영역과 접촉하지 않도록 벨트의 끝부분을 충분히 넓게 멀리 **잡는다**.

Take long, flowing stroke with the brush, **holding** it so that it is inclined at about 30 degrees to the surface being treated and working in the same direction throughout.

처리하는 표면에 약 30˚ 기울어지게 브러시를 **잡고** 처음부터 끝까지 같은 방향으로 작업하면서 브러시로 길게 흐르듯이 쓰다듬는다.

The brushes can be removed for examination by **holding up** the pressure spring.

압력스프링을 **들어 올려서** 브러시를 조사하기 위해 해제할 수 있다.

Others range from relatively inexpensive **hand-held** models to a $180,000 machine.

이 외에도 비교적 값싼 **휴대**형을 비롯해 $180,000나 하는 고가의 기계까지 있다.

A clean spanner will not slip like an oily one, which also **gives a** slippery **hold** for the hand.

깨끗한 스패너는 오일이 묻은 스패너와 달리 미끄러지지 않는다. 또 오일이 묻은 스패너는 **손으로 들어도** 미끄러지기 쉽다.

Vises are used to **hold** work for filing, hacksawing, chiseling, and bending light metal. They are also used for **holding** work when assembling and disassembling parts.

바이스는 경금속에 줄작업, 톱질, 치즐작업, 구부리기를 할 때 공작물을 **고정하는** 데 사용한다. 또한 부품을 조립하고 분해할 때 공작물을 **고정하는** 데도 사용한다.

Workpieces can **be held** in position by means of collets, a 3-jaw chuck or special hydraulic clamping mandrels.

공작물은 콜릿, 3조 척, 특수 유압 클램핑 맨드릴 등으로 지정된 위치에 **고정할** 수 있다.

Work holding is accomplished either by using a machine vise bolted to the worktable or by direct bolting of the workpiece onto the worktable using the T slots provided.

가공물을 고정할 때는 워크테이블에 볼트로 고정한 기계바이스를 사용하거나 기존의 T홈을 사용하거나 공작물을 워크테이블에 직접 볼트로 고정하는 등의 방법을 **사용한다**.

Work holding is often **achieved** by use of a magnetic vise (controlled by a lever) that can be placed in the "on" or "off" positions.

'온', '오프' 위치로 위치결정할 수 있는 자기바이스(레버로 제어)를 사용해서 **가공물을 고정할 수 있는** 경우가 많다.

The most widely used type is the center lathe, also known as the engine lathe, in which the work **is held** between centers or in chuck.

가장 널리 사용되는 기종은 센터선반(엔진레스)이며 이를 사용하면 공작물을 양 센터나 척으로 **고정한다**.

The shaft is securely clamped to the bench or held in vice.

축은 확실히 벤치에 클램프로 고정하거나 바이스로 **고정한다**.

The shaft **is held** mechanically (fixed) in a holder which transmits the rotational motion.

이 축은 회전운동을 전달하는 홀더에 기계적으로 **고정**되어 있다.

The piston ring **is held on** the worktable by a magnetic chuck.

자기척으로 피스톤링을 워크테이블에 **고정한다**.

Stout and softish brown paper is most suitable, and this can very easily by cut to the proper shape by **holding** it **against** the bottom of the casting and striking the edges with a mallet or a hide hammer.

튼튼하고 유연한 갈색지가 가장 좋다. 그리고 이것을 주물 바닥에 **대고 고정해서** 말렛이나 가죽망치로 두들기면 원하는 모양으로 아주 쉽게 자를 수 있다.

If a light-sensitive pen **is held against** the screen, it redisters a signal as the beam passed by.

감광펜을 스크린에 **대면** 옆을 통과하는 빔을 감지해서 펜이 신호를 표시한다.

Hold with the bevelled side **against** the floor.

경사진 쪽이 바닥을 **향하게 고정한다**.

<용어예>

holding down bolt	고정볼트
holding drum	지지드럼
holding function	파지기능
holding power	파지력
tool holder	툴홀더
work holder	공작물고정구

INDEX

續 기계를 설명하는 영어 게재용어

올리다, 상승하다

ascend 을) 올리다, 확정하다, increase : 올라가다, 향상하다, (크게, 많게, 강하게) 되다, jump : 뛰어오르다, 도약, lift : 오르다, 상승하다, raise : 올리다, 늘리다, ramp : 차다, 펄쩍 뛰어오르다, 위로 보내다, 경사, rise : 올라가다, 상승하다, soar : (높이) 향상되다

모으다(집적, 집중, 수집, 전념)

accumulate : 쌓다, 집적하다, assemble : 모으다, 모이다, call for : 모으다, 모집하다, center : 한 점에 모으다(집중), cluster : 무리를 짓다, 작은 무리, cohere : 모으다, 합쳐서 하나로 하다, collect : 모으다(채집, 수집), concentrate : 모으다(집중, 전념), converge : (같은 점에) 모으다(수집, 집중, 집속), crowd : 모으다, 밀집, focus : 초점을 맞추다, 집중하다, gather : 모으다, 모이다, group : 무리를 짓다

있다(존재, 실재, 공존, 입수)

available : (시장에) 있다, 즉시 사용할 수 있다, 입수하다, be : 있다, 존재, 실재, coexist : 공존하다, 같이 있다, come : 있다, 이용할 수 있다, compatible : 공용할 수 있다, 함께 사용할 수 있다, consist in : 본질은 ~에 있다, compatible : 있다(존재), exist : 있다, 위치를 차지하다, find : 찾아내다, 있다, have : 있다, lie : 있다, 두다, obtainable : 입수할 수 있다, occupy : 있다, 점하다, 점유, occur : 있다, 있음을 확인하다, present : 있다, 존재, rest : 있다, 두다, see : 있다, 찾아내다, sit : 있다, 앉다, situate : (특정 위치에) 있다, 두다, stand : 있다, 두다, there be : 있다

맞추다(적응, 일치, 조화)

adapt : 적합하다, 적응하다, 개조하다, 적용하다, agree : 일치하다, 모순되지 않다, applicable : 적합하다, 적용할 수 있다, appropriate : 적합하다(적당, 적절), compatible : 함께 사용할 수 있다, consistent : 일치하다, 알맞다, couple : 더불다, 함께 작용하다, fit : 맞다, 적합하다, gear : 맞추다, 적응하다, 조정하다, harmonize, harmonious : 알맞다, 조화하다, improper : 부적당한, 그른, inappropriate : 맞지 않다, 적절하지 않다, inept : 맞지 않다, 부적절한, match : 상응하다, ~에 맞다, mate : 맞다, 맞추다, 대응하다, pair : 대응하다, 한 쌍이다, proper : 맞다(적합, 적절, 적정), suit : ~에 맞다(적절하다), suitable : (목적에) 맞다, 바르다(적정, 적당, 적절), tailor : (특수목적에) 맞추다, 적응하다, 부응하다, together : 마주하다, unfit : 맞지 않다, 적합하지 않다, unsuitable : 맞지 않다, 적절하지 않다

필요하다(요구, 불가결), 필요 없다

ask : 요구하다, 구하다, call for : 필요하다, 필요가 있다, 구하다, demand : 필요하다, entail : 필요로 하다, indicate : 필요하다, involve : 필요로 하다, make necessary : 필요로 하다, must : 해야 하다, necessary : 필요한, necessitate : 필요가 있다, 필요하다, need : 필요가 있다, 필요하다, request : 구하다, 원하다, 부탁하다, require : 필요하다, requisite : 필요물, 요건, 필요한, take : 필요하다, unnecessary, unnecessarily : 필요 없다, 불필요한

움직이다(동작, 구동, 운전, 시동)

activate : 작동하다, actuate : 움직이다, 발동하다, drive : 기계를 계속 작동시키다, 구동하다, go : 작동하다, operate : 작동하다, 동작하다, ~을 하다, put : (~한 상태로) 만들다, run : 기능하다, 작동하다, 움직이다, set : (~의 상태로) 만들다, start : 시동하다, start up : 시작하다, 움직이게 되다, turn on : (탭이나 스위치를 회전시켜) ~를 시작하다, work : 움직이다, 작동시키다

영향을 미치다, 좌우되다, 반영하다

affect : 비슷한 결과를 낳다, 영향을 미치다, depend on : 좌우되다, ~로 결정되다, effect : 작용하다, 영향을 미치다, govern : 좌우되다, 영향을 받다, 지배당하다, impact : 영향력, 영향을 미치다, influence : 영향을 미치다, reflect : 반영하다, (결과에) 상당하다

침식하다, 부식하다, 녹슬다

corrode : 부식하다, 침식하다, erode : (마찰이나 부식으로) 침식되다, fatigue : 피로, rust : 녹슬다, 녹슬게 하다

일어나다, 출현하다, 발생하다

appear : 나타나다, 출현하다, arise : 시작하다, 나타나다, 출현하다, 일어나다, be : 생기다, 일어나다, 발생하다, be attributed : (~이 원인으로) 발생하다, bring about : 발생하다, 초래하다, cause : ~의 원인이다. ~을 발생시키다, ~을 일으키다, ~로 ~가 일어나다 , come : (결과로) 발생하다, create : 출현하다, 발생하다, crop up : (예상 외로) 발생하다, 겪다, develop : 발생하다, 생기다, 나타내다, effect : 일으키다, 발생하게 하다, ensue : (나중에 결과적으로) 일어나다, evolve : 생기다, 개발하다, generate : 출현하다, 생기다, give rise to : ~로 생기다, grow : 생겨나다, 나타나다, happen : 일어나다, 발생하다, impend : 일어나기 쉽다, induce : 유발하다, 일어나게 만들다, occur : ~가 되다, ~가 발생하다, raise : ~에서 발생하다, ~의 원인이다, 나타나다, result : 발생하다, 일어나다, (결과적으로) ~가 되다, set up : 시작하다, 일어나다, 일어나게 하다, show : 나타나다, stem : (~에서) 생겨나다, 원래는 ~이다

끝나다, 완료하다, 마감하다

carry through : 수행하다, 완수하다, close : 끝나다, 끝나게 하다, complete : 완료하다, 완성하다, conclude : 끝나다, 끝나게 하다, 맺다, 결정, 종결, end : ~로 끝나다, 결국 ~였다, 그만두다, 종말, finalize : 끝나게 하다, finish : 끝나다, 완료하다, over : 끝나게 하나, terminate : 끝내다

기울다(경향, 경사)

angle : 기울다, 기울이다, cant : 기울다, dip : 아래쪽으로 기울다, incline : 기울다, 경향이 있다, lean : 기울다, 기울어지다(경사), rake : 후방으로 기울다, slant : 기울다, 경사(수직에서 벗어나다), tilt : 기울이다, 비스듬해지다

변하다(변화, 변환, 개선), 변하지 않다

alter : 변하다, 바꾸다, 변화하다, alternate : 번갈아 일어나다, alternative : 대신 사용할 수 있다, bend : 방향을 전환하다, change : 바뀌다, 바꾸다, 변화하다, 교환하다, 변경하다, chagne over : 바꾸다, 교체하다, commute : 교체하다, convert : 바꾸다(교환, 전이), 바꾸다, 바꿀 수 있다, deform : 변형시키다, 볼품없게 만들다, discolour : 변삭되다, 변색시키다, displace : 대체하다, exchange : 바꾸다(교환, 치환), in lieu of : 대신하여, in place of : 대신하여, instead (of) : 대신하여, interchange : 서로 치환하다, makeshift : 임시대용품(으로 사용하다), modify : (부분적으로) 바꾸다, 개선, 개수, 변성, 변태, 조정, 조절, replace : 바꾸다, 교체하다(치환, 교환, 교대), 되돌리다, retrofit : 개선하다, 개량하다, substitute : 대체물, 대체하다, 대신해서 사용하다, supersede : 대신하다, 대신 사용하다, swap : 대치하다, switch : 바꾸다, 전환하다, transform : (크게) 바꾸다, transpose : 위치를 바꾸다, turn : 바꾸다, 바뀌다, typify : 대표적인 표본이다, unchange : 변하지 않다, vary : 바꾸다, 바뀌다, 변화하다, 다양하다, veer : (방향이) 변하다

결정하다(결정, 정의, 구현, 가정, 지정)

decide : 결정하다, define : 정의하다, 자세하게 서술하다, 경계를 확실히 정하다, determine : 결정하다, embody : 구체화하다, 구체적으로 나타내다, give : 주다, 가정하다, 가설을 세우다, given : 지정의, 특정의, materialize : 실현하다, realize : 실현하다, tell : 결정하다,

비교하다

compare : 비교하다, vis-a-vis : 비교해서

알다, 알리다(경고, 보고, 지도, 소개)

alert : 위험을 알리다, 경고하다, brief : 요약보고, 보고하다, 알리다, impart : 알리다, insight : 안식, 간파력, 통찰, instruct : 가르치다, 지도하다, 알리다, introduce : 알리다, 소개하다, know : 알다, notify : 알리다, report : 알리다, 보고, 보고서,

teach : 가르치다, (정보 등을) 주다, 알리다, tell : 알리다

전진하다(진보, 촉진, 진행, 향상), 물러나다

advance : 전진하다, 진보하다, back : 물러나다, come on : 진보하다, encourage : 촉진하다, 조장하다, proceed : 전진하다, 나아가다, progress : 전진하다(진행, 진보, 향상), promote : 진행을 돕다, 촉진하다, 향상하다, recede : 물러나다

미끄러지다(활주), 미끄러지지 않다, 구르다

secure : 미끄러지지 않다, skid : 미끄러지다, 활주하다, slide : 미끄러지다, 미끄러지게 하다, 슬라이드, slip : 슬립, 미끄러지다, tumble : 구르다, 넘어지다, 텀블링하다

하다, 실행하다, 시키다

achieve : 하다, 수행하다, 완수하다, act : 하다, approach : 접근하다, 착수하다, 하다, 하는 방식, give : 하다, 시키다, go : 하다, 진전되다, 실행하다, 실시되다, 진행하다, have : ~하다(종사), 계속하다, let : 시키다, 자유롭게 하다, occur : 나타나다, 실행되다, play : ~을 하다, (역할을) 담당하다, 수행하다,

run : 하다, subject : 복종하다, 관계가 있다, successful : 결과가 좋은, 충분한 성과, 바람을 이루다, 염원성취, susceptible : 하기 쉽다, tend : 하려고 하다, 할 것이 당연히 예상되다, undergo : 당하다

할 수 있다

attainable : 할 수 있다, practicable : 할 수 있다, practical : 현실적인, 실행상의

발산하다, 방출하다

displace : 밀어내다, eject : 뿜어내다, 밀어내다, 발산하다, emanate : 발산하다, 방출하다, emit : 발산하다, 방출하다, florescent : 형광성의, give off : 발산하다, 방출하다, give out : 발산하다, 발출하다, out : 바깥쪽으로

치다, 때리다, 부딪히다

beat : 치다, 때리다, blow : 강타하다, center punch : 센터펀치, collide : 부딪히다(충돌, 격돌), crash : 격돌, 크래시, drive : 치다, 밀다, 힘을 가하다, hammer : (망치로) 치다, hit : 치다, 부딪히다, 맞추다, impinge : 부딪히다, knock : 두드리다, pat : (가볍게) 치다, 두드리다, percussion : 충돌, pound : 치다, 부수다, 두들기다, punch : 치다, stamp : 치다, 밀다, strike : 맞추다, 부딪히다, 치다, 두드리다,
tap : 치다(가볍게 연타)

붙이다(부착, 접착, 고착)

adhere : 붙이다(부착, 접착, 점착, 응착, 유착), bond : (본드로) 붙이다, 본드, 결합제(결합, 접착), cling : 붙다, 고착, 부착, stick : 붙다(부착, 점착, 흡착)

계속하다(연속, 지속, 연장, 순차적으로)

consecutive : 연속적인, 끊임없는, continual : 연속적인, continue : 계속하다, 계속되다(연속, 지속), extend : 길게 하다, 늘이다(연장해서),
follow : 나중에 하다, 따라서 가다, last : (일정 기간) 지속하다, run : (통해서) 지속되다, sequence : 연속되다, 끊임없이 이어지다, 순차, 연속, successive : 지속적인

연결하다(연쇄, 접속, 연결, 배선)

chain : 사슬, 연쇄, 이어지다, connect : 연결하다(접속, 접합, 접지), join : 함께하다, 연결하다, gear : (기어로) 연결하다, hinge : 경첩, (경첩으로) 연결하다, link : 잇다(연결), 링크, plug in : (플러그로) 연결하다, seam : 닫다, 접합된 곳, splice : (끝부분을 겹쳐) 연결하다, tie in : 링크하다, 연결하다, wire : 배선하다

멈추다(중지, 중단, 정지)

arrest : 멈추다, cease : 그만두다, 중지하다, discontinue : 멎다, 멈추다, 중지, 중단, fail : 작동하지 않다(고장), halt : 일시중지, 중단, off : 기능하지 않다, 연결이 끊어지다, park : 일시적으로 주차하다, 일시적으로 정지한 채로 두다, pause : 일시중지, rest : 멈추다(정지, 휴지), shut : 닫다, 멈추다, shut down : 멈추다, shut off : (밸브를 닫고) 멈추다, stall : 멎다, 멈추다(정지), stop : 멈추다, 정지하다, suspend : 일시정지하다, turn off : 멈추다

해제하다, 제거하다, 개방하다

disengage : 떼어내다, 제거하다, draw : 제거하다, 당기다, pull : (당겨서) 제거하다, release : 개방하다, 떼어내다,

고치다(정정, 조정, 치유, 수리)

calibrate : 교정하다, correct, correction : 고치다, 정정, 교정, 보정, 수정, 조정, cure : 고치다, 치유하다, debug : (프로그램의) 디버그, 수정, mend : 고치다, 수정, overhaul : 오버홀하다, 분해수리하다, reclaim : 되돌림, 재생, 재생고무, recondition : 수리하다, recover : 돌아가다, 회복하다, rectify : 고치다, 바로잡다, regain : 회복하다, remedy : 고치다, 수정, renew : 되돌리다, 복구, repair : 고치다, 수리, 수선, 보수, 수복, restore : 고치다, 돌아오다, retouch : 개수하다, retrieve : 돌아오다, revise : 고치다, 개정, rework : 가공해서 고치다, 개수하다, touch up : 고치다, 보수, true : 고치다

나열하다(배치, 배열, 등급, 순위)

arrange : 나열하다, 배치하다, array : 배열, 배치하다, configure : 배열하다, 배치하다, grade : 등급, 등급을 매기다, layout : 배치, order : 배열, 순서, 나열하다, rank : 순위, rearrange : 배열을 변경하다,

~가 되다

achieve : ~가 되다, become : ~가 되다, come : ~가 되다, culminate : (최고로) ~가 되다, ensue : (~의 결과) ~가 되다, follow : ~가 되다, get : ~가 되다, ~로 하다, go : ~가 되다, go into : ~가 되다, grow : ~가 되다, into : ~(상태)로, lead : ~가 되다, obtain : ~가 되다, result : (결과는) ~가 되다, ~이다, set in : (일정한 상태가) 되다, spell : ~가 되다(결과), work : ~가 되다

벗기다(파손, 유리), 노출하다

bare : 노출시키다, break up : 분리하다, 파쇄, 분해, flake : 얇은 조각으로 벗겨지다, 박편, off : 붙어 있지 않다, 나누어지다, peel : 벗기다, 박리, strip : 벗겨내다

작동하다(기능, 활동, 작업), 작동하지 않다, 파괴하다

act : 필요한 일을 하다, 작동하다, 기능하다, 작용하다, activate : 기동하다, 활성화하다, 작동하다, active : 움직이다, 활성화하다, 작동하다, 적극적, apply : 작동시키다, break down : 파괴하다, 기능을 정지하다, do : ~을 하다, 작동하다, engage : 관여하다, 종사하다, fail, failure : 기능하지 않게 된다, 쇠퇴하다, 고장, 할 수 없게 된다, function : 활동하다, idle : 작업을 하지 않다, involve : 관여하다, 개입하다, job : 작업, operate, operation : 작동하다, 작업하다, relax : 휴식하다, 작동을 중단하다, rest : 휴식하다, 움직이지 않다, 작동을 중단하다, task : 작업, work : 작동하다, 작업하다, 작동시키다, 기능하다, 기능을 다하다, 운전하다

당기다, 잡아끌다, 끌어들이다

attract : 당기다, drag : 잡아끌다, draw : 당기다, 끌어당기다, 끌어내다, induce : 끌어들이다, 유인하다, pull : 당기다, retract : 끌어당겨 데리고 돌아오다, 되돌아오다

향상하다(개량, 최적), 악화하다

aggravate : 악화하다, 악화, enhance : 증가하다, 향상하다, improve : 향상하다, increase : 증가하다, 향상하다, optimum : 가장 우수한, 최선의, perish, perishable : (질이) 악화되다, refine : 향상되다, 개량, 세련, 정련, reform : 향상하다, 향상되다, 개선, 개량, 개혁, 혁신

알다(이해, 식별, 결론, 감지)

apparent : 확실히 알다, appreciate : 이해하다, 알다, aware : 알다, discern : 인정하다, 알다, 식별하다, disclose : 보이도록 드러내다, 알리다, 알게 하다, 확인하다, evident : 명백한, 쉽게 알 수 있는, find : 발견하다, 인정하다, 알다, 확인하다, find out : 알다, gather : 알다, 이해하다, 결론을 내리다, indicate : 지적하다, 알게 하다, note : 주의하다, obvious : 알기 쉬운, perceive, perceptible : 알아차리다, 지각하다, 감지하다, 알다, prove : ~임을 알다, realize : 인정하다, 알아차리다, 실감하다, 깨닫다, see : 눈치채다, 알다, show : 알게 하다, understand : 알다, 알아차리다, 이해하다

나누다(분석, 분리, 분할, 분배, 분해)

analyz(s)e : 나누다(분석, 해석), bisect : 이등분하다, break down : 분석하다, centrifuge : 원심분리하다, cut : 분할하다, decompose : 나누다(분해), dispense : 나누어주다, 베풀다, 분배, dissociate : 나누다, 분해, 분리, 해리, divide : (부분적으로) 나누다, 분해, fission : 중성자가 분리되다, hydrolysis : 가수분해, (물의 화학작용에 의한) 분해, isolate : 나누다, 분해하다, part : 나누다, 나누어지다, resolve : (성분으로) 나누다, 분해, separate : 나누다, 분리하다, 별개의, 분해, split : 나누다